刘秋新　等著 

绿色建筑及可再生能源新技术

化学工业出版社
·北京·

内 容 简 介

绿色建筑与可再生能源技术已经成为目前建筑技术发展的重点和热点之一。为促进我国绿色建筑技术的进一步发展，本书以国内外绿色建筑的定义和评价、评估标准的理论与实践为基础，研究了与绿色建筑有关的可再生能源利用相关技术，包括：蓄能式冷热墙技术、能源塔热泵系统、蓄能式三联供系统、基于多环演算暖通空调控制技术等。本书内容对绿色建筑与可再生能源新技术的研究与理论探索、应用推广有较好的参考价值。

本书在编写时注重理论与案例相结合，内容深入浅出，可供从事绿色建筑、建筑节能技术研究、暖通空调、能源利用、环境保护等领域的专业工作者、管理工作者参考，也可用作建筑环境与能源应用工程、土木工程、建筑学等专业的本科及研究生的教学参考书。

图书在版编目（CIP）数据

绿色建筑及可再生能源新技术/刘秋新等著．—北京：化学工业出版社，2022.9（2023.8 重印）

ISBN 978-7-122-41518-9

Ⅰ.①绿… Ⅱ.①刘… Ⅲ.①生态建筑-节能设计 Ⅳ.①TU201.5

中国版本图书馆 CIP 数据核字（2022）第 092084 号

责任编辑：朱　彤　　文字编辑：林　丹　郭　伟

责任校对：宋　玮　　装帧设计：刘丽华

出版发行：化学工业出版社（北京市东城区青年湖南街 13 号　邮政编码 100011）

印　　装：北京印刷集团有限责任公司

787mm×1092mm　1/16　印张 12¼　字数 301 千字　2023 年 8 月北京第 1 版第 3 次印刷

购书咨询：010-64518888　　售后服务：010-64518899

网　　址：http://www.cip.com.cn

凡购买本书，如有缺损质量问题，本社销售中心负责调换。

定　　价：79.00 元

前言

随着经济的快速发展和城市化建设进程的推进，我国的环境恶化、能源短缺等问题逐渐显现出来，绿色建筑理念的提出，对我国的环境及能源问题起到了积极的作用。无论我国的《绿色建筑评价标准》（GB/T 50378—2019），或美国的《绿色建筑评估体系》（LEED）等国内外绿色建筑评价、评估体系，节能指标都是分值最高、权重最大的指标项。不断满足人们对于环境的舒适性与健康要求，切实解决和平衡好能耗与舒适性之间的关系，既是目前许多研究人员和工程技术人员的任务，也是面临的难题和挑战。充分开发和利用太阳能、空气能等可再生能源则是缓解这一矛盾的有效举措，也是我国在节能减排工作中的重要发力点。

针对上述亟待解决的问题，本书研究了绿色建筑的定义和评价、评估标准，通过理论、实验和模拟等方法，研究了蓄能式冷热墙技术、能源塔热泵系统、蓄能式三联供系统、基于多环演算暖通空调控制技术等可再生能源利用的相关技术，并加以案例分析，力图通过可再生能源及非理想多环演算技术等促进我国绿色建筑技术的进一步发展。全书内容深入浅出，层次清晰，注重理论与实践的结合。本书可作为建筑环境与能源应用工程、土木工程、建筑学等专业在校师生的参考用书，也可供公用设备、暖通专业工程师及相关专业工程技术人员学习和参考。

本书在编写过程中得到了湖北省建筑科学研究设计院、武汉市建筑节能办公室、武汉市建筑节能检测中心的鼎力支持，在此表示衷心的感谢。参与本书撰写工作的有龙一飞、潘婵、程向东、丁云、高春雪、刘冬华、焦良珍、韦卜方、郎倩珺、杨树、朱傲、吴松林、郝禹、丁照球、胡中平、吴海涛、佘明威、席洋、包阔、黄倧、徐伟、陈添寿、姜伯峰、余彦洲、罗继春、吕学林、梅钢、童亮、向金童、陈芬、蔡美元、潘华阳、王心慰、吴松林等老师与同学，在此表示衷心感谢；同时，也感谢海南热带海洋学院黄朝晖、马雅怡、凌胜昔等老师和同学的付出与辛勤劳动。

因本人时间和水平有限，疏漏之处在所难免，敬请广大读者不吝赐教，提出宝贵意见。

著者

2022 年 5 月

目录

第1章 绿色建筑概述 / 001

第2章 国内外绿色建筑评价体系 / 008

第3章　蓄能式冷热墙技术 / 022

第4章　能源塔热泵系统 / 055

第5章　蓄能式三联供系统 / 082

第 6 章 基于多环演算暖通空调控制技术 / 127

第 7 章 绿色建筑典型案例 / 169

第1章

绿色建筑概述

1.1 绿色建筑的概念

随着经济和城市化的快速发展，环境和能源问题日趋严峻，建筑能耗以及建筑引发的环境问题必然成为人们关注的焦点。在此大背景下，绿色建筑应运而生。那么究竟什么才是绿色建筑呢？

我国《绿色建筑评价标准》（GB/T 50378—2019）中表明，绿色建筑是指在全寿命周期内，节约资源、保护环境、减少污染，为人们提供健康、适用、高效的使用空间，最大限度地实现人与自然和谐共生的高质量建筑。

从绿色建筑的基本概念可以看出，绿色建筑主要是提供给使用者有益健康的建筑环境，并提供高质量的生存活动空间；尽可能地使人们回归自然，保护环境减少能耗。但是，在实际建造过程中，有时这二者是相互矛盾的。绿色建筑实际上是这样的一种实践活动：尽可能地利用天然条件并通过人工手段创造宜憩舒适的环境，同时又要严格控制和减少人类对于自然资源的占有，确保自然索取与回报之间的动态平衡。这种动态平衡不但要反映在建筑设计和建造时所采用的合适方法及因地制宜的材料上，而且更体现在它对资源的消耗利用程度和回报自然程度状态方面。由此看来，绿色建筑是一种崭新的设计思维和模式，在使用中对精神层面的重要性给予更多的关注，全方位地关心使用者的生理及心理的健康。

需要注意的是，绿色建筑的概念是随着我国绿色建筑水平的提高而与时俱进的。我国在2006年颁布的《绿色建筑评价标准》（GB/T 50378—2006）中提出，绿色建筑是指在建筑的全寿命周期内，最大限度地节约资源（节能、节地、节水、节材）、保护环境和减少污染，为人们提供健康、适用和高效的使用空间，与自然和谐共生的建筑。将2006版评价标准与2019版评价标准比较后可以看出，2019版评价标准所确定的绿色建筑定义，将“最大限度地”这个词的位置进行了调整，并在“与自然和谐共生”前面加入了“人”字，从强调节约资源转变为强调人与自然的和谐，充分表现了“以人为本”的原则，重新唤起绿色建筑对使用者本身的关注。另外，2019版在绿色建筑定义中增加了“高质量”的描述，表达了绿色建筑性能要求随着绿色建筑行业的发展而全面提高的目标，这也是绿色建筑行业进步的必然要求。

1.2 国内外绿色建筑的发展概况

绿色与高效能建筑的发展源自20世纪70年代的美国，自石油危机爆发后，社会意识到节约能源的重要性，而建筑能耗往往在整个社会总能耗的比重超过40%，建筑学家开始从建筑的角度寻找节能方法，最初的绿色建筑应运而生。如今，绿色与高效能建筑是指通过有效运用再生资源和智能生态系统设计，以减少制造废物、消耗水资源与能源的建筑。它具有可持续性、高效能、用户舒适度高以及室内环境健康等优势，并为整个建筑生命周期带来积极影响。

1.2.1 国外绿色建筑的发展

20世纪60年代，美国建筑师保罗·索勒瑞在《城市建筑生态学：人类想象中的城市》中阐述了城市建筑生态学的理论，创立了“城市建筑生态学”新名词。

20世纪70年代，石油危机使太阳能、地热、风能等各种建筑节能技术应运而生，节能建筑成为建筑发展的先导。

进入21世纪以后，绿色建筑的内涵和外延更加丰富，绿色建筑理论和实践进一步深入和发展，受到各国的重视，在世界范围内形成了快速发展的态势。

为了使绿色建筑的概念具有切实的可操作性，世界各国也逐步建立和完善相应的绿色建筑评价体系，继英国、美国、加拿大之后，日本、德国、澳大利亚、法国等也相继出台了适合其地域特点的绿色建筑评价体系，越来越多的国家和地区将绿色建筑标准作为强制性规定。通过具体的评价体系，客观定量地确定绿色建筑中节能、节水、减少温室气体排放的成效，确定了明确的生态环境性功能和建筑经济性功能指标，为绿色建筑的规划设计提供了参考和依据。国外绿色建筑发展情况见表1-1。

表1-1 国外绿色建筑发展情况

20世纪60年代	美国建筑师提出“生态建筑”的新概念
1990年	英国发布世界首个绿色建筑标准，创立英国建筑研究院环境评价体系
1993年	美国成立美国绿色建筑委员会
1998年	美国绿色建筑委员会建立《绿色建筑评估体系》(LEED) 国际组织“绿色建筑挑战”(GBC)开发建筑物环境性能评价软件GBTool
2000年	加拿大推出绿色建筑标准
2002年	澳大利亚成立澳大利亚绿色建筑委员会(GBCA)
2003年	日本可持续建筑协会(JSBC)创立建筑物综合环境性能评价系统CASBEE 澳大利亚建立绿色建筑评价体系——绿色之星
2006年	英国政府出台《可持续住宅法规》，比BREEAM评价系统更为细致和全面、严格
2008年	德国可持续建筑委员会与德国政府推出第二代可持续建筑评价体系DGNB

随着绿色建筑观念的不断深入，绿色建筑的经典工程也不断涌现。例如，德国凯赛尔的可持续建筑中心，设计上就采用了包括混合通风系统、辐射供暖、辐射供冷和地源热泵等在

内的绿色建筑节能技术；葡萄牙里斯本21世纪太阳能建筑采用了被动式供暖、被动式供冷、BIPV（建筑光伏一体化）系统等在内的先进技术手段。这些建筑均采用了先进的绿色技术手段，成为绿色建筑的典范。

1.2.2 我国绿色建筑的发展

相比国外而言，我国的绿色建筑起步比较晚。我国的绿色建筑发展工作从20世纪80年代开始延续至今，其发展历程可分为四个阶段。

第一个阶段是1986年之前的理论探索阶段，其标志是颁布了我国第一部建筑节能标准——《民用建筑节能设计标准（采暖居住建筑部分）》。

第二个阶段是1987—2000年的试点示范与推广阶段。1992年巴西里约热内卢联合国环境与发展大会以来，我国政府相继颁布了若干相关纲要、导则和法规，大力推动绿色建筑的发展。

第三个阶段是2001—2008年的承上启下的转型阶段。在此期间，逐渐建立和完善适合我国国情的绿色建筑评价体系。

第四个阶段是2008年至今的全面开展阶段。将建筑领域节能绿色纳入国家经济社会发展规划和能源资源、节能减排专项规划，作为国家生态文明建设和可持续发展战略的重要组成部分。

我国绿色建筑发展情况见表1-2。

表1-2　我国绿色建筑发展情况

1986年	JGJ 26—1986《民用建筑节能设计标准(采暖居住建筑部分)》颁布
2001年	第一部生态住宅评价标准《中国生态住宅技术评估手册》颁布
2003年	第一个绿色建筑评价体系《绿色奥运建筑评估体系》颁布
2004年	建设部启动"全国绿色建筑创新奖"
2005年	我国发布《建设部关于推进节能省地型建筑发展的指导意见》,首次颁布GB 50189—2005《公共建筑节能设计标准》
2006年	第一部GB/T 50378—2006《绿色建筑评价标准》颁布
2007年	印发《绿色建筑评价技术细则(试行)》《绿色建筑评价标识管理办法》(试行)建科【2007】206号
2008年	成立城市科学研究会绿色建筑与节能专业委员会
2009年	成立城市科学研究会绿色建筑研究中心
2012年	财政部发布《关于加快推动我国绿色建筑发展的实施意见》;住房和城乡建设部印发《绿色超高层建筑评价技术细则》建科【2012】76号
2013年	发展改革委、住房和城乡建设部发布《绿色建筑行动方案》
2015年	《绿色建筑评价技术细则》修订并通过审查
2019年	《绿色建筑评价标准》(GB/T 50378—2019)开始正式颁布和实施

随着我国绿色建筑政策的不断出台、标准体系的不断完善、绿色建筑实施的不断深入及国家对绿色建筑财政支持力度的不断增大，我国绿色建筑在未来几年将继续保持迅猛发展态势。目前我国绿色建筑面积及获得绿色建筑标识的项目个数呈逐年增加的趋势，且增加幅度非常大。为规范绿色建筑标识管理，促进绿色建筑的高质量发展，住房和城乡建设部发布了《绿色建筑标识管理办法》（以下简称《管理办法》），对绿色建筑标识的申报和审查程序、标识管理等作出明确规定。《管理办法》自2021年6月1日起施行。

1.3 绿色建筑的研究背景与意义

1.3.1 绿色建筑的研究背景

当前，建筑运行能耗占我国能源消费总量的20%左右。从发达国家的情况看，随着经济社会的发展，建筑行业将逐渐超过工业、交通业成为用能的重点行业，占全社会终端能耗的比例为35%～40%。而从建筑全寿命周期角度看，如果加上建材制造、建筑建造，建筑全过程能耗占我国总能耗比例已达45%左右。

另外，建筑产业对资源的消耗也非常显著，我国每年钢材的25%、水泥的70%、木材的40%、玻璃的70%和塑料制品的25%都用于建筑产业。

因此，在2020年确定的全社会总能耗（标准煤）48亿吨的目标控制下，如果没有有效节能措施和抑制不合理建筑增长需求，建筑能耗会突破12亿吨标准煤，而我国在2030年前后的城镇化率将达到70%。因此，建筑领域的节能减排对全国节能绿色工作起到至关重要的作用。

1.3.2 绿色建筑的研究意义

（1）绿色建筑对生态环境的贡献作用

在我国“十三五”期间，国家提出了大力发展装配式建筑的计划，旨在改善我国的生态环境，实现人与自然的和谐发展；绿色建筑的推广实施，对于改善生态环境和提高生活质量具有重大意义。绿色建筑不仅仅应用于住宅，对于公共建筑也同样有着非常重要的作用。对于人们所居住的生态环境，人们在进行绿色建筑施工的同时，可有效降低空地的空置率，通过减少空地、废地，增加屋顶的绿化面积比例，既能增加绿化面积，又可以节约土地。

随着绿色建筑的普遍推广，其在土地节约、水资源保护、降低能耗等方面，都将比传统住宅建筑更加有优越性，这些都将对环境的改善起到非常重大的作用。

（2）绿色建筑对可持续发展战略的影响作用

我国早在20世纪80年代，就提出了可持续发展战略。绿色建筑的提出，是可持续发展战略实施的重要手段之一，对于自然资源和能源的持续利用发挥着非常好的促进作用。能源使用绿色化设计是建筑绿色化设计的核心内容之一，我国人均资源匮乏，要实现能源的节约利用，就必须从使用上降低建筑能耗。建筑能源循环使用，是实现建筑可持续发展的重要手段。

随着后期绿色建筑的推广实施，很多建筑物的构件可以设计为循环使用构件，从而避免资源浪费，这对于建立资源节约型社会意义重大。正是由于这个原因，国家在“十三五”期间大力发展装配式建筑，随着后期装配式建筑的不断推广与实施，通过对资源的循环利用，继而实现建筑物在可持续发展战略上的应用。作为绿色建筑的重要形式，近年来，装配式建筑呈现较快发展态势。“十三五”期间，累计建成装配式建筑面积达16亿平方米，年均增长率为54%。2021年，全国新开工装配式建筑面积达7.4亿平方米，较2020年增长18%，占新建建筑面积的比例为24.5%。

1.4 绿色建筑技术及其应用的相关问题

我国的建筑节能从20世纪80年代就开始了，随着我国房地产行业的兴起，绿色建筑这个概念也逐渐被大家所熟知。但总体来说，绿色建筑技术目前在我国发展比较缓慢，主要的原因有以下几点：

首先，很多人可能还没有完全理解绿色建筑的本质含义，片面地将绿色建筑认为只是将建筑物周围和内部进行绿化。绿色建筑行业日新月异，是一类长期受益的建筑，人们看它的长期成本就知道，绿色建筑是真正意义上的节能建筑，它一部分充分借鉴了我国传统的建筑设计，另一部分又将我国传统的建筑艺术进行创新。因此，绿色建筑不仅具有我国传统的建筑节能方式，而且更重要的是体现了地方元素，在建筑材料和施工方面进行了自主创新。

其次，关于绿色建筑各地差别会比较大。现在重点研究的多是一线城市，大部分学者在研究的时候是以一般的建筑设计为出发点，缺乏对绿色建筑设计的系统研究。我国目前对绿色建筑的研究大多还停留在绿色建筑设计的理论框架、设计原则以及国外建筑的一些研究，理论知识非常丰富，但在实践的时候，其实是没有可以参考的例子的。因此，一些建筑师在工作中会缺少统一考虑，通常会在建筑完成后才考虑绿化、节能等的应用。而实际上如果人们只考虑节能和周围的绿化，并不能提升建筑物的整体性能。从目前来看，我国的绿色建筑技术仍然没有得到广泛运用，在很多方面还存在着以下问题。

① 全社会环保、节能意识不强。我国提出了绿色建筑的标准，说明在政府方面对绿色建筑已经有了充分重视，但是从整个社会来看，绿色环保的意识并不是十分强。和西方发达国家比较，一些建筑行业对于节能减排的重要性还不是特别重视，其环境危机意识和西方国家，还存在差距。

② 建筑工业化水平有待提高。建筑工业化是指人们利用目前现代的工业生产方式和手段替代传统的手工业方式来建造房屋，在科学建设的基础上，实现标准化设计、工业化设计，规范企业的管理。建筑工程的工业化水平高低不仅仅体现了一个国家建筑业现代化的程度，并且对绿色建筑的健康有序发展具有非常重要的影响。我国绿色建筑的发展起步较晚，建筑工业化水平还有待提高。

③ 建筑垃圾综合利用有待加强。我国在建筑垃圾处理方面目前还没有建立一个十分完善有效的制度。对建筑垃圾处理的技术研究不多，更重要的是资金保障力度不足，很多企业并不注重对现有建筑的维护和保养，建筑拆除的多、改造的少，这样使建筑资源大量浪费，建筑废弃物对环境及城市可持续发展造成了不利的影响。

④ 建筑绿色化资金需求大。目前我国存在的非节能建筑储备量较大，绿色建筑的面积占整个建筑面积比例严重不足。“十三五”期间，中国严寒地区城镇新建居住建筑节能达到75%，累计建设完成超低、近零能耗建筑面积近0.1亿平方米，完成既有居住建筑节能改造面积5.14亿平方米、公共建筑节能改造面积1.85亿平方米，城镇建筑可再生能源替代率达到6%。“十三五”建筑节能与绿色建筑发展规划目标已圆满完成。“十四五”期间，中国将继续大力推进绿色建筑建设。预计到2025年，城镇新建建筑全面建成绿色建筑；完成既有建筑节能改造面积3.5亿平方米以上，建设超低能耗、近零能耗建筑面积达0.5亿平方米以上，装配式建筑占当年城镇新建建筑的比例达到30%，全国新增建筑太阳能光伏装机容量0.5亿千瓦以上，地热能建筑应用面积1亿平方米以上，城镇建筑可再生能源替代率达到8%，建筑能耗中电力消费

比例超过55%。为了实现规划所提出的目标，有大量的非节能建筑需要进行绿色建筑改造，资金缺口非常大，需要更多的企业去寻求资金，这对大企业来说可能比较容易，但是对于小企业来说，就会导致融资困难，资金链断裂，严重的会影响企业的业绩。

1.5 我国绿色建筑的现状及展望

1.5.1 我国绿色建筑的现状

自绿色建筑进入我国，短短30多年，我国在绿色建筑领域已取得了很多成绩。其中，在新建建筑节能领域："十二五"期间我国城镇新建建筑执行节能强制性标准比例基本达到100%。截至2016年底，全国城镇新建建筑全面执行节能强制性标准，累计建成节能建筑面积超过150亿平方米，节能建筑占全部民用建筑比例为47.2%。而到2020年，全国城镇绿色建筑占新建建筑比例超过50%，新增绿色建筑面积20亿平方米以上。

在绿色建筑强制推广方面，2016年，全国省会以上城市保障性住房、政府投资公益性建筑及大型公共建筑开始全面执行绿色建筑标准；北京、天津、上海、山东等地已在城镇新建建筑中全面执行绿色建筑标准。截至2018年底，全国城镇建设绿色建筑面积已累计超过25亿平方米。

在既有建筑节能改造方面：一是在居住建筑节能上，截至2016年底，北方采暖地区共计完成既有居住建筑供热计量及节能改造面积13亿平方米；二是在夏热冬冷地区既有居住建筑节能改造上，截至2016年底，有关省市已完成既有居住建筑节能改造备案面积1778.22万平方米；三是公共建筑领域，第一批重点改造城市是天津、重庆、深圳、上海，各市改造面积400万平方米，综合节能率达20%以上，目前均已完成并通过验收。第二批公共建筑重点改造城市是厦门、济南、青岛等七座城市，共批复改造任务量2054万平方米，目前准备开展验收。第三批改造城市为北京、天津、石家庄、保定等29座城市，共批复改造任务量6959万平方米，综合节能率达15%以上，目前正在进行中。

在融资方面，中国也作出有效探索，为建筑绿色发展提供支持与保障。其中，在财经政策领域，针对绿色建筑、既有居住建筑节能改造、公共建筑节能改造重点城市和超低能耗建筑等工程，管理层陆续颁布各类文件，对相关领域和内容给予最大支持和补贴。

2016年，中国人民银行等七部门联合印发《关于构建绿色金融体系的指导意见》，绿色金融在我国迅速发展。绿色建筑发展领域也开展了绿色金融支持绿色建筑发展的初步尝试。2017年，住建部会同银监会决定启动新一批重点城市建设。借鉴前两批重点城市经验和教训，新一批重点城市希望加大力度探索市场化改造机制，引入绿色信贷等金融政策。

尽管我国绿色建筑发展速度快，但也面临一些问题，如高成本绿色技术实施不理想、"绿色物业"管理脱节、少数常用绿色建筑技术由于存在缺陷并未运行。要解决这些问题，必须实现专家评审机构尽责到位、政府监管到位、公开透明社会监督到位、补贴处罚机制到位、"绿色物业"运行维护服务到位等"五个到位"，严把绿色建筑质量关。

1.5.2 我国绿色建筑发展展望

按照《国家发展改革委关于印发〈绿色生活创建行动总体方案〉的通知》要求，2020

年 7 月 24 日，住建部联合国家发展改革委、教育部、工业和信息化部等七部门，发布关于印发《绿色建筑创建行动方案》的通知。

此次绿色建筑创建行动以城镇建筑作为创建对象，计划到 2022 年，当年城镇新建建筑中绿色建筑面积占比达到 70%，星级绿色建筑持续增加，既有建筑能效水平不断提高，住宅健康性能不断完善，装配化建造方式占比稳步提升，绿色建材应用进一步扩大，绿色住宅使用者监督全面推广，人民群众积极参与绿色建筑创建活动，形成崇尚绿色生活的社会氛围。具体将从推动新建建筑全面实施绿色设计，完善星级绿色建筑标识制度，提升建筑能效水效水平，提高住宅健康性能，推广装配化建造方式，推动绿色建材应用，加强技术研发推广，建立绿色住宅使用者监督机制等多个方面进行。

① 绿色建筑智能化。我国在绿色建筑方面取得了不错的成就，但在绿色建筑的管理方面及技术方面还有较大的进步空间。信息化技术背景下，人们的日常生活中应用了类型丰富的智能家居，并在日常工作及居住过程中对智能有了更多的要求。因此，为了推动建筑行业的健康发展，需要充分关注绿色智能的发展方向。智能建筑及绿色建筑实现共同发展，注重环保工作，不仅可以发挥时代科技具备的特征，还可以给人们提供更加美好舒适的环境享受和生活体验。

② 绿色建筑普及化。在发展绿色建筑过程中，顺应我国构建的资源节约型社会发展目标，可以有效实现我国的生态效益及社会效益，为人们构建更加舒适的居住环境。绿色建筑应向着普及化方向发展，推动我国建筑行业的可持续发展。我国制定与建筑行业相关的政策，应有利于促进我国绿色建筑的健康发展。可以通过积极宣传绿色建筑，促进可再生能源朝着规模化趋势发展；积极构建系统化及一体化绿色建筑体系，促进绿色建筑审核及建设等相关工作有序开展。

③ 绿色建筑人文化。充分重视人文理念，能够促进我国绿色建筑的快速发展。当前我国绿色建筑受到很多因素的影响，导致我国绿色建筑在发展过程中未构建完善的人文理念，在开展工作时还存在很多不足，直接阻碍了我国绿色建筑行业的稳定发展。绿色建筑在未来发展时，需要企业逐渐深化了解绿色建筑的人文理念，充分发挥绿色建筑人文理念优势，从而推动绿色建筑的健康发展。

④ 绿色建筑科学化。在发展绿色建筑过程中，需要充分重视技术，合理应用技术，逐渐改进绿色建筑中存在的不足。与国外相比，我国绿色建筑产品的质量仍有提高的空间。国家和企业都应加强与国外企业的交流合作，做好技术交流工作，同时投入绿色建筑科学化研究工作，进一步加快绿色建筑产品的研发和创新，提高绿色建筑产品的技术含量和质量，满足绿色建筑发展的要求；同时，通过加快绿色建筑产品的研发和创新，可以减少当前我国建筑业对国外先进技术和机械的依赖，在一定程度上降低我国绿色建筑产品的建设成本并保障我国绿色建筑的可持续发展。推动建立绿色建筑研发创新平台，例如推动大数据、互联网、云计算、人工智能等新技术与绿色建筑的融合。将绿色建筑与建筑碳排放进行有效结合，并根据具体情况，提出具有针对性的施工措施，充分发挥绿色建筑具备的优势。随着我国绿色建筑的发展，应逐渐减少碳排放量，积极构建生态环保型社会。

国内外绿色建筑评价体系

绿色建筑评价体系使用定量打分的方法对建筑各类性能进行评价，成为绿色建筑认证的关键。此类体系通过指标引导，为建筑生命周期内各个阶段尤其是设计阶段提供指导，并在政策导向、公众参与、商业运作等多个层面推动绿色建筑发展。

1990年英国建筑研究院发布的BREEAM评价体系是世界上第一个绿色建筑评价体系，之后许多国家研究制定了本国的绿色建筑评价体系，如美国的LEED、日本的CASBEE、德国的DGNB、我国的《绿色建筑评价标准》(assessment standard for green building，ASGB)、新加坡的Green Mark、中国台湾地区的EEWH、澳大利亚的Green Star、国际可持续建筑环境促进会的SBTool等。

国际能源机构（IEA）的调查数据显示，世界上和绿色建筑评价体系有关的方法、框架和工具已经超过了百种。部分具有影响力的评价体系见表2-1。

表2-1 部分具有影响力的评价体系

开发时间	评价体系名称	国家、地区或机构
1990	Building Research Establishment Environmental Assessment Method(BREEAM)	英国
1993	Building Environmental Performance Assessment Criteria(BEPAC)	加拿大
1996	HK-BEAM	中国香港
1998	SBTool(GBTool)	国际可持续建筑环境促进会
1998	Leadership in Energy and Environmental Design(LEED)	美国
1999	EEWH	中国台湾
2000	Eco Effect	瑞典
2001	Comprehensive Environmental Performance Assessment Scheme(CEPAS)	中国香港
2001	Comprehensive Project Evaluation(CPE)	英国
2001	NABERS	澳大利亚
2002	High Quality Environmental(HQE)	法国
2002	Comprehensive Assessment System for Building Environmental Efficiency(CASBEE)	日本
2004	Design Quality Indicator(DQI)	英国
2004	Sustainable Project Appraisal Routine(SPeAR)	英国
2005	Australian Building Greenhouse Rating(ABGR)	澳大利亚
2005	Sustainable Building Assessment Tool(SBAT)	南非

续表

开发时间	评价体系名称	国家、地区或机构
2005	Green Mark	新加坡
2006	Eco-Quantum	荷兰
2006	Green Star	澳大利亚
2006	《绿色建筑评价标准》(Assessment Standard for Green Buliding,ASGB)	中国
2008	Deutsche Güetesiegel Nachhaltiges Bauen(DGNB)	德国

2.1 我国的《绿色建筑评价标准》

2.1.1 我国绿色建筑评价体系发展概况

我国首个专门针对生态住宅所提出的评价体系是2001年开始正式实施的《中国生态住宅技术评价手册》，它的指导思想是可持续发展理念，根本宗旨为对自然资源进行有效保护，从而为社会各界创建健康舒适的居住空间。

2003年，我国相关院校及科研院所等单位共同编制并推出《绿色奥运建筑评估体系》。绿色奥运简单来说就是以相关的评价体系为基本依据对各个奥运场馆进行整体规划，它属于科技奥运十大专项中的一项。该体系从室内环境质量、材料、环境能源及水资源等多个方面进行评价，对奥运相关建筑的服务质量进行有效改善，最大限度降低其对环境所造成的负载量与压力。

2006年，在我国住建部的要求下，国内多家相关单位联合出版了《绿色建筑评价标准》（GB/T 50378—2006）。自该标准颁布实施以来，其在引导、规范国内的绿色建筑设计方面发挥了重要作用，以绿色性能的评价为手段推动了绿色建筑技术的应用，国内民用建筑的绿色性能普遍得到提高。为适应行业的快速发展，住建部于2014年对《绿色建筑评价标准》（GB/T 50378—2006）组织了修订，又于2019年对《绿色建筑评价标准》（GB/T 50378—2014）进行了修订。与前两个版本相比，我国《绿色建筑评价标准》（GB/T 50378—2019）在评价指标体系结构和评价方法上均有较大的创新，重构了绿色建筑的评价指标体系，增加了全装修、安全防护、耐久、全龄友好、健康、绿色建材等内容，推进绿色技术的落实，突出了“以人为本”的理念。新标准必然会对国内绿色建筑的发展发挥重要的引领作用。

我国的《绿色建筑评价标准》是针对所有民用建筑建立的绿色性能评价体系。《绿色建筑评价标准》（GB/T 50378—2006）参考了LEED的评价方法，《绿色建筑评价标准》（GB/T 50378—2019）参考了BREEAM的评价方法。随着我国建筑行业的迅速发展，我国《绿色建筑评价标准》已成为世界上影响范围最广的绿色建筑评价体系之一。

2.1.2 我国《绿色建筑评价标准》

我国《绿色建筑评价标准》（GB/T 50378—2019）于2019年8月1日正式实施，确立了“以人为本、强调性能、提高质量”的绿色建筑新发展模式。在指标体系上，分为“安全耐久、健康舒适、生活便利、资源节约、环境宜居、提高与创新”六个章节。从“以人为本”的设计理念出发，提高和新增了对全装修、室内空气质量、健康水质、健身设施、垃圾分类、全龄友好、服务措施等以人为本的评价要求。

（1）安全耐久

安全耐久章节共 100 分，控制项 8 条、评分项 9 条。设置 2 类二级指标，其中安全章节所占分数较高。新增 12 项条文。

具体三级指标及对应分值，以及评分项条文的说明如表 2-2 所示。注意：为简明起见，本表条文说明部分、指标部分等内容有省略。具体请参见 GB/T 50378—2019，仅供参考。

表 2-2 具体三级指标及对应分值，以及评分项条文的说明

一级指标	二级指标及对应分值	三级指标	对应分值	条文说明
安全耐久 100 分	安全 53 分	4.2.1 抗震设计合理	10	抗震设计合理、提高抗震性能(10 分)
		4.2.2 人员安全防护措施	15	①阳台、外窗安全防护(5 分) ②出入口安全防护(5 分) ③场地、景观高空坠物缓冲区(5 分)
		4.2.3 安全防护产品、配件	10	①安全防护玻璃(5 分) ②防夹功能门窗(5 分)
		4.2.4 室内外防滑措施	10	①出入口、公共区域防滑措施(3 分) ②室内外防滑地面(4 分) ③建筑坡道、楼梯踏步防滑等级(3 分)
		4.2.5 交通系统设计	8	人车分流、交通照明设计(8 分)
	耐久 47 分	4.2.6 适变性措施	18	①灵活空间设计(7 分) ②设备管线分离(7 分) ③适应性设备设施布置方式(4 分)
		4.2.7 耐久性措施	10	①抗老化、耐久性好的管线管材(5 分) ②采用长寿命活动配件产品(5 分)
		4.2.8 结构材料	10	100 年耐久性设计(10 分)
		4.2.9 装修建材	9	①耐久性好的外饰面材料(3 分) ②耐久性好的防水密封材料(3 分) ③耐久性好、易维护的装修材料(3 分)

（2）健康舒适

健康舒适章节共 100 分，控制项 9 条、评分项 11 条。设置 4 类二级指标，其中声环境与光环境设计尤为重要。新增 6 项条文，特别需要注意的是控制项新增了对于生活饮用水水质及清洗消毒计划的设计要求。具体三级指标及对应分值，以及评分项条文的说明如表 2-3 所示。注意：本表条文说明部分、指标部分等内容有省略，具体请参见 GB/T 50378—2019。

表 2-3 具体三级指标及对应分值，以及评分项条文的说明

一级指标	二级指标及对应分值	三级指标	对应分值	条文说明
健康舒适 100 分	室内空气品质 20 分	5.2.1 控制室内污染物	12	①控制氨、甲醛、苯、VOCs、氡等污染物浓度低于规定限值 10%(3 分)、低于规定限值 20%(6 分) ②室内 $PM_{2.5}$ 年均浓度 $\leqslant 25\mu g/m^3$，且室内 PM_{10} 年均浓度 $\leqslant 50\mu g/m^3$(6 分)
		5.2.2 建材有害物质限量	8	装修装饰材料达标 3 类以上(5 分)、5 类以上(8 分)

续表

一级指标	二级指标及对应分值	三级指标	对应分值	条文说明
健康舒适100分	水质25分	5.2.3　水质要求	8	各类水质满足国家标准(以下简称国标)要求(8分)
		5.2.4　储水设施卫生	9	①成品水箱达标(4分) ②储水不变质措施采用(5分)
		5.2.5　管道设备标识	8	所有给排水管道和设备采用永久性标识(8分)
	声环境与光环境30分	5.2.6　噪声级	8	主要功能房间隔声达到国标平均值(4分)、达到高要求限值(8分)
		5.2.7　隔声性能	10	①构件、相邻房间空气声隔声达到国标平均值(3分)、达到高要求限值(5分) ②楼板撞击声隔声达到国标平均值(3分)、达到高要求限值(5分)
		5.2.8　充分利用天然光	12	①室内采光面积达标(9分) ②炫光控制措施(3分)
	室内热湿环境25分	5.2.9　热湿环境	8	热舒适达标时间比例(2～8分)
		5.2.10　自然通风	8	平面布局优化、改善自然通风效果(8分)
		5.2.11　遮阳设施	9	可调节遮阳设施面积比例(3～9分)

(3) 生活便利

生活便利章节共100分，控制项6条、评分项13条。设置4类二级指标，其中物业管理所占分数最多。特别需要注意的是控制项新增了无障碍汽车和新能源汽车停车位的相关设计要求。

生活便利章节各级指标、对应分值及条文说明如表2-4所示。注意：本表条文说明部分、指标部分等内容有省略，具体请参见GB/T 50378—2019。

表2-4　生活便利章节各级指标、对应分值及条文说明

一级指标	二级指标及对应分值	三级指标	对应分值	条文说明
生活便利100分	出行与无障碍16分	6.2.1　公交站点	8	①出入口到达公交站点距离(2～4分) ②出入口800m范围内有2条公交线路(4分)
		6.2.2　全龄化设计	8	①公区无障碍设计(3分) ②室内公区设圆角阳角、安全扶手(3分) ③可容纳担架的无障碍电梯(2分)
	服务设施25分	6.2.3　公共服务便利	10	周边公共服务配套(5～10分)
		6.2.4　开敞空间步行可达	5	①300m步行可达绿地、公园、广场(3分) ②500m步行可达运动场地(2分)
		6.2.5　健身场地和空间	10	①室外健身场地(3分) ②设有专用健身慢行步道(2分) ③室内健身空间(3分) ④楼梯间采光视野(2分)
	智慧运行29分	6.2.6　能源管理、计量系统	8	自动远传计量、能源管理系统(8分)
		6.2.7　空气质量监测发布	5	设实时显示的空气质量监测系统，保存一年数据(5分)
		6.2.8　用水计量及水质监测	7	①用水量远传计量系统(3分) ②管网漏损自动分析(2分) ③水质在线监测系统(2分)
		6.2.9　智能化服务系统	9	①服务功能不少于3类(3分) ②远传监控功能(3分) ③智慧城市接入功能(3分)

续表

一级指标	二级指标及对应分值	三级指标	对应分值	条文说明
生活便利 100 分	物业管理 30 分	6.2.10　管理制度	5	①操作规程和应急预案(2 分) ②工作考核激励机制(3 分)
		6.2.11　建筑平均日用水量	5	平均日用水量不大于上限值(2 分)、不大于平均值(3 分)、不大于下限值(5 分)
		6.2.12　运营效果评估	12	①运营评估技术方案和计划(3 分) ②检查调试设备、记录完整(3 分) ③节能诊断评估(4 分) ④水质检测、公示(2 分)
		6.2.13　绿色宣传	8	①每年 2 次绿色教育宣传(2 分) ②绿色展示交流平台(3 分) ③使用者满意度调查(3 分)

(4) 资源节约

资源节约章节共 200 分，控制项 10 条、评分项 18 条。设置 4 类二级指标，其中节能章节所占分数最多。二级指标的分类方式沿用了原 2014 版标准的节地、节能、节水、节材章节的分类方式。资源节约章节各级指标、对应分值及条文说明如表 2-5 所示。注意：本表条文说明部分、指标部分等内容有省略，具体请参见 GB/T 50378—2019。

表 2-5　资源节约章节各级指标、对应分值及条文说明

一级指标	二级指标及对应分值	三级指标	对应分值	条文说明
资源节约 200 分	节地与土地利用 40 分	7.2.1　节约土地	20	居建:人均用地指标(15～20 分) 公建:容积率(8～20 分)
		7.2.2　地下空间利用	12	地下建筑面积与地上建筑面积的比例 R_r、地下一层建筑面积与总用地面积的比例 R_p(5～12 分)
		7.2.3　停车方式	8	居建:地面停车位数量与住宅总户数的比例＜10%(8 分) 公建:地面停车占地面积与总用地面积的比例＜8%(8 分)
	节能与能源利用 60 分	7.2.4　围护结构热工性能	15	围护结构热工性能提高幅度 5%～10%(10～15 分)
		7.2.5　设备系统性能	10	冷热源机组能效优于国标限定值(10 分)
		7.2.6　输配系统性能	5	①单位风量耗功率低于国标 20%(2 分) ②耗电输冷/热比低于国标 20%(3 分)
		7.2.7　电气设备及控制	10	①照明功率密度达到目标值(5 分) ②人工照明自动调节(2 分) ③照明设备满足节能评价值要求(3 分)
		7.2.8　能耗模拟	10	建筑能耗降低 10%(5 分)、降低 20%(10 分)
		7.2.9　可再生能源	10	可再生能源利用比例(2～10 分)
	节水与水资源利用 50 分	7.2.10　节水器具等级	15	①全部达到 2 级用水效率(8 分) ②50%达到 1 级用水效率,其余达到 2 级(12 分) ③全部达到 1 级用水效率(15 分)
		7.2.11　节水设备与技术	12	①灌溉采用节水设计与技术(4～6 分) ②冷却水系统采用节水设备与技术(3～6 分)
		7.2.12　水景设计	8	①生态设施削减径流污染(4 分) ②水生动植物净化(4 分)
		7.2.13　非传统水源	15	①灌溉、冲洗、洗车用传统水量 40%～60%(3～5 分) ②冲厕用非传统水量 30%～50%(3～5 分) ③冷却水补充用非传统水量 20%～40%(3～5 分)

续表

一级指标	二级指标及对应分值	三级指标	对应分值	条文说明
资源节约 200 分	节材与绿色建材 50 分	7.2.14 土建装修一体化	8	所有区域实施土建装修一体化(8 分)
		7.2.15 合理选材	10	高强度钢筋、高强度钢材用量比例(4～10 分)
		7.2.16 工业化内装部品	8	工业化内装部品用量比例达 50%以上的种类(3～8 分)
		7.2.17 循环、再利用材料	12	可再循环、再利用材料比例：6%～10%(居建 3～6 分)、10%～15%(公建 3～6 分)；利废建材利用比例(3～6 分)
		7.2.18 绿色建材	12	绿色建材使用比例 30%(4 分)、50%(8 分)、70%(12 分)

(5) 环境宜居

环境宜居章节共 100 分，控制项 7 条、评分项 9 条。设置 2 类二级指标，其中场地生态景观得分配置占比较大。控制项新增了场地竖向设计、标识系统的规定，评分项新增 1 项条文。

环境宜居章节各级指标、对应分值及条文说明如表 2-6 所示。注意：本表条文说明部分、指标部分等内容有省略，具体请参见 GB/T 50378—2019。

表 2-6 环境宜居章节各级指标、对应分值及条文说明

一级指标	二级指标及对应分值	三级指标	对应分值	条文说明
环境宜居 100 分	场地生态与景观 60 分	8.2.1 场地生态环境保护	10	生态恢复、生态补偿措施(10 分)
		8.2.2 场地雨水径流控制	10	场地年径流总量控制率 55%(5 分)、70%(10 分)
		8.2.3 绿化指标	16	①绿地率达到规划指标的 105%(10 分) ②人均集中绿地面积(2～6 分)
		8.2.4 吸烟区设置	9	①与出入口、新风进气口、老幼活动场地距离合理(5 分) ②完整、醒目的标识(4 分)
		8.2.5 绿色雨水基础设施	15	①下凹式绿地、雨水花园比例 40%～60%(3～5 分) ②衔接、引导 80%屋面雨水(3 分) ③衔接、引导 80%路面雨水(4 分) ④透水铺装比例 50%(3 分)
	室外物理环境 40 分	8.2.6 环境噪声	10	①2 类<环境噪声≤3 类(5 分) ②环境噪声≤2 类(10 分)
		8.2.7 光污染防治	10	①控制玻璃幕墙可见光反射比(5 分) ②控制室外夜景照明的光污染(5 分)
		8.2.8 场地风环境	10	①冬季：风速、放大系数合理(3 分)、控制压差(2 分) ②过渡季、夏季：无涡旋无风区(3 分)、可开启外窗风压合理(2 分)
		8.2.9 降低热岛强度	10	①场地遮阴面积(2～3 分) ②路面太阳反射系数或行道树长度设计合理(3 分) ③屋面绿化、太阳反射系数面积达标(4 分)

(6) 提高与创新

提高与创新章节最高计入得分为 100 分，共计 10 项加分项内容，新增 4 项条文。

提高与创新章节各级指标、对应分值及条文说明如表 2-7 所示。注意：本表条文说明部分、指标部分等内容有省略，具体请参见 GB/T 50378—2019。

表 2-7　提高与创新章节各级指标、对应分值及条文说明

一级指标	二级指标及对应分值	三级指标	对应分值	条文说明
提高与创新100分	加分项最高100分	能耗降低	30	降低空调系统能耗40%以上(10～30分)
		建筑文化传承	20	文化、旧建筑保护与利用(20分)
		废弃地利用	8	废弃地、旧建筑利用(8分)
		绿容积率	5	绿容积率计算值不低于3(3分)、实测值不低于3(5分)
		工业化构建	10	①主体钢结构、木结构(10分) ②预制构件应用体积比例35%～50%(5～10分)
		BIM技术	15	设计应用(5分)、施工应用(5分)、运维应用(5分)
		碳排放计算	12	碳排放计算、碳足迹分析(12分)
		绿色施工	20	①绿色施工示范工程(8分) ②减少预拌混凝土损耗(4分)、钢筋损耗(4分) ③铝膜等免粉刷模板体系(4分)
		工程质量保险	20	①地基、机构、屋面防水等土建部分承保(10分) ②电气、装修、管道、系统安装等承保(10分)
		其他创新技术	40	节约资源、生态保护、安全健康、智慧友好、历史传承等创新(每项10分)

（7）新增新标准体系下星级评价强制要求

① 一、二、三星级均必须实现全装修，且每类指标的评分项得分不小于其评分项满分值的30%。

② 分层设置了性能要求，一、二、三星级绿色建筑对应强制技术要求如表2-8所示。注意：本表条文说明部分、指标部分等内容有省略，具体请参见GB/T 50378—2019。

表 2-8　一、二、三星级绿色建筑对应强制技术要求

对应星级	一星级	二星级	三星级
围护结构热工性能的提高比例，或建筑供暖空调负荷降低比例	围护结构提高5%或负荷降低5%	围护结构提高10%或负荷降低10%	围护结构提高20%或负荷降低15%
严寒和寒冷地区住宅建筑外窗传热系统降低比例	5%	10%	15%
节水器具用水效率等级	3级	2级	2级
住宅建筑隔声性能		室外与卧室之间、分户墙(楼板)两侧卧室之间的空气声隔声性能以及卧室楼板的撞击声隔声性能达到低限标准限值和高要求标准限值的平均值	室外与卧室之间、分户墙(楼板)两侧卧室之间的空气声隔声性能以及卧室楼板的撞击声隔声性能达到高要求标准限值
室内主要空气污染物浓度降低比例	10%	20%	20%
外窗气密性能	符合国家现行相关节能设计标准的规定，且外窗洞口与外窗本体的结合部位应严密		

新标准更新了绿色建筑评价指标体系，以符合当前建筑科技发展概念、构建新时代的绿色建筑评价技术体系、契合新时代绿色建筑高质量发展需求为修订目标，充分结合工程建设标准体制改革要求，强调提出新时期绿色建筑的基本技术要求，并与强制性工程建设规范研编工作进行了有效衔接。

2.1.3 新标准实施推进绿色建筑发展

① 新标准在评价指标体系、评价时间节点、评价规则、条文设置等方面，都作出了较大调整，这就需要广大咨询设计人员及相关从业人员加强对于新标准的学习，这是推广绿色建筑发展的基础。

② 目前与新标准配套的设计标准、报规要求、图审要求、绿建设计专篇、申报绿建标识相关的流程与材料要求等，需要各省市地区加快出台相应的配套标准、政策等，规范新标准执行后绿色建筑相关的报规、设计、申报等工作。

③ 新标准章节、条文涉及的专业交叉较为频繁，需要各专业咨询设计人员加强沟通与协调，在各司其职的前提下，又能保持良好协作，形成合力，使绿色建筑设计在源头就能够高效推进。

④ 新标准的评价难度要高于老标准，相应的增量投资也会增加，比如对于住宅建筑要评定星级，必须做到全装修；对于公共建筑要评定星级，其围护结构热工性能必须提高至少5%，这就需要政府对于市场有一定的鞭笞与引导。

2.2 美国的 LEED

LEED 是由美国绿色建筑委员会开发，对多种类型建筑均适用并获得国际认可的绿色建筑体系。该体系发布于 1998 年，现已更新到 LEED V4.1 版，已经应用到了 175 个国家和地区，超过 98000 个注册和认证项目。国际上，已有澳大利亚、中国大陆及香港地区、日本、西班牙、法国、印度对 LEED 体系进行了深入研究，并与本国的建筑绿色相关标准相结合。

2.2.1 LEED 简介

LEED 建立在自愿参与的基础上，立志于推动高效能、可持续建筑的发展。其强调实现最佳的资源环境效益，提供高舒适性、高水平的生活环境质量，以增进人类健康福祉。该标准体系以市场为导向，侧重于促进建筑市场的转型，协调多方利益。

（1）产品系列

LEED 评价既包括新建筑物，也包括已有建筑的操作与维护；涉及行业包括商业、学校、零售业、医疗、保健、住宅小区等，应用范围从个别楼宇和住宅发展到整个街道和社区。根据建筑的类型、领域以及项目范围的不同，评价体系被划分为 5 个大类，分别是：建筑设计及施工（BD&C）、室内设计及施工（ID&C）、既有建筑的运营及维护（EB：O&M）、社区开发（ND）、住宅（HOMES）。这 5 种品牌涵盖了美国建筑市场上的绝大多数建筑类型，它们之间各有侧重，又具有一定的联系，使项目在选择认证标准的时候，能更方便地选择所适用的标准，共同保证了 LEED 评价工作的有效实施。

（2）指标体系

LEED 评价体系 5 个大类对应指标项各有所不同，这里以 LEED-BD&C 为例。

LEED-BD&C评价体系从整合过程（IP）、选址与交通（LT）、可持续的场址（SS）、节水（WE）、能源与大气（EA）、材料及资源（MR）、室内环境质量（EQ）、设计中创新（IN）、地方优先（RP）等9个方面进行评估，其中每一个评估方面都称为一个类目（Category），每个类目中包含多个具体的评价指标。评价指标分为必要项（Prerequisite）和得分项（Credit）两种，前者是指项目必须要达到的条件，而后者是指对项目的某一方面进行评估从而取得的一定的分数。值得注意的是，若不满足必要项的要求，则项目无法通过LEED认证，而不仅仅是在包含该必要项的类目中无法得分。评价结果按分数等级分为认证级（40～49分）、银级（50～59分）、金级（60～79分）和铂金级（80分以上）4个级别。

2.2.2 与我国《绿色建筑评价标准》的对比

美国LEED评价标准是在世界各国绿色建筑标准体系中应用最广泛的，成效显著。将其与我国的《绿色建筑评价标准》进行分析比较，通过对LEED发展的分析，我国绿色建筑发展可从中汲取经验，为我国《绿色建筑评价标准》的发展提供见解。LEED与ASGB（GB/T 50378—2019）对比见表2-9。

表2-9 LEED与ASGB（GB/T 50378—2019）对比

项目	LEED	ASGB(GB/T 50378—2019)
国家政策	税收减免、各种碳交易措施及设立多种专项资金等	财政资金奖励、土地使用及税收等方面的优惠政策，此外还包括专门针对绿色建筑制定的多项金融服务政策等
评价对象	公共、办公、学校、商业、工业、住宅、社区规划	两大类：一类是住宅建筑；另一类是公共建筑，主要针对单体建筑。另外，重点评价的是绿色建筑的使用性能状况
评价内容	整合过程、选址与交通、可持续的场址、节水、能源与大气、材料及资源、室内环境质量、设计中创新、地方优先	安全耐久、健康舒适、生活便利、资源节约、环境宜居、提高与创新
评价方法	以简单的线性求和计算总得分，只需对每个评价指标打分并累计即可得到总分，根据总得分的高低评定为认证级、银级、金级、铂金级并颁发证书	采用措施评价法，不同评价内容设置不同权重。将建筑分为4个等级：第一等级为基础级，第二等级为一星级，第三等级为二星级，第四等级为三星级
评价指标	没有对施工管理和运营阶段进行独立评估，而是将施工管理在其他评价项中体现，设立分册以对运营管理进行限制；并且施工材料的地域性选择是加分项，以最大限度地利用当地资源并减少材料运输等外部因素的负面影响。它具有较强的导向性，并且比较看重创新的应用	指标选择体现项目的全寿命周期，指标划分更为简明、包含面比较广

2.3 日本的CASBEE

2.3.1 CASBEE简介

日本建筑物综合环境性能评价体系（Comprehensive Assessment System for Building Environmental Efficiency，CASBEE）由日本国土交通省负责支持。该研究始于2001年，

主要由日本可持续建筑协会 JSBC 负责开发。CASBEE 在 2002 年开发了建筑评价工具办公室和各种工具，涵盖各类建筑物和热岛对策等。CASBEE 的评价包括能源消耗、环境资源再利用、当地环境、室内环境等，总共 90 多个子项目。

（1）评价原理

CASBEE 评价工具开发的三条核心原则：①全面评价建筑物的整个生命周期；②采用建成环境品质（Built Environment Quality，简称 Q）和建成环境负荷（Built Environment Load，简称 L）两轨评价制；③基于新开发的评价指标，评价环境效率值（BEE），即单位环境负荷的产品或服务的价值，评价建筑外部环境负荷的影响，作为评价可持续建筑环境的基础。

对于 Q 值，主要评价“在一个假想的封闭空间（私有资产）中为使用者改善生活品质”，而 L 值则评估“假想封闭空间对周围环境的负面环境影响（公共资产）”。其每个项目都含有若干小项。Q 与 L 有关。例如，通过减少用于加热和冷却的能量以减少环境负荷，L 值将减小。但这可能与持久的热和冷相关，同时也降低了环境质量。因此，为了一起评价它们，CASBEE 将 Q 和 L 的比定义为评价指标作为环境（性能）效率：BEE＝Q/L。BEE 值可以更好地反映建筑环境的综合评价。BEE 值等级分为：优秀（Excellent）、很好（Very Good）、好（Good）、略差（Slightly Poor）、差（Poor）。

（2）评价指标体系

CASBEE 评价指标体系分为两类：Q（建筑环境品质）和 LR（降低建筑对环境负荷或称为减载）。自身的环境品质 Q（Quality）包括：Q1（室内环境）——使室内环境舒适、健康、放心；Q2（服务性能）——长期持续使用；Q3（室外环境）——使街道布局、生态系统和文化丰富多彩。建成环境负荷 L（Load）包括：LR1（能源）——珍惜使用能源和水；LR2（资源、材料）——珍惜使用资源、减少垃圾；LR3（建筑用地外环境）——考虑地球、地域和周边环境。

CASBEE 评价结果可以在一张纸上表示，包括 BEE 分类图、雷达图、LCCO2 比较图、六项直方图和简单的文本描述。参与项目的最终 Q 或 LR（减载）分数是每个子项的结果乘以其对应的权重系数的总和，得出 SQ 与 SLR，可以雷达图方式表示得分情况；BEE 值可以用二元坐标系表示，建筑环境性能、质量和建筑环境负荷为 x，y 轴；LCCO2 比较图显示建筑物寿命期间的二氧化碳排放量；六项直方图表现出 Q 和 L 的主要项评分，从而可评判出建筑物的可持续性。

CASBEE 评价工具评估的优质建筑可以描述为：舒适，健康，安心（Q1）和长期可持续利用（Q2），珍惜能源和水的使用（LR1）；在建造和拆除的情况下，房屋（Q3，LR3）应尽可能不产生垃圾（LR2）以减少环境负荷并在良好的地理环境中运行。在 6 个重大项目下，有子项目和小项目，多数小项目内又设有具体的评分点，其权重系数根据具体项目分别由各方面的专家讨论确定。

2.3.2 与我国《绿色建筑评价标准》的对比

相比较其他国家的绿色建筑评价体系，日本的 CASBEE 评价体系比较有特点，也与我国的评价体系存在较大差异。其不仅可以从评价方法上作为参考借鉴，更可以从评价理念上比较优缺点，以期完善我国绿色建筑评价体系，具体对比见表 2-10。

表 2-10　CASBEE 与 ASGB（GB/T 50378—2019）对比

项目	CASBEE	ASGB(GB/T 50378—2019)
核心理念	只有“环境共生住宅”的概念，可以类似于绿色建筑的概念。环境共生就是充分保护地球资源，调节能源、资源与废弃物之间的关系，使之达到和谐；并且以人为本，充分考虑建筑中居住者的生理健康，心理舒适，使人们在建筑中能够身心愉悦进而提高生活工作效率，以将建筑、居住者、地域环境有机融合，达到和谐共生 环境共生理念是将居住环境优越、地域环境协调、能源资源保护三者达到一定平衡	绿色建筑是指在建筑的建造、使用中，以及使用后的拆除等全过程中节约能源、节约水等资源、节约土地、节约材料，最大程度减少对环境的破坏，减少污染，保护环境，并且为人们提供舒适健康的生活环境 基本内涵可以概括为：以最小的地球能源资源的使用消耗，以最小的对环境影响程度来达到建筑使用要求，并且保障居住空间安全、舒适，最终实现建筑的使用者、建筑自身和建筑周边环境的和谐共处
评价对象	很全面和详尽，具体评价对象包括新建建筑、已有建筑、临时性短期使用建筑、改造更新建筑等，包括办公、医疗、学校、商场、餐饮、会所、宾馆及住宅	两大类：一类是住宅建筑；另一类是公共建筑，主要针对单体建筑。另外，重点评价的是绿色建筑的使用性能状况
评价内容	分为两个方面：第一类是建筑环境的品质（Q），第二类是降低建筑对环境负荷（LR） 建筑环境品质（Q）又分为三小类：第一小类是室内环境（Q1），第二小类是服务性能（Q2），第三小类是室外环境（Q3） 降低建筑对环境负荷（LR）分为三小类：第一小类是能源（LR1），第二小类是资源与材料（LR2），第三小类是建筑用地外环境（LR3）	共有六大项：第一项是安全耐久；第二项是健康舒适；第三项是生活便利；第四项是资源节约；第五项是环境宜居；第六项是提高与创新
评价方法	采用比值的形式，能综合表现各个评分项之间的相互关系。将建筑分为 5 个不同的等级，根据优劣依次为优秀（S）、很好（A）、好（B+）、略差（B−）、差（C）	采用措施评价法，不同评价内容设置不同权重。将建筑分为 4 个等级：第一等级为基础级，第二等级为一星级，第三等级为二星级，第四等级为三星级
评价指标	对室内室外环境质量要求较高，指标相关权重占比较大，运营管理相关指标权重为 15%	室内外环境指标相关权重相对较低，重视程度不如日本；运营管理相关指标权重为 10%，在标准体系中鼓励运用绿色创新技术和先进的管理运营方式，对采用相关措施的绿色建筑在绿色建筑评价中给予一定的加分，这是 CASBEE 所缺乏的

2.4　英国的 BREEAM

2.4.1　BREEAM 简介

英国建筑研究院环境评价法（Building Research Establishment Environmental Assessment Method，BREEAM）是英国建筑研究院（BRE）于 1990 年提出的世界首个建筑环境评价体系，也是国际上第一套实际应用于市场和管理中的可持续建筑评价方法，它还拥有一个评估师网络，大约由 4000 个独立评估师组成。BREEAM 非常人性化地根据客户反馈的情况，考虑下一版的 BREEAM 体系是否应作出修改。这也是 BREEAM 不断改进和升级的方式。目前已有超过 190 万个建筑注册了英国 BREEAM 评价，约 45 万个建筑顺利通过了该项评价认证。

英国建立 BREEAM 主要是为降低建筑物对于环境所造成的影响。该体系所涵盖的范围比较广泛，包括从建筑主体的能源利用率到针对场地生态价值所进行的评价等各个方面。可持续发展是 BREEAM 重点关注的问题之一。尽管这种评价体系是非官方的，但与建筑规范的要求相比，它的要求显然更高，在降低建筑对于环境所产生的影响方面起到重要的推动作用。

(1) 评价对象与目标

BREEAM 已经成型的评价对象体系主要分为 Communities（社区）、Non Domestic（非住宅）、Domestic（住宅）、Domestic Refurbishment（住宅改造）、In-Use（运营）、Infrastructure（基础设施）和 Non Domestic Refurbishment（非住宅改造）七大评价体系。

BREEAM 的目标是将可持续建筑概念和可持续的观念成功地植入建筑设计和项目开发过程中，使建筑在环境、经济、社会三个方面的效益最大化，且获得最佳的综合效益。评价的理念是追求精简、清洁、绿色：第一步是减少资源需求；第二步是提高材料、水和能源的使用效率；第三步是使用绿色能源。如果设计方案的效果良好，在第二个步骤的成本投资就会降低，可以达到 BREEAM 的 Very Good（很好）或 Excellent（优秀）的级别。BREEAM 评价体系主要是改善、提高用能效率，提高水的利用效率，提供环境健康指数和舒适度，考虑材料对环境的影响以及寿命和项目管理对环境的影响。

(2) 评价体系内容

BREEAM 的评分项就新建建筑而言分为九大种类，不同建筑体系分类会有所不同。就建筑材料而言，BREEAM 是首个提出需要在建筑全寿命周期内进行碳评估的评级系统。在商业应用方面，Impact 软件插件经过 3 年的研发，已经在 IES 软件（建筑性能模拟和分析软件）环境下被应用了数年。在土地使用和生态环境方面，BREEAM 体系比较特别，更多是注重生物多样性。就能源来讲，BREEAM 以整个建筑的能源效率来评价，能耗基准是根据当地的情况计算出来的。BREEAM 评分项除了九大项外，还有一项是创新项。其打分原则是根据其提交的设计创新点，评估师根据情况申请创新分数，由 BRE（英国建筑研究院）审核确认。创新分并不具有权重系数。而九大项的每一项均需要达到最低分数要求，才可进行认证评级。而每个级别的最低要求也是不一样的。需要根据项目具体情况和权重系数，选择所需要的分数项，最后得到的分数满分是 100 分。另外，BREEAM 非常重视创新技术，只有创新项没有权重系数，而其他权重系数都小于 1，可见 BREEAM 对创新的重视。创新分值最高为 10 分。所以理论上，BREEAM 评价体系的最终满分是 110 分。最后根据认证最终得分，获得不同的认证级别。

(3) 评价等级

BREEAM 评价体系设定了五个认证级别：Pass，Good，Very Good，Excellent 和 Outstanding。各认证级别都有所对应的建筑物数量曲线，这代表了在建筑生命周期的不同阶段，评价通过的可能性不一样。

2.4.2 与我国《绿色建筑评价标准》的对比

BREEAM 绿色建筑指标从层级设置、系统分类到内容条款描述等与我国标准均存在一定差别。总体而言，英国指标结果控制更为明显，也更符合绿色建筑发展的整体目标。我国现行标准更注重过程控制，更易于掌握和使用。

① 英国 BREEAM-NC 评价指标在节能、节水、场地与环境指标大类中综合设置了结果性的性能控制指标，内容上侧重以最终性能为评判标准。而我国评价指标多为过程性的措施控制指标，内容上侧重对绿色建筑设计与建造的过程控制，评价指标操作性强，但结果评价难。

② 英国 BREEAM-NC 指标有相关数据库支持并建立了较为科学的计算方式。该标准通过长期积累开发了诸如 EPC 的性能计算方法，侧重于改进建筑自身能效。我国现行绿色建筑评价指标相对重视具体措施，理论研究与技术开发有待完善。

③ 英国评价指标分多层级控制，在大控制项内局部增设了相应的控制指标，而我国指标控制层级较为单一。

2.5 新加坡的 Green Mark

2.5.1 Green Mark 简介

2005 年，新加坡国家发展部（MND）下属的新加坡建设局（BCA）首次推出 Green Mark 绿色建筑评价标准。Green Mark 标准建立初始以建筑物的全寿命周期中的环境友好、可持续发展等理念为核心理念，并自 2009 年起相继出台了针对区域规划、独立住宅、基础设施、校园、数据中心等的评价工具。非居住类建筑更新至 2015 年版本，并在 2018 年进行了小幅修订，居住类建筑也更新至 2016 年版本。

Green Mark 标准体系下形成了 18 部评价工具，覆盖了新加坡主要建筑类型，增加了标准的针对性与适用性，扩大了新加坡绿色建筑的覆盖面，但也在一定程度上带来了评价管理上的不便。因此，在新建非居住建筑标准（Green Mark NRB：2015）的修订中，将适用建筑类型从商业建筑类型如办公、零售、酒店等进一步扩展到小贩中心、医疗设施、实验室及学校。医疗设施、实验室及学校 3 种建筑类型的专项标准以附加积分清单的形式整合进入新建非居住建筑标准（Green Mark NRB：2015）中。

2.5.2 与我国《绿色建筑评价标准》的对比

新加坡建设局基于新加坡绿色建筑发展过程中的反馈持续对 Green Mark 标准进行修订（平均 2.5 年修订一次），基于市场需求不断丰富各类型建筑的评价工具，并从管理及使用者角度出发进行了简化整合，有效促进了新加坡绿色建筑的持续发展。在最新修订中，Green Mark 标准根据参评建筑类型及评价阶段差异设置特色指标大类，打破旧版框架建立了新的评价体系：基于“适应气候”理念，从室内、场地、城市多个尺度整合了应对当地湿热气候措施，兼顾室内外环境舒适性；基于“资源综合利用”理念，从资源全生命期管理角度出发提出了量化评价办法；基于“智能健康”理念，以智能技术实现健康建筑个性化人性化管理，为使用者提供了一个高效、舒适、健康的建筑环境。该标准体系为我国绿色建筑特别是湿热地区绿色建筑的相关研究提供了参考。Green Mark 与我国 ASGB（GB/T 50378—2019）对比见表 2-11。

表 2-11 Green Mark 与我国 ASGB（GB/T 50378—2019）对比

项目	Green Mark	ASGB(GB/T 50378—2019)
核心理念	适应气候、资源综合利用、智能健康	在全寿命期内，节约资源、保护环境、减少污染，为人们提供健康、适用、高效的使用空间，最大限度地实现人与自然和谐共生的高质量建筑
评价对象	分为新建建筑和既有建筑两个大类，新建建筑评价由居住建筑和非居住建筑评价体系构成；既有建筑评价则细分为非居住建筑、居住建筑、教育类建筑、医疗保健类、办公建筑和公园等	两大类：一类是住宅建筑；另一类是公共建筑，主要针对单体建筑。另外，重点评价的是绿色建筑的使用性能状况
评价内容	第一大类：特色大类，如气候适应设计、可持续管理、可持续运营与管理等；第二大类：环境保护；第三大类：用能；第四大类：用水；第五大类：用材；第六大类：室内环境；第七大类：创新（评价对象不同，评价内容大类有所不同，一般同一个评价对象对应五个评价大类）	共有六大项：第一项安全耐久；第二项健康舒适；第三项生活便利；第四项资源节约；第五项环境宜居；第六项提高与创新
评价方法	采用"先决项＋得分项"方式，先决项为必须实施项，得分项直接累计得到总分，无权重指标。将建筑分为 3 个不同的等级，设金级、超金级、铂金级	采用措施评价法，不同评价内容设置不同权重。将建筑分为 4 个等级：第一等级为基础级，第二等级为一星级，第三等级为二星级，第四等级为三星级
评价指标	创新性地从适应气候角度出发，整合了与适应气候密切相关的条文，兼顾室内外光热环境舒适性，从建筑单体、街区乃至城市尺度综合考虑应对气候策略，且覆盖了建筑全生命期，评价内容涵盖前期策划、后期运营及使用后评价	—

2.6 绿色建筑评价体系发展趋势

科学、有效的评价体系是推动绿色建筑发展的重要助力。从第一个绿色建筑评价体系发布到现在已经 30 余年，各个国家和地区都发展出了符合自身发展特点的绿色建筑评价体系，在评价形式、体系构成、相关信息等方面也都存在差异。随着绿色建筑研究内容及科学评价方法的发展，作为建筑界的主流发展方向，针对绿色建筑评价体系的研究必将百花齐放。

蓄能式冷热墙技术

3.1 实现绿色建筑的关键技术

围护结构作为建筑重要组成部分，具有承重、隔离外界等作用。随着节能减排重要性的日益提升，提高围护结构性能，减少常规能源使用、开发和利用可再生能源是节能减排的重要手段。因此，本章对高性能围护结构和可再生能源利用两方面展开研究。

3.1.1 高性能围护结构技术

围护结构的传热系数每增大 1W/(m^2·K)，在其他工作情况不变的条件下，空调系统负荷增加近 30%。因此，提高建筑围护结构的性能是建筑节能中一个很重要的途径。

(1) 隔热材料在围护结构中的应用

隔热材料指的是阻滞热流传递的材料，也就是所谓的保温材料。墙体外部隔热层设置于主体结构外侧，并覆盖有保护层，减少了外界温度、湿度和各种射线对主体结构的影响。其工作原理为：夏季，保温材料阻挡外界热量进入房间；冬季，保温材料防止室内热量向外散发。

理论上保温层厚度越厚，隔热效果越好。但是实际并非如此，以夏热冬冷地区为例，在保证其他物理参数不变的情况下，减小围护结构的传热系数到一定程度后，夏季室内冷负荷反而会增大，这是因为夏季的夜晚或者某些过渡季节，室外的温度比室内温度更低时，由于围护结构良好的隔热保温效果，室内多余的热量无法传递到室外。所以必须权衡冬季保温效果和夏季隔热效果对全年冷热负荷的影响，寻找一个合适的厚度；同时，考虑到前期的投资和增加厚度带来的牢固性和可靠性。因此，必须衡量经济效益以确定最经济保温层厚度，在保证优良的保温效果的前提下，使总费用最低。

在计算保温层费用时最常用的是全寿命周期费用分析法（LCC）。全寿命周期中建造成本和运行费用占比最大，故本书只计算这两部分。

① 保温层初始投资费用 C_{in} 主要由施工费和材料费组成。计算公式如下：

$$C_{in}=S(\delta P_i C_e) \tag{3-1}$$

式中 C_{in}——保温材料投资费用；

S——外墙面积，m^2；

δ——保温层厚度，m；

P_i——不同保温层价格，本书针对聚氨酯泡沫保温材料板，取 580 元/m^3；

C_e——单位面积保温层的建设费用（含运输、施工费等），取 30 元/m^2。

② 运行费用 C_o 包括冬夏季能耗，同时在计算时考虑时间价值。在使用保温材料时，其有效寿命是不同的，且资金存在时间价值。因此，在计算时需考虑有效使用寿命差异，并将全寿命周期过程中发生的费用转换为保温层开始投入使用时的现值，采用现值因子（PWF）法。现值因子计算如表 3-1 所示。

表 3-1 现值因子计算表

判别式	I^*	现值因子(PWF)
$g<I$	$I^*=(I-g)/(1+g)$	$PWF=[1-(1+I^*)^{-N}]/I^*$
$g>I$	$I^*=(g-I)/(1+I)$	
$g=I$		$PWF=1/(1+I)$

注：g——通货膨胀率；

I——贷款利率；

I^*——贴现率；

PWF——现值因子；

N——保温材料的使用年限。

运行费用计算公式如下：

$$C_o=PWF\times QP_e/e \tag{3-2}$$

$$Q_s=k\times CDD26\times 86400(3600\times 1000) \tag{3-3}$$

$$Q_w=k\times HDD18\times 86400(3600\times 1000) \tag{3-4}$$

$$k=(R_o+R_{in}+R_w+R_i)^{-1} \tag{3-5}$$

$$R_{in}=\delta/\lambda \tag{3-6}$$

式中 C_o——建筑运行费用；

CDD26——空调度日数，武汉地区取 227℃·d；

HDD18——供热度日数，武汉地区取 1690℃·d；

PWF——现值因子，I 取 7.0%，g 取 2.0%，计算得 $I^*=4.9\%$，N 取 20 年，计算得出 PWF=12.56；

Q——冬夏季能耗；

P_e——当地电价，本书针对武汉市计算，武汉取 0.58 元/(kW·h)；

k——设备运行输送效率；

δ——保温材料厚度；

λ——保温材料热导率；

R_{in}，R_o——内、外表面传热阻；

R_w，R_i——围护结构、保温层外传热阻。

③ 全寿命周期总费用 $C_总$

$$C_总=C_{in}+C_o \tag{3-7}$$

④ 经济厚度即为保温层全寿命周期费用最小时对应的厚度：

$$dC_总/d\delta=0 \tag{3-8}$$

武汉地区最经济保温层厚度为 40mm，此时保温材料的全寿命周期费用最低，大约为 622 元/m^2。

（2）蓄能材料在围护结构中的应用

传统的围护结构虽在一定程度上能储存热量，但它属于显热蓄热，热流量不稳定。而相变材料是潜热储存，在储能期间温度基本保持在一定的范围内，有较高的能量密度。在各种节能技术的应用中，相变材料与传统材料有效结合，获得具有调温储能功能的新型建筑材料，并将其制成围护结构。其主要运用在以下几个方面。

① 相变材料在屋顶中的应用　美国麻省理工学院的课题小组研制了一种夜间供暖系统，构成该系统的主要部件为百叶窗反射片和相变天花板，相变天花板内封装了由一定质量分数的硫酸钠、硼砂、氯化钠、二氧化硅细粉末及水的混合物组成的储热材料。在白天，百叶窗反射片将阳光射到相变天花板上，相变天花板中的相变材料熔化储存太阳能，夜间相变材料凝固释热供暖。

② 相变材料在窗户中的应用　通过在双层玻璃夹层中加入透明的相变材料（聚乙二醇）使得透过该相变窗的辐射热量比单层玻璃窗减少15%～25%，比空气夹层的双层玻璃窗减少3%～6%。通过减少透过窗户的辐射热量来调节室内热舒适性，降低建筑冷负荷。

③ 相变材料在地板中的应用　在常规地板内填充相变温度为20～22℃的定形相变材料，由此形成的蓄热体能保证室内温度波动不超过6℃。冬季建筑物的平均热负荷仅为0.7W/m^2。最冷月也仅有2.3W/m^2。如果考虑室内其他设备发热量，基本可以实现冬季零采暖能耗。围护结构的改变导致建筑能耗仅为常规建筑的10%，很大程度上节约了能源。

④ 相变材料在墙体中的应用　将相变材料混合到混凝土中，制备具有承重和隔热功能的墙板构件，相变材料通过夜间通风蓄冷，白天释放冷量，以达到调节室内温差的目的，大大降低HVAC系统的能源成本，并满足人体舒适度的需求。另外，将相变材料复合到石膏板中制备轻质的相变复合石膏板，这种复合方式不会改变石膏板的安装工艺，却能提高石膏板的热惯性。

综上所述，相变窗户主要作用是减少外部热量进入室内，但是从这一方面讲，冬季室外的一部分热量则无法被利用，相应的热负荷会提高，因此相变窗户发挥作用受季节所限；同理，相变屋顶也是夏季作用好于冬季，夏季太阳照射角较高，一般在屋顶，大量的热量被储存，降低冷负荷。另一耗能较大的便是冬季，相变地板主要适用于冬季，因为冬季太阳照射角度较低，地板吸收的太阳辐射较多，且地板供暖可以让人容易受寒的足部最先感受到热量，提高舒适度，所以相变地板多用于冬季供暖。在夏季或冬季单一季节发挥作用并不能达到建筑全寿命周期降低能耗的目的，因此相变墙体很好地解决了这一问题，它既可用于冬季，也可用于夏季。冬季，有效吸收外界的热量，然后慢慢释放于室内；夏季，日间减少向室内传递的热量，在夜间通过自然通风散热。

3.1.2 可再生能源空调系统

（1）太阳能空调系统

太阳能空调系统是在吸收式制冷机（图3-1）的基础上，用太阳能加热热水来取代吸收式制冷机热源的设备，如图3-2所示。吸收式制冷机是利用制冷剂液体气化吸热实现制冷，它是由热能直接驱动，以消耗热能为补偿将热量从低温物体转移到高温物体。吸收式制冷是利用两种物质所组成的二元溶液作为工质来进行的，这两种物质在相同压力下存在不同的沸点，其中高沸点组分称为吸收剂，低沸点组分称为制冷剂。常用的吸收剂-制冷剂组合有两种：一种是溴化锂-水，通常适用于大型中央空调；另一种是水-氨，通常适用于小型空调。

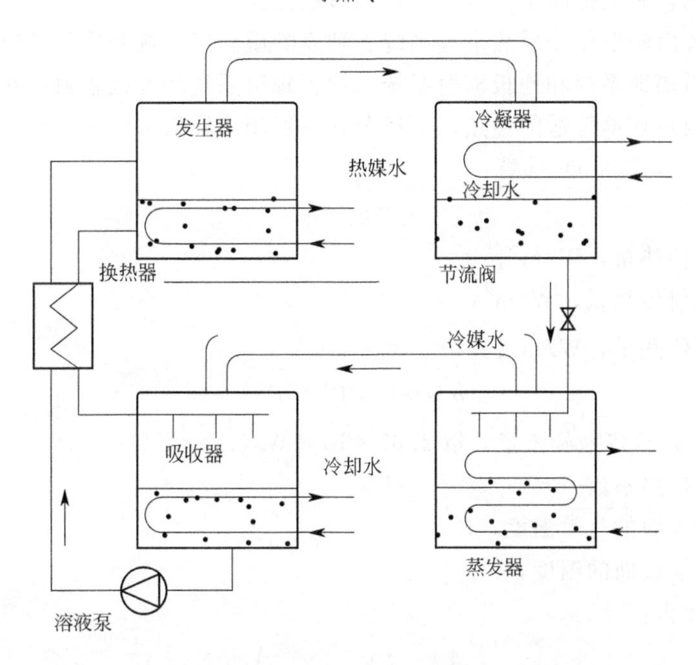

图 3-1 吸收式制冷机原理示意

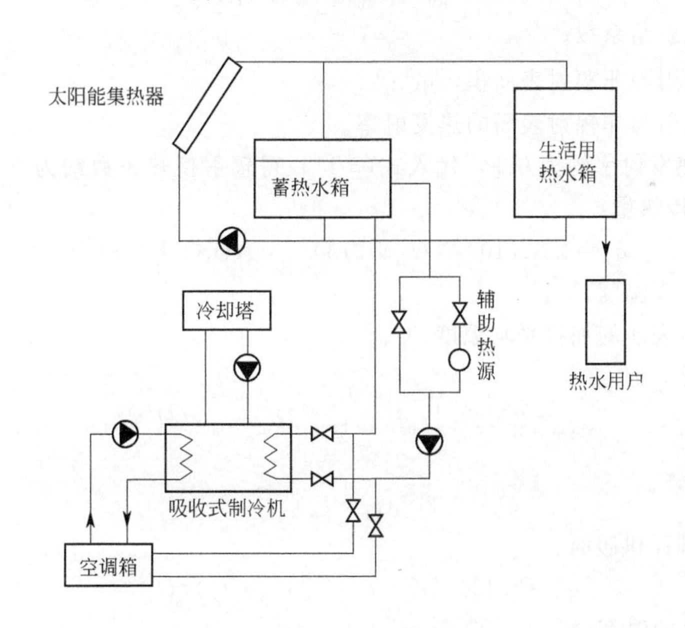

图 3-2 太阳能空调系统原理示意

（2）辐射空调系统

辐射供冷（暖）是指主要利用热辐射来传递热量的方式。其通过降低（增加）围护结构内的地面、墙面或屋顶的内表面温度，从而形成冷（热）辐射面，与室内人体、家具及热源辐射换热，达到夏季制冷、冬季供暖的效果。热媒通常为水，相比于空气，它具有更高的能量传输效率和更低的电力消耗。相较于常规空调系统，辐射空调系统的室内冷热负荷是通过辐射到达辐射末端的表面，继而直接被辐射末端的媒介吸收并带出室内，室内空气温度分布均匀，没有吹风感，有效提高了人体舒适性与节能性。

辐射空调系统由辐射供冷供热末端系统、独立除湿新风系统和冷热源组成。根据辐射末端位置可分为顶板辐射系统和地板辐射系统。顶板辐射系统和地板辐射系统都具有运行费用低、无噪声和室内热环境舒适的优点。下述公式一般用于辐射末端的设计。

辐射传热量可由式(3-9) 计算：

$$q=q_r+q_c \tag{3-9}$$

式中　q——综合传热量，W/m^2；

q_r——净辐射传热量，W/m^2；

q_c——对流传热量，W/m^2。

$$q_r=\sigma F_r(T_p^4-T_r^4) \tag{3-10}$$

式中　σ——斯特藩-玻尔兹曼常量，取 $5.67\times10^{-8}W/(m^2\cdot K^4)$；

F_r——辐射换热系数；

T_p——辐射表面的有效温度，K；

T_r——非辐射表面的温度，K。

辐射换热系数为：

$$F_r=1\Bigg/\left[\frac{1}{F_{p\text{-}r}}+\left(\frac{1}{\varepsilon_p}-1\right)+\frac{A_p}{A_r}\left(\frac{1}{\varepsilon_r}-1\right)\right] \tag{3-11}$$

式中　$F_{p\text{-}r}$——辐射角系数；

A_p，A_r——辐射与非辐射表面积，m^2；

ε_p，ε_r——辐射与非辐射表面的热发射率。

非金属面的热发射率约为 0.9，代入式(3-11) 得辐射换热系数约为 0.85，依次代入式(3-10) 得净辐射传热量：

$$q_r=4.8\times10^{-8}[(t_p+273)^4-(\text{AUST}+273)^4] \tag{3-12}$$

式中　t_p——辐射面温度,℃；

AUST——其他表面的加权平均温度,℃。

墙面供暖（冷）时：

$$q_c=2.42\times|t_p-t_a|^{0.32}(t_p-t_a)/H^{0.25} \tag{3-13}$$

顶板供暖时：

$$q_c=0.2\times(t_p-t_a)^{1.25}/D_e^{0.25} \tag{3-14}$$

顶板供冷和地面供暖时：

$$q_c=2.42\times|t_p-t_a|^{0.31}(t_p-t_a)/D_e^{0.08} \tag{3-15}$$

式中　t_a——空气的温度,℃；

D_e——辐射板的定量直径，$D_e=4A/L$，其中 A 为板面积，L 为板周长；

H——墙面辐射板高度，m。

辐射空调系统的冷热源一般采用高效率、低污染、使用可再生能源的主机。如利用地热、地表水等可再生资源作为冷热源的空调系统，或者高效率的制冷制热空调系统。例如土壤源热泵机组、水源热泵机组、风冷热泵等；同时，独立除湿新风系统也是辐射空调系统必不可少的部分，它保证空调空间的湿度以避免辐射表面结露，另外还向室内提供所需新风。

3.1.3 相变冷热墙辐射空调系统的提出

零能耗建筑中的空调设计要尽可能利用可再生能源，减少常规能源的消耗。此外，大部分城市实行“峰谷分时电价”政策，蓄能技术能缓解国家电网峰值压力实现电网移峰填谷，并且其所储存的热量可以来自太阳辐射、周围环境或HVAC系统。基于上述背景，将相变蓄能技术、辐射空调系统、可再生能源有机结合，构建一种相变冷热墙辐射空调系统，该系统以地源热泵作为冷热源，在夜间低谷电价时段利用相变材料进行蓄能，然后白天直接将夜间所储存的能量释放到室内以满足建筑冷热负荷，减少空调能耗，加之地源热泵系统的使用，极大地减少一次能源的消耗，达到节能的目的。

相变冷热墙辐射空调系统原理如图3-3所示。该系统通过冷热源提供一定温度的冷热水，进入置于墙内的盘管，与墙体内的相变材料进行热量交换。相变材料以相态变化的形式进行夜间蓄能白天释能，通过墙体与室内空气进行换热，从而改变室内温度，起到夏季制冷冬季供暖的作用。

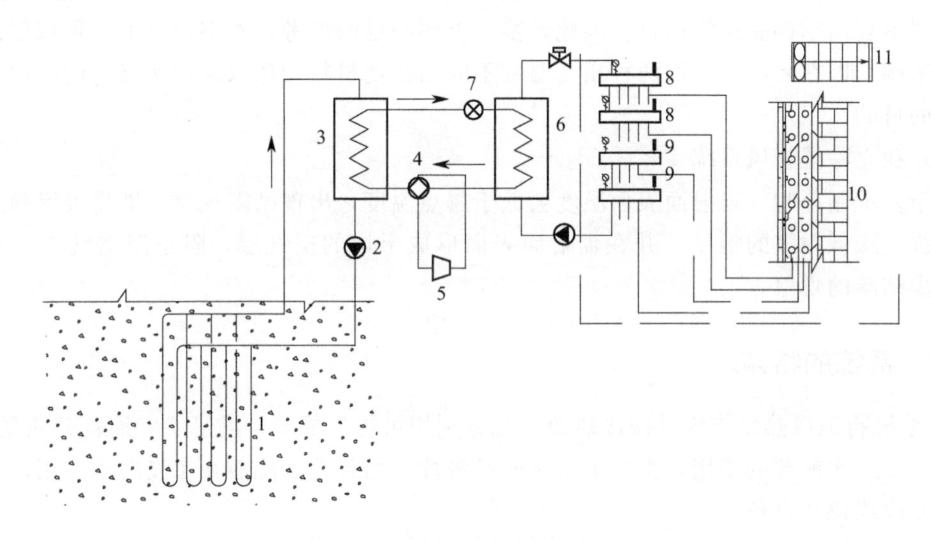

图3-3 相变冷热墙辐射空调系统原理

1—地埋管换热器；2—循环水泵；3—蒸发器；4—换向阀；5—压缩机；6—冷凝器；7—膨胀阀；8—分水器；9—集水器；10—辐射末端；11—新风系统

3.2 相变冷热墙辐射空调系统的设计

3.2.1 系统的构成

基于前述提出一种相变冷热墙辐射空调系统，该系统主要由冷热源、末端设备、独立除湿新风系统组成。

(1) 冷热源

常规辐射系统往往采用热水锅炉制备热水、电制冷机组制备冷水，但这就需要两套设备，分别供夏天、冬天使用，带来了极大的不便，而且电能是一种高品位能源，用来制备冷

（热）水非常浪费，这是十分不节能的，不符合零能耗建筑的要求。因此，可再生能源的使用极大地解决了这一问题，相比于空气源热泵结霜和水源热泵对自然环境要求高的问题，地源热泵则是不错的选择。其不仅可以一机多用，而且具有高效、环保、节能等优点。

利用盘管中水与浅层地热资源（也称地能，包括地下水、土壤或地表水）进行冷热交换来作为地源热泵的冷热源，冬季将地能中的热量“取”出来，给室内供暖，此时地能为“热源”；夏季将室内热量“取”出来，释放到地下水、土壤或地表水中，此时地能为“冷源”。

（2）末端设备

为了缓解我国电力短缺，减小峰谷差值，利用相变材料的相变过程可储存大量的能量，并与辐射系统相结合，构建相变冷热墙辐射末端系统。该系统不仅可以利用夜间低谷电价进行蓄能，从而减少电能的使用，提高系统的经济性，而且相变材料的加入可以有效提高辐射空调的热惯性，降低室内空气温度的波动，从而减少冷（热）负荷，达到建筑节能的目的，这十分符合零能耗建筑的理念。

然而，简单的相变蓄能冷热墙末端系统，由于相变材料的相变温度处于一定的范围内，无法实现冬夏两季都能正常运行。因此，鉴于上述问题的思考，本书提出了一种双层的相变冷热墙末端，即在墙体中添加两种相变温度不同的相变材料构建双层相变层，同时达到蓄冷和蓄热的目的。

（3）独立除湿新风系统

由于夏季制冷时，辐射面表面温度会低于露点温度，出现结露现象，则需设置独立除湿新风系统，降低空气的湿度，并在辐射面表面形成干燥的空气层，阻止湿空气与冷表面接触，减少结露的现象。

3.2.2 系统的特点

① 系统将地源热泵作为系统冷热源，充分利用可再生能源，满足了零能耗建筑的要求，不仅降低了一次能源的使用，提高了系统的经济性，而且该系统能在冬夏两季使用，不必配备其他制冷或供热设备。

② 系统将传统的地板采暖、吊顶供冷整合为墙体供冷暖，有效减少了建筑空间的占用；同时，也缓解了传统供冷暖方式带来的头冷脚热或者上冷下热的现象，散热更加均匀，热舒适性更好。

③ 系统使用了相变蓄能技术，可以利用夜间低谷的电能进行蓄能，所蓄的能量在白天释放供用户使用，缓解了电网压力，实现了“移峰填谷”，节约了运行费用，提高了系统的经济性；墙体内盘管直接浸润在相变材料中，减小了换热热阻，提高了相变材料的蓄热效率，从而降低能耗，减少能源消耗。

3.2.3 系统的工作流程

相变冷热墙辐射空调系统工作流程如图 3-4 所示。对于夏季工况，夜晚为电网波谷，地源热泵机组开启，利用低温的浅层地能，提供所需的冷水，进入室内分水器，然后进入辐射末端的盘管内，使相变材料层降温。当温度降到相变温度时，相变材料开始凝固，并将大量的冷量储存在相变材料中，同时壁面温度降低，从而通过辐射换热降低室内的温度，为了防止结露以及维持室内空气新鲜度等要求可开启新风通风系统。在室内温度降低的同时辐射末端内的冷水进入集水器，在循环水泵的驱动下再次返回到地源热泵机组中，以此循环。然而在白天电网波峰时，关闭地源热泵机组，不再提供冷水，壁面层温度和室内温度开始回升。当相变蓄冷层的温度上升到其相变点时，相变材料开始熔化，之前被储存起来的冷量释放出来，缓解或降低壁面温度的升高，以使室内的温度波动减小，继续维持设计温度。对于冬季工况同理，这里将不再赘述。

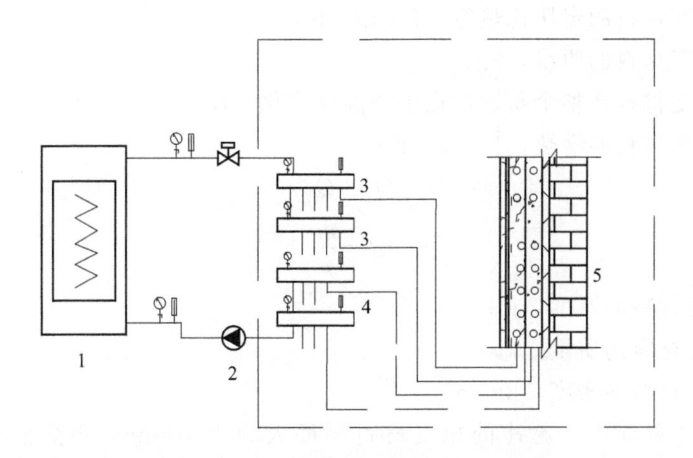

图 3-4　相变冷热墙辐射空调系统工作流程

1—地源热泵机组；2—循环水泵；3—分水器；4—集水器；5—辐射末端

3.2.4　相变蓄能末端的设计

相变冷热墙辐射空调系统最主要的结构是相变冷热墙，下面则对其进行详细介绍。

(1) 相变冷热墙的结构设计

如图 3-5 所示，相变冷热墙由原有墙体、保温层、纳米热超导材料、相变蓄冷层、相变蓄热层、水泥砂浆层组成。将盘管分别敷设在相变蓄冷蓄热层中，相变材料浸润在盘管之间，充分接触。纳米热超导材料的主要成分为碳晶硅、活性炭，它的传热效率约是普通金属材料的 6 倍，具有单向导热功能，在相变材料外涂覆一层纳米热超导材料，使冷（热）量能够快速地传递到墙面，从而到达室内。保温层为热导率低、密度小的挤塑聚苯乙烯泡沫塑料板（XPS 板），以此来最大限度地减少相变层向墙壁侧传导的热量损失。最后，在外层粉刷水泥砂浆即可，则形成了相变冷热墙。

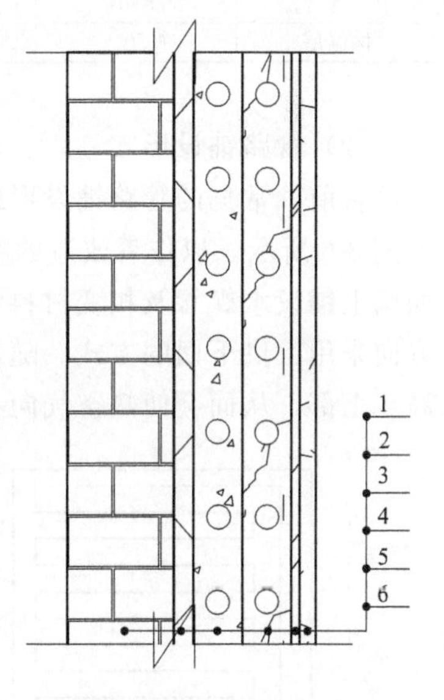

图 3-5　相变冷热墙结构图

1—原有墙体；2—保温层；3—相变蓄冷层；4—相变蓄热层；5—纳米热超导材料；6—水泥砂浆层

下面将对相变材料的厚度进行计算，为充分利用低谷电价，相变材料蓄能时间为夜间低谷时段（凌晨 1：00～9：00），则相应的释能时间为 9：00～17：00。假设白天室内的全部冷（热）量均来自相变材料夜间 8h 的蓄能，包括潜热和显热。计算公式如下：

$$Q_f = q_h \times t \times A \tag{3-16}$$

式中　Q_f——白天房间所需冷（热）量，W；

q_h——冷热符合指标，以夏热冬冷地区为例，夏季取 $95W/m^2$，冬季取 $80W/m^2$；

t——放热时间，s；

A——房间面积，m^2。

$$Q_x = c_p m \Delta T + m \Delta H_m \tag{3-17}$$

式中 Q_x——夜间相变材料的蓄能量，W；

c_p——相变材料的定压比热容，J/(kg·K)；

m——相变材料的质量，kg；

ΔT——相变材料在整个蓄能过程中的温度变化，K；

ΔH_m——相变材料的潜热，J/(kg·K)。

$$Q_f = Q_x \tag{3-18}$$

$$d = \frac{m}{\rho} \tag{3-19}$$

式中 d——相变材料的厚度，m；

m——相变材料的质量，kg；

ρ——相变材料的密度，kg/m^3。

由上述公式计算而得，蓄冷的相变材料厚度大约为 40mm，蓄热的相变材料厚度为 38mm。各结构层物性参数见表 3-2。

表 3-2 各结构层物性参数

材料名称	密度/(kg/m^3)	热导率/[W/(m·K)]	厚度/mm	黏度/(m^2/s)	定压比热容/[J/(kg·K)]
水泥砂浆层	1400	0.93	20		1050
纳米热超导材料	5	2000	5		200
相变蓄热层	850	0.2	38	70	2000
相变蓄冷层	850	0.2	40	70	2000
保温层	50	0.03	30		1220

(2) 管路铺设形式

目前，常见的管路铺设形式主要有三种：单螺旋型、双螺旋型、逆向螺旋型（回字型），如图 3-6 所示。以作者改造的零能耗建筑实验室为例进行研究，其为长方形结构，选择在一面墙上铺设水媒管及相变材料，考虑冷热墙为竖直辐射面，管路采用简单的单螺旋型，水流方向采用上供下回的方式。随着水流的进入，水温会随时间有较小的变化，故下部的水温会高于上部，从而会使热空气向上运动，冷空气向下运动，使室内的温度分布更加均匀。

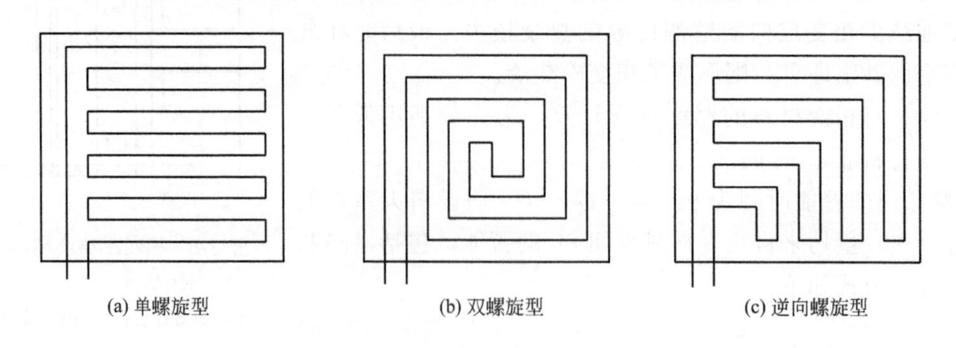

图 3-6 水媒管铺设方式

管道间距应根据供回水温度、负荷情况及墙面装饰材料情况合理布置，不要盲目加密或减少管路以避免墙面温度过高或过低，产生结露现象，这不仅造成能源和成本的浪费，而且降低房间的热舒适性。根据文献，管道间距选择 100mm。

（3）管路管材选择

目前，用于辐射供冷（暖）系统的管材主要有毛细管和塑料管。塑料管相较于毛细管具有寿命长、不易堵塞、便宜等优点，故本书盘管管材选择塑料管。常见的塑料管管材主要有交联聚乙烯（PE-X）管、交联铝塑复合（XPAP）管、聚丁烯（PB）管、三型聚丙烯（PP-R）管及非交联聚乙烯（PE-RT）管。不同管材材质比较见表 3-3。

表 3-3　不同管材材质比较

管材	PE-X	XPAP	PB	PP-R	PE-RT
密度/(g/cm^3)	0.94	0.94	0.94	0.90	0.91
膨胀系数/[mm/(m·K)]	0.20	0.17	0.13	0.18	0.12
弹性模量/MPa	600	900	3500	800	600
热导率/[W/(m·K)]	0.47	0.45	0.48	0.49	0.40
优点	良好的低温柔韧性和耐热性，较强的抗应力开裂性和抗蠕变性	不受氧气的影响，对外部压力有很强的抵抗力	耐寒、耐热、耐压、耐老化	耐高温，原料可回收，环保、焊接性好	可循环使用，韧性好，抗应力开裂和低温冲击，耐水压和耐热蠕变性能好，不需再预热
缺点	管材废料不能回收，铜管件长期连接使用时易泄漏	在施工弯曲时，焊缝易于脱离，且易出现分层	热导率较低，且价格相对昂贵	有冷脆性，抗蠕变性较差，管壁较厚，使施工难度增加	

综上所述，PE-RT 管具有综合性能优良、相对价格较低及可循环利用等特性，是相变冷热墙系统中水媒盘管管材的最佳选择。因此，相变冷热墙系统设计选用 DN16 的 PE-RT 管。

（4）盘管长度的计算方法

在实际的工程设计中，有些设计单位仅仅给出房间的负荷，而注明“由专业施工单位现场布置管道”，这样简单的设计会使系统管道的布置过于随意。往往为了保证一定的温度，施工单位都会取盘管长度的较大值，造成过热或过冷，从而使舒适性降低。

针对上述问题，现给出一种简化的计算方法。

① 已知需铺设盘管区域的面积 F 和管道间距 a，该区域的盘管长度为

$$L=\frac{F}{a} \tag{3-20}$$

② 已知需铺设盘管区域的管道间距 a，该区域的单位面积（$1m^2$）内的盘管长度为

$$L=\frac{1}{a} \tag{3-21}$$

3.2.5　相变蓄能材料的选择

广义的相变蓄能材料是指能将利用其物理状态变化时吸收（释放）的大量热能用于储能的材料；狭义上讲，它主要指那些具有高储能密度、性能稳定、相变温度合适和性价比优良

等特点，能够用于储能的材料。具体相变过程是：当环境温度高于相变温度时，材料吸收并储存热量，以降低环境温度；当环境温度低于相变温度时，材料释放储存的热量，以提高环境温度。这样的材料就叫作相变蓄能材料（简称相变材料）。

（1）相变材料的分类

从相变过程的形态来看，相变材料可以分为固-固相变、固-液相变、固-气相变和液-气相变等。由于后两种相变材料在相变过程中体积变化很大，产生大量气体，因此很难应用于实际建筑中。而固-固相变大多会出现塑晶现象，限制了它们的广泛使用。相变材料的分类及优缺点比较见表3-4。

表3-4 相变材料的分类及优缺点比较

分类	无机材料	有机材料
种类	结晶水合盐类、熔融盐类、金属或合金类等	高级脂肪烃类、脂肪酸、脂类或盐类、醇类、芳香烃类、酰胺类、氟利昂类、多羟基化合物、高分子类
优点	热导率大、单位体积的储热密度大、价格便宜、不可燃	在固体形态时成型性较好，一般不容易出现过冷现象和相分离，材料的腐蚀性较小，性能比较稳定，毒性小
缺点	过冷、易相分离、腐蚀性大	热导率小、密度小、熔点较低，不适于高温场合，易挥发、易燃甚至爆炸

相变材料并不是都可以应用到建筑蓄能中，适用于建筑蓄能的相变材料应满足以下条件：

① 相变材料的相变温度应该等于或接近人体适宜温度区间；

② 相变材料的单位体积熔化潜热应比较高，从而保证使用少量的相变材料就能够满足建筑的蓄能要求；

③ 相变材料在建筑基体中必须稳定存在，而且相容性要高；

④ 相变过程具备良好的可逆性，能够多次重复使用，膨胀收缩性小，过冷或过热现象少；

⑤ 无毒、无腐蚀、不易燃、不易爆炸，制作简单、价格便宜。

综上所述，本系统选择有机材料中的石蜡，其相态变化为固-液变化，并且石蜡相变潜热高、几乎没有过冷现象，熔化时蒸气压力低，化学稳定性较好；其在多次蓄放热后相变温度和相变潜热变化很小，无相分离现象和腐蚀性，价格便宜，满足本系统的需求。

（2）相变材料在建筑中的结合方式

结合制备工艺和实际情况，目前相变材料与建材基体的结合方式主要有以下三种：

① 胶囊法是将相变材料用容器密封后置入建筑材料中；

② 浸泡法即通过浸泡将相变材料渗入多孔的建材基体（如石膏墙板、水泥混凝土试块等）；

③ 直接混合法即将相变材料直接与建筑材料混合。

近年来，复合定形相变材料迅速发展，也属于胶囊法。它由高分子聚合物囊材和芯材组成，当芯材内的相变材料发生相变时，由于高分子聚合物囊材的微封装和支撑作用，其不会泄漏；复合定形相变材料形状恒定不变，且具有一定强度，即无须封装、无泄漏，可直接与传统建筑材料（如水泥/石膏）结合使用，从而降低了封装成本和难度。

作者在课题研究中选用石蜡作为相变材料，但由于研究内容是垂直方向的墙体蓄能，故相变蓄能层需要具备一定的支撑能力。高密度聚乙烯作为一种支撑材料，在实际施工中通常与石蜡结合，制备成定形相变材料。当二者结合后，支撑性能将明显增强。与单纯石蜡相比，定形相变材料的相变温度变化不大，还是以石蜡为主，可以保证潜热性能。

综上所述，相变材料须布置在墙体的内侧与加热盘管直接接触，对于保持相变材料层的固体形态及与相变材料之间盘管的紧密贴合度要求比较高。故选择上述定形相变材料以满足要求，且经过大量市场样本考察后，选择 Rubitherm 公司不同相变温度的 RT 石蜡系列分别用于蓄冷和蓄热。相变蓄能材料的物理性质见表 3-5。

表 3-5 相变蓄能材料的物理性质

性质	参数值	
	蓄热材料	蓄冷材料
	(RT35HC)	(RT18HC)
熔融温度(℃)/峰值温度(℃)	(34～36)/35	(−19～17)/18
凝固温度(℃)/峰值温度(℃)	(36～34)/35	(17～19)/18
相变潜热/(kJ/kg)	240	260
比热容/[kJ/(kg·K)]	2	2
密度/(kg/m^3)	800	800
热导率/[W/(m·K)]	0.2	0.2
体积膨胀率/%	12	12.5
闪点/℃	177	135
最大工作温度	70	50

3.3 相变冷热墙数值模拟研究

3.3.1 相变问题的数值求解模型

对于相变问题常采用的数值求解模型有有效热容法模型和焓法模型，下面以一维传热模型为例介绍。

(1) 有效热容法模型

有效热容法模型不区分相变材料的相态，将相变潜热看成是在相变区域内存在一个很大的热容值，不区分潜热和显热。

控制方程：

$$\rho c_{\mathrm{eff}} \frac{\partial T}{\partial \tau}=\lambda \frac{\partial^2 T}{\partial y^2} \tag{3-22}$$

初始条件：

$$T(y,\tau)\big|_{\tau=0}=T_{\mathrm{init}} \tag{3-23}$$

边界条件类型如下。

第一类边界条件：

$$T(y,\tau)\big|_{y=0}=T_0 \tag{3-24}$$

$$T(y,\tau)\big|_{y=L}=T_L \tag{3-25}$$

第二类边界条件：

$$-\lambda \frac{\partial T}{\partial \tau}\bigg|_{y=0}=q_0 \tag{3-26}$$

$$-\lambda \frac{\partial T}{\partial \tau}\bigg|_{y=L}=q_L \tag{3-27}$$

第三类边界条件：

$$-\lambda \frac{\partial T}{\partial \tau}\bigg|_{y=0}=h_0(T_{y=0}-T_{\infty}) \tag{3-28}$$

$$-\lambda \frac{\partial T}{\partial \tau}\bigg|_{y=L}=h_L(T_{y=L}-T_{\infty}) \tag{3-29}$$

式中 ρ——相变材料的液相和固相的平均密度，kg/m^3；

c_{eff}——相变材料的有效热容，由实验和公式求得，J/(kg·K)；

λ——相变材料的热导率，W/(m·K)；

y——沿相变材料的厚度方向，m；

T_{init}——初始温度，℃；

h——相变材料与周围空气的换热系数，$W/(m^2 \cdot K)$；

T_{∞}——周围环境空气温度，K。

有效热容：

$$c_{eff}=\frac{dH}{d\tau}\Big/\left(m\frac{dT}{d\tau}\right) \tag{3-30}$$

式中 $dH/d\tau$——热流速率，J/s；

m——相变材料的质量，kg；

$dT/d\tau$——相变材料的温度变化速率，K/s。

（2）焓法模型

焓法模型与有效热熔法模型类似，只是控制方程不同：

$$\rho\frac{\partial H}{\partial \tau}=\lambda\frac{\partial^2 T}{\partial y^2} \tag{3-31}$$

相变材料的比焓与温度的关系如下：

$$H=\begin{cases} c_{ps}T & T\geqslant T_s \\ H_s+\dfrac{\Delta H_m(T-T_1)}{T_1-T_s} & T_s<T<T_1 \\ H_1+c_{p1}(T-T_1) & T\geqslant T_s \end{cases} \tag{3-32}$$

式中 c_{ps}，c_{p1}——相变材料固态和液态的定压比热容，J/(kg·K)；

H_s，H_1——固相和液相的饱和比焓，J/kg；

ΔH_m——相变材料潜热，J/kg；

T_s，T_1——相变温度区间的起始温度和终止温度，K。

对于相变数值模拟，常采用 Fluent 软件。Fluent 软件是 CFD 计算软件中最常见的商用软件，也是目前功能最全面、使用最广泛的 CFD 软件之一。主要用于模拟高速流场、传热与相变、化学反应与燃烧、多相流等复杂机理的流动问题。它具有丰富的物理模型、先进的数值计算方法和强大的后处理功能。Fluent 软件采用 Solidification/Melting 模型进行相变问题计算，该模型采用焓法模型求解包含凝固和熔化的流动问题。在数值计算过程中，使用焓-孔隙率方法，将液-固模糊区视为孔隙率等于液相率的多孔区域，即

$$\beta=\begin{cases}0 & T<T_s \\ \dfrac{T-T_s}{T_1-T_s} & T_s<T<T_1 \\ 1 & T>T_s\end{cases} \tag{3-33}$$

式中　β——液相率。

其中，当 $0<\beta<1$ 时，认为相变材料处于液-固糊相区，液-固糊相区按照多孔介质来处理，多孔部分等于液体所占的份额。当材料的相变温度恒定（$T_s=T_1$）时，相变过程中只有固相区和液相区之分。液相率 β 与温度的其他关系此处不作考虑。同时在焓变过程中，能量动量的计算方法如下。

① 能量方程　相变材料的焓 H 用显热 H' 和潜热 ΔH 计算：

$$H=H'+\Delta H \tag{3-34}$$

$$H'=H_{ref}+\int_{T_{ref}}^{T} c_p \mathrm{d}T \tag{3-35}$$

式中　c_p——定压比热容，J/(kg・K)；

H_{ref}——参考焓，kJ；

T_{ref}——参考温度，℃。

液相的潜热可以在相关材料的潜热性能表查找。潜热 ΔH（$\Delta H=\beta L$）在 0（对固体）到 L（完全转化为液相的潜热）之间变化。对于凝固/熔化的问题，能量方程可以写为

$$\frac{\partial(\rho H)}{\partial t}+\nabla\cdot(\rho\vec{\nu}H)=\nabla\cdot(k\nabla T)+s \tag{3-36}$$

$$s=\frac{\rho}{c_p}\times\frac{\partial(\Delta H)}{\partial t} \tag{3-37}$$

式中　H——焓值，kJ；

ρ——密度，kg/m^3；

$\vec{\nu}$——流动速度，m/s；

s——源项；

c_p——定压比热容，J/(kg・K)。

② 动量方程

$$s=\frac{(1-\beta)^2}{\beta^3+\varepsilon}A_{mush}(\upsilon-\vec{\nu}_p) \tag{3-38}$$

式中　β——液相率；

ε——一个小于 0.0001 的数，防止分母为 0；

A_{mush}——糊相区常数，一般介于 $10^4\sim10^7$ 之间；

$\vec{\nu}_p$——牵连速度；

υ——运动黏度。

③ 湍流方程

$$s=\frac{(1-\beta)^2}{\beta^3+\varepsilon}A_{mush}\phi \tag{3-39}$$

式中　ϕ——待求解的湍流量（A_{mush} 等），在糊相区是一个常数。

3.3.2 相变冷热墙性能模拟

利用 Fluent 软件对相变冷热墙进行蓄能和释能的数值模拟，研究其在不同工况条件下的性能。

（1）物理模型

由于计算资源的限制，则利用 SolidWorks 对其进行二维物理模型建立，然后利用 ICEM 对模型进行网格划分，导入 Fluent 18.2 中进行计算，二维模型和网格划分如图 3-7 所示。

假设保温层没有出现热泄漏现象，则认为保温层属于绝热，故物理模型直接忽略保温层，设置与保温层接触的相变蓄冷层耦合面为绝热。实际盘管四周均与相变材料接触，为了更加接近实际情况，适当地将盘管管径缩小，缩小到 7mm，其余各层厚度均不作改变，根据表 3-2 进行设置。

图 3-7　二维模型和网格划分

（2）数学模型

① 数学模型的简化　相变冷热墙的辐射过程由于种种因素，传热过程复杂，难以精确求解。为便于研究，作出如下简化和假设：

a. 忽略系统中相变材料熔化时的自然对流和凝固时的过冷效应；

b. 各层材料物质均匀且物性恒定，均为各向同性，各层的接触热阻忽略不计；

c. 系统中各层材料紧密接触，与管壁接触良好，无接触热阻；

d. 传热过程属于三维非稳态传热，但系统中沿管子轴线方向的壁温变化缓慢，温度场几乎无变化；则忽略该方向的传热，可将该系统传热过程简化为其剖面层的二维非稳态传热过程。

② 数学描述

a. 控制方程。本课题选用焓法模型建立墙体各层的二维非稳态传热模型，整个区域可用统一形式的控制方程来表示：

$$\rho \frac{\partial H}{\partial \tau}=\lambda\left(\frac{\partial^2 T}{\partial x^2}+\frac{\partial^2 T}{\partial y^2}\right) \tag{3-40}$$

式中　ρ——墙体内各层材料的密度，kg/m^3；

H——墙体内各层材料的比焓，J/kg，并定义 0℃时焓值为 0；

T——温度，K；

τ——时间，s。

对于常物性材料，比焓与温度存在以下关系：

$$H = c_p \times T \tag{3-41}$$

相变材料的比焓与温度之间的关系如式(3-32) 所示。由于各层材料均为常物性材料，则可将式(3-41) 代入式(3-32) 得

$$\frac{\partial T}{\partial \tau} = \frac{\lambda}{\rho c_p}\left(\frac{\partial^2 T}{\partial x^2} + \frac{\partial^2 T}{\partial y^2}\right) \tag{3-42}$$

当系统运行一段时间后，温度不随时间出现较大波动，则随即进入稳态传热。此时，控制方程可表示为

$$\frac{\partial^2 T}{\partial x^2} + \frac{\partial^2 T}{\partial y^2} = 0 \tag{3-43}$$

b. 边界条件。

蓄冷（热）期间：

$$-k\frac{\partial T}{\partial x}\bigg|_{\text{管内壁面}} = h(T_f - T) \tag{3-44}$$

释冷（热）期间：

$$-k\frac{\partial T}{\partial x}\bigg|_{\text{管内壁面}} = 0 \tag{3-45}$$

式中　T_f——管内流体温度，K；

　　　h——管内对流换热系数，W/(m^2·K)。

其中，盘管内对流换热系数可由下列公式计算：

$$Re = \frac{ud}{\upsilon} \tag{3-46}$$

$$Nu = 0.023Re^{0.8}Pr^{0.3} \tag{3-47}$$

$$h = \frac{\lambda Nu}{d} \tag{3-48}$$

式中　Re——雷诺数；

　　　u——管内流速，m/s；

　　　υ——水的运动黏度，m^2/s；

　　　λ——水的热导率，W/(m·K)；

　　　d——传热管管径，m；

　　　Nu——努塞特数；

　　　Pr——定性温度下的普朗特数。

墙体内部的传热。在建立传热单元数学模型时，根据上述假设忽略了墙体向室外的传热量。

$$\frac{\partial T}{\partial x} = 0 \quad \frac{\partial T}{\partial y} = 0 \tag{3-49}$$

相变墙体的放热表面。墙体表面的散热是一个复杂的过程，主要包括对流换热和辐射换热。因此，将其处理为一个总的热流，按第二类边界条件和复合换热来处理，则可表示为

$$-k\frac{\partial T}{\partial y} = q_r + q_c = h_0(T - T_n) = h_r(T_d - T_{os}) + h_c(T_d - T_n) \tag{3-50}$$

式中　T_n——房间的平均温度，K；

　　　h_0——墙体表面的复合换热系数，W/(m^2·K)；

h_c——对流换热系数，W/(m^2·K)；

h_r——辐射换热系数，W/(m^2·K)。

ⓐ 对流换热系数 h_c。

$$Nu=f(Gr,Pr) \tag{3-51}$$

$$Nu=0.54(Gr,Pr)^{\frac{1}{4}} \tag{3-52}$$

$$Nu=\frac{h_c l}{\lambda} \quad Nu=\frac{g\alpha\Delta t l^3}{\upsilon^2} \tag{3-53}$$

$$Pr=\frac{\upsilon}{\alpha} \tag{3-54}$$

将式(3-51)、式(3-53) 代入式(3-52) 整理得

$$h_c=0.54\lambda\left(\frac{g\Delta t}{\upsilon}\right)^{\frac{1}{4}} \tag{3-55}$$

式中 l——定性尺寸，m；

Δt——墙体表面的温度与空气温度差，K；

υ——空气的运动黏度，m^2/s；

λ——空气的热导率，W/(m·K)。

ⓑ 辐射换热系数 h_r。取一假想表面代替房间所有非辐射表面，该表面与墙体构成封闭空间，表面温度为 T_{os}，则

$$q=\sigma\varepsilon_d(T_d^4-T_{os}^4) \tag{3-56}$$

$$T_{os}=\sum\nolimits_{j=1}^{n}F_j\varepsilon_j T_j\left(\sum\nolimits_{j=1}^{n}F_j\varepsilon_j\right)^{-1}=\sum\nolimits_{j=1}^{n}F_j T_j\left(\sum\nolimits_{j=1}^{n}F_j\right)^{-1} \tag{3-57}$$

$$q_r=h_r(T_d-T_n) \tag{3-58}$$

$$h_r=\sigma\varepsilon\frac{T_d^4-T_{os}^4}{T_d-T_n} \tag{3-59}$$

式中 T_d——墙体上表面平均温度，K；

T_{os}——与墙体对应的非辐射表面加权平均辐射温度，K。

ⓒ 初始条件。在初始时刻 $\tau=0$，可认为温度场均匀一致，即墙体内表面温度等于室内空气的初始温度：

$$\tau=0 \quad T=T_0 \tag{3-60}$$

（3）求解参数设置

本模拟采用二维分离式、非稳态、一阶隐式求解器求解，模拟相变过程选择 Solidification/Melting 模型，保持默认设置；能量方程模型中离散化采用二阶迎风差分格式；湍流模型选择标准 k-ε 模型，各层材料之间的边界面均采用耦合面。对于耦合边界条件，它同时考虑了导热、对流换热、辐射的相互作用，且不需要输入较多的参数。相变材料物性参数按照表 3-5 设置，在 Fluent 软件中设置其固-液相变温度时选择其峰值温度，即 18/35℃，其余各层参数按照表 3-2 设置。

在求解器方式的设置中，压力-速度关联算法中选择 SIMPLE 算法，压力梯度采用 PRESTO! 格式离散，松弛因子采用默认值。模拟时间步长设置为 1s。本书对计算结果均采用 Tecplot 进行后处理。

3.3.3 模拟结果及分析

相变冷热墙的蓄能和释能决定了系统是否满足用户的供冷热需求。因此，本节对其蓄能和释能特性进行重点研究。

（1）蓄热/蓄冷特性分析

冬季蓄热特性研究过程如下。在冬季制冷工况下，研究不同供水温度和流速对蓄热过程中相变状况和各层温度变化的影响，具体对比工况的运行参数见表 3-6。

表 3-6 温度对比工况的运行参数

工况名称	水流速度/(m/s)	蓄放热时间/h	供水温度/℃	初始壁温/℃	相变温度/℃
工况 1	0.5	8h+8h	50	13	35
工况 2	0.5	8h+8h	40	13	35
工况 3	0.5	8h+8h	45	13	35

图 3-8 所示为工况 1 下相变蓄热层在蓄热过程中相变情况。此时的供水温度为 50℃，在蓄热期间，蓄冷相变温度为 18℃。因为冬季初始温度低于 18℃，所以相变蓄冷层也会发生相变，但是由于供水温度远高于相变温度，因此相变速度特别快。本节主要研究蓄热，对蓄冷工况不做显示，同理其他层始终处于固体，也不再显示，后续工况类似，将不再赘述。在蓄热开始阶段，靠近盘管的相变蓄热材料先感受到热量的传递，大约 700s 时相变蓄热材料达到相变温度并开始相变，相变由盘管两侧逐渐向周围蔓延。随着热量的继续进入，在 1～4h 阶段，相变剧烈进行，意味着大量的热量被储存在相变蓄热材料中。在蓄热过程结束时，相变材料已经完全熔化为液体，整个相变过程持续了大概 4.8h，这相对于蓄热时间 8h，是远远不够的，造成了大量的热量直接以显热的方式进入室内，而并未以潜热的形式被储存，以供放热阶段使用，一定量的热品位被浪费。

图 3-8 蓄热过程的相变云图（1h、2h、3h、4h）

图 3-9 和图 3-10 所示为工况 1 下相变冷热墙在蓄热过程中的温度情况。由图 3-9 和图 3-10 可以看出，温度整体趋势呈现为“中部高，两侧低”。相变蓄热层位于中部，热量首先传递到相变蓄热层，相变蓄热层温度不断升高，依次将热量传递至壁面（水泥砂浆层）。随之

室内壁面温度升高，通过辐射与导热的方式与室内空气进行换热，从而实现对室内的供热。起初壁面各层温度急速升高，使得相变蓄热层急剧相变；但是随着热量的继续传递，温度升高速率明显趋于平缓，温度缓慢升高，由最初的平均3.8℃/h到1.1℃/h甚至更少。这是因为随着时间的推移，各层温度逐渐升高，各层结构与供水温度、室内温度差值逐渐减小，温度变化趋于稳定。最终在蓄热8h完成后，壁面温度由13℃升高至33℃，最终稳定在33℃左右。墙体表面的平均温度在人员经常停留区适宜范围为24～26℃，最高限制在28℃。可见，50℃的供水温度过高。

图3-9　蓄热过程的温度云图（1h、2h、3h、4h）

图3-10　蓄热过程的温度云图（5h、6h、7h、8h）

图3-11所示为工况2条件下相变蓄热层在蓄热过程中的相变情况。由工况1知50℃的供水温度过高，故此工况供水温度为40℃。在蓄热开始阶段，供暖盘管附近相变蓄热材料温度升高，大约1130s时相变蓄热材料达到相变温度开始相变，相变从盘管两侧开始逐渐向两边蔓延。随着热量的不断进入，相变剧烈进行，大量的热量以潜热的形式被储存在相变蓄热材料

中。在蓄热过程 8h 结束时，相变蓄热层还未完全熔化为液体，这进一步说明热量不足，即供水温度过低，在 8h 内不足以保证相变蓄热材料完成相变，从而造成相变蓄热材料储热能力的浪费。因此，为了进一步更好地利用相变蓄热材料的储热能力，需提高供水温度。

图 3-11 蓄热过程的相变云图（2h、4h、6h、8h）

图 3-12 所示为工况 2 条件下相变冷热墙中各层结构在蓄热过程中的温度情况。由图 3-12 可以看出，温度整体趋势呈现为“中部高，两侧低”，相变蓄热层位于中部，热量首先传递到相变蓄热层，相变蓄热层温度不断升高，依次将热量传递至壁面（水泥砂浆层）。随之室内壁面温度升高，通过辐射与导热的方式与室内空气进行换热，从而实现向室内供热。由于供水温度相较于初始温度偏高，起初各层结构温度急速升高，使得相变蓄热层急剧相变；但是，随着热量的继续传递，温度升高速率明显趋于平缓，温度缓慢升高，由最初的平均 2.4℃/h 到 1.0℃/h 甚至更少。这是因为随着时间的推移，各层温度与供水温度、室内温度差值减小，温度上升趋势呈现稳定状况。最终在蓄热 8h 完成后，墙面温度由 13℃升高至 21℃，最终稳定在 21℃。根据规范，壁面温度应在 24～26℃，最高限制在 28℃。可以看出，壁面温度达不到要求，说明供水温度过低。

图 3-12 蓄热过程的温度云图（2h、4h、6h、8h）

(2) 释热/释冷特性分析

① 冬季释热特性分析　由于冬季释热时相变状况是液体凝固成固体，与夏季蓄冷的相变状况类似，则不再重复赘述，改为用折线图研究其相变时间及壁面温度是否满足制冷需求。同理夏季，根据上述分析，直接选取供水温度45℃、流速0.5m/s的组合进行释热工况研究。

图3-13所示为相变蓄热材料区域平均液相率随时间的变化曲线。在释热相变过程中，相变蓄热层位于中间，热量由两侧向内传递，相变从盘管周围开始。前2000s内，表现为显热变化；自2000s相变开始，相变蓄热材料大幅度凝固，释放相变潜热来延缓壁面温度下降，此时液相率变化曲线陡峭。在6000～14000s，相变蓄热材料液相率由0.7变化至0，且曲线较前一阶段也变得更为平缓。此阶段是相变蓄热材料显热和潜热共同变化的综合阶段。在此时，已有部分相变蓄热材料凝结成固体，表现为显热变化，自身温度会有所下降，而仍在相变的部分，则表现为潜热变化，温度恒定，故相变蓄热层的温度缓慢下降，也使得壁面温度缓慢下降。约3.1h相变蓄热材料完全凝固，相变结束。

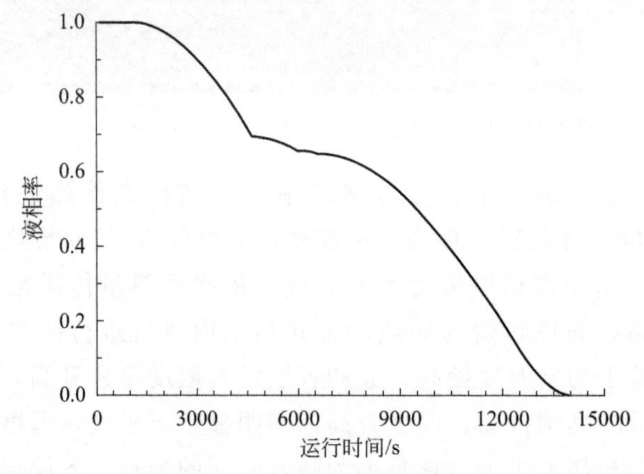

图3-13　相变蓄热材料区域平均液相率随时间的变化曲线

图3-14所示为壁面平均温度随时间的变化曲线。开始时停止供热，但管壁在一段时间内仍处于高温状态，并且此时室内也处于较温暖状态，故壁面温度急速上升，达到32℃。然而，热量在不断散失，壁面温度开始降低，伴随着相变的进行，降低速度缓慢，幅度波动小，这都体现了相变蓄热材料极好的储热能力。其储存的热量补偿了壁面散失的热量。最终

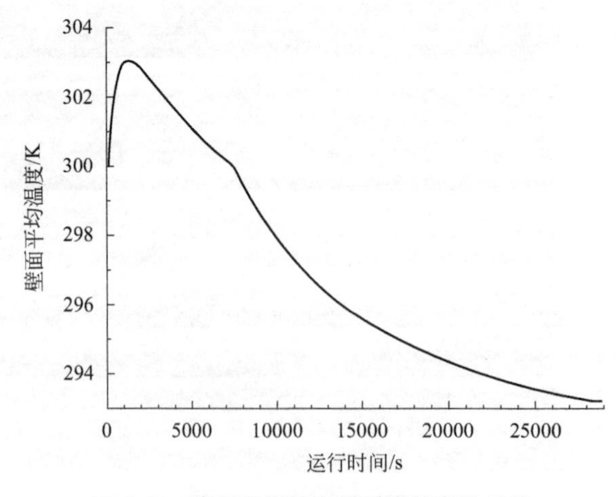

图3-14　壁面平均温度随时间的变化曲线

温度稳定在 21℃，在这种情况下，人体感觉也是很舒服的。

综上所述，通过分析液相率和壁面温度变化，可以很好地发现，对于供水温度 45℃、流速 0.5m/s 的组合可以保证系统在整个释热过程中用户的用热需求。

② 夏季释冷特性分析　根据上节分析，我们直接选取供水温度 16℃、流速 0.5m/s 的组合进行释冷工况研究。

图 3-15 所示为相变蓄冷材料区域平均液相率随时间的变化曲线。由图 3-15 可以看出，在释冷相变过程中，由于相变蓄冷层位于结构的最下层，传热由上向下传递，相变蓄冷材料从上而下逐层熔化，所以较蓄冷相变时间更久。约 3.9h 上层相变蓄冷材料完全熔化为液体，相变结束；同时，大约在 1.4h 时，下层相变蓄冷材料也开始相变，并持续了 5.9h。在整个释冷过程中，有 75%的时间相变蓄冷材料都处于熔化阶段，将蓄冷过程中储存的大量冷量释出，有效补偿了壁面的散热量，减缓或减小室温的波动。

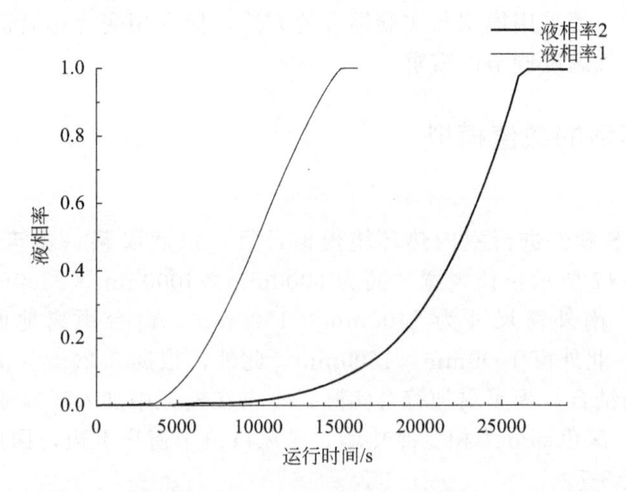

图 3-15　相变蓄冷材料区域平均液相率随时间的变化曲线

图 3-16 所示为壁面平均温度随时间的变化曲线。可以看出，在释冷的 8h 内，壁面温度波动范围在 3℃内，各层温度缓慢上升，大量冷量的释放有效减缓了温度的升高。充分说明储能材料具有良好的热惰性，在蓄冷期间储存的冷量能够在释冷的过程中缓慢释放，维持壁面温度，在释冷结束时稳定在 24℃。

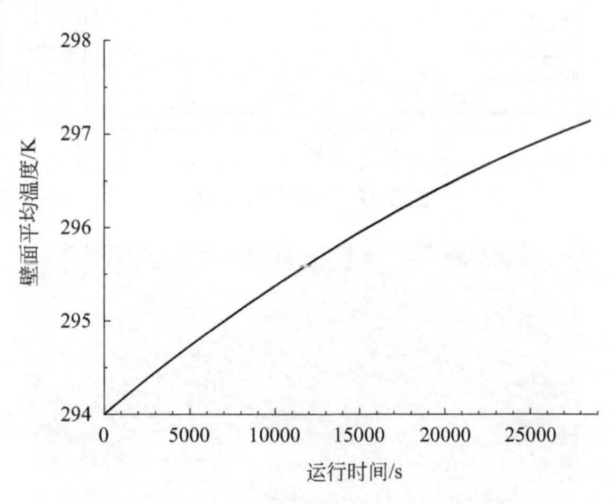

图 3-16　壁面平均温度随时间的变化曲线

综上所述，在释冷过程中，相变蓄冷材料能够缓慢地将蓄冷期间储存的冷量释放，维持壁面温度在一定范围内，在不提供其他冷量的情况下，仅靠自身，就可以满足白天人们工作8h所需要的冷负荷。也进一步说明，夏季供水温度16℃、流速0.5m/s的组合可以很好地满足人们的需求。

3.4 基于零能耗建筑中相变冷热墙辐射空调系统的动态模拟与实验研究

前面我们对相变冷热墙在不同运行工况下的蓄放能特性进行了数值模拟研究，但并未对其应用效果作出分析。现采用模拟与实验结合的方法，探索相变冷热墙辐射空调系统是否能满足零能耗建筑对空气温度调节的需求。

3.4.1 室内热环境的数值模拟

（1）物理模型

利用PHOENICS软件进行室内热环境模拟计算，以武汉某一建筑为原型建立物理模型。房间尺寸如图3-17所示：长×宽×高为6000mm×4000mm×2800mm，总面积$24m^2$。本实验室坐南朝北，南外窗尺寸为2400mm×1500mm，窗台距离地面800mm，北外门1000mm×2000mm，北外窗1000mm×1500mm。此外，根据3.2.3小节，辐射空调系统通常与新风通风系统相结合，为了更加符合实际，本书在模拟中加入新风通风系统，房间物理模型如图3-18所示，深色部分为相变冷热墙，送风口位于窗户下边，回风口设置于门上方。其余各结构参数见表3-7。

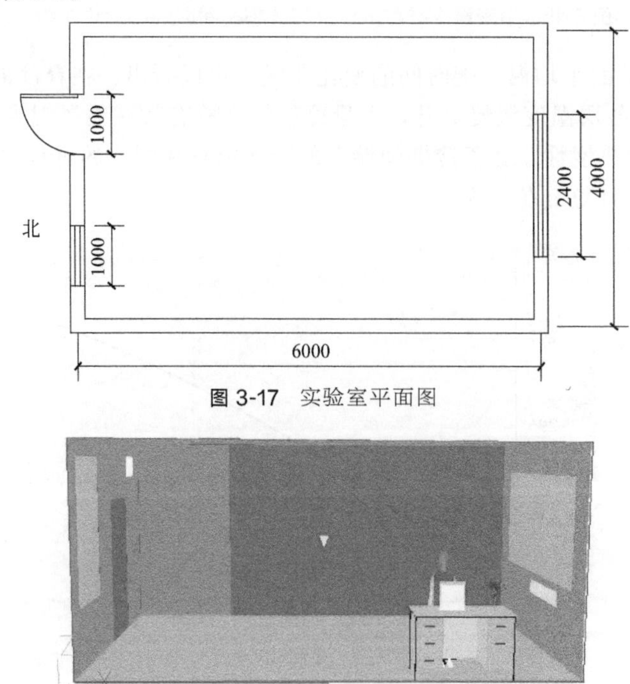

图3-17 实验室平面图

图3-18 房间物理模型

表 3-7　物理模型的热工参数

参数	设定值	参数	设定值
墙体传热系数	$0.35W/(m^2 \cdot K)$	外窗内表面的温度	33/5℃
屋顶传热系数	$0.25W/(m^2 \cdot K)$	室内初始温度	32/13℃
门、墙体、屋顶内表面的温度	28/12℃	迭代次数	1500
相变冷热墙辐射面温度	21/28℃		

对于本次研究涉及的室内温度场、速度场，在模拟时进行如下简化处理。

① 整个辐射供冷模型建立在房间达到稳定阶段，即相变结束，在进行释冷时墙壁温度稳定在某一值。

② 认为该房间为某楼层其中一层中的某个房间，在计算中不考虑上下楼层左右房间的传热，考虑围护结构耗热量和冷风渗透耗热量。

③ 送风口速度较低，近似可将空气视为不可压缩流体；同时，考虑重力因素。对于浮升力的作用，采用 Boussinesp 密度假设；不考虑门窗的影响，墙面结露的产生由置换通风来解决。

(2) 数学模型

辐射基本传播方程为

$$\frac{\mathrm{d}I(\vec{r},\vec{s})}{\mathrm{d}s}+(\alpha+\sigma_{\mathrm{s}})I(\vec{r},\vec{s})=\alpha n^2\frac{\sigma T^4}{\pi}+\int_0^{4\pi}I(\vec{r},\vec{s}_{\mathrm{d}})\phi(\vec{s},\vec{s}_{\mathrm{d}})\mathrm{d}\Omega \tag{3-61}$$

式中　$\vec{s}_{\mathrm{d}}$——散射方向；

s——沿程长度；

T——当地温度；

ϕ——相位函数；

Ω——空间立体角；

$\vec{r}$——位置向量；

$\vec{s}$——方向向量；

α——吸收系数；

n——折射系数；

σ_{s}——散射系数；

σ——斯特藩-玻尔兹曼常量；

I——辐射强度，依赖于位置；

$(\alpha+\sigma_{\mathrm{s}})s$——介质光学深度（光学模糊度）。

模型将方程简化为

$$\nabla\cdot(I_\lambda(\vec{r},\vec{s})\vec{s})+(\alpha_\lambda+\sigma_{\mathrm{s}})I_\lambda(\vec{r},\vec{s})=\alpha_\lambda n^2 I_{b\lambda}+\frac{\sigma_{\mathrm{s}}}{4\pi}\int_0^{4\pi}I\lambda(\vec{r},\vec{s}_{\mathrm{d}})\phi(\vec{s},\vec{s}_{\mathrm{d}})\mathrm{d}\Omega' \tag{3-62}$$

对于特定波长光谱辐射强度的辐射传播方程为

$$\nabla\cdot(I_\lambda(\vec{r},\vec{s})\vec{s})+(\alpha_\lambda+\sigma_{\mathrm{s}})I_\lambda(\vec{r},\vec{s})=\alpha n^2\frac{\sigma T^4}{\pi}+\frac{\sigma_{\mathrm{s}}}{4\pi}\int_0^{4\pi}I(\vec{r},\vec{s}_{\mathrm{d}})\phi(\vec{s},\vec{s}_{\mathrm{d}})\mathrm{d}\Omega' \tag{3-63}$$

(3) 边界条件的设置

① 壁面采用第一类边界条件。

② 模型中的边界条件设置见表 3-8。

表 3-8　模型中的边界条件设置

编号	名称	边界条件类型	需要值	设定值
1	送风口	速度入口	速度、温度	0.2m/s、26℃
2	回风口	自由出口		
3	计算机	定热流	热流量	50W
4	台灯	定热流	热流量	40W
5	人体	定热流	热流量	50W
6	东、西、南、北外墙	定温	温度、传热系数	28℃、0.35W/(m^2·K)
7	屋顶	定温	温度、传热系数	28℃、0.25W/(m^2·K)
8	外窗	定温	温度、传热系数	33℃、2W/(m^2·K)

注：冬季不设置送回风口。

(4) 模拟结果及分析

① 夏季工况

a. *Y* 方向温度场分布。由图 3-19、图 3-20 可以看出，在靠近外窗处有较薄的层状边界层。该边界层温度相对较高且梯度较大，变化较为显著。这是因为外窗与室外环境直接接触，热流密度比较大。所以，表面温度较高，且对靠近其周围的室内环境有一定的影响。

由图 3-20 可以看出，在靠近辐射冷热墙的周围，温度梯度剧烈且有冷空气下沉趋势。根据等温线可以判断，同一高度上，越靠近辐射供冷壁面，空气温度越低。这是因为越靠近壁面，辐射效果越强，供冷效果越明显。

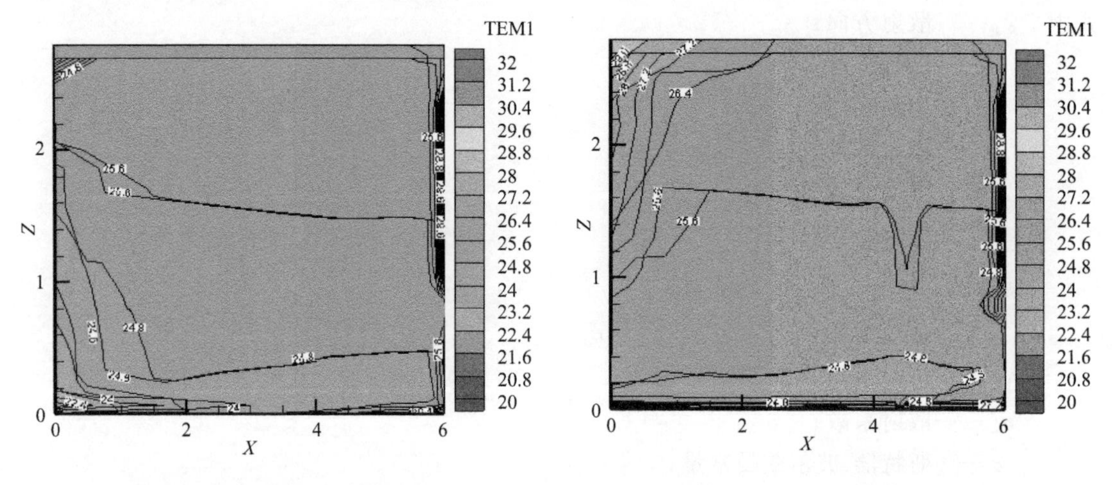

图 3-19　Y＝1 处温度分布云图　　图 3-20　Y＝3 处温度分布云图

b. *X* 方向温度场分布。对比图 3-21、图 3-22 可以看出，低温的新风由风口进入房间内，与室内的高温空气混合，温度场变化迅速，等温线密集。纵向温度场分层显著，由下而上温度呈现一定梯度逐渐升高。其中，在 0.1m 高度温度最低，约为 24℃；在工作区域 (1.1m) 温度大概为 25℃，1.7m 高度（站姿状态下）大致温度为 25.6℃。可以看出，总体温度场较为均匀，未形成较明显的热力分层现象，符合 ASHRAE 热舒适标准的要求。

c. *Z* 方向温度场分布。由图 3-23、图 3-24 可以看出，在房间两侧靠近外窗处均有较薄的层状边界层。该边界层温度相对较高且梯度也较大，变化较为显著，这是因为外窗与室外环境直接接触，热流密度比较大。所以，表面温度较高，且对靠近其周围的室内环境有一定的影响。在图 3-23 和图 3-24 中可以看出，在人员上部均有一圈等温线较为密集，周围环境温度也相对较高，这是因为低温空气经过人员加热后密度增加，在人周围形成热羽流，温度逐渐升高且向房间上部积聚；同时，整体温度分布均匀且合适，在人员经常停留的高度（坐姿 $Z=1.1$m）处温度在 25.6～26.4℃之间，符合人体热舒适度的要求。

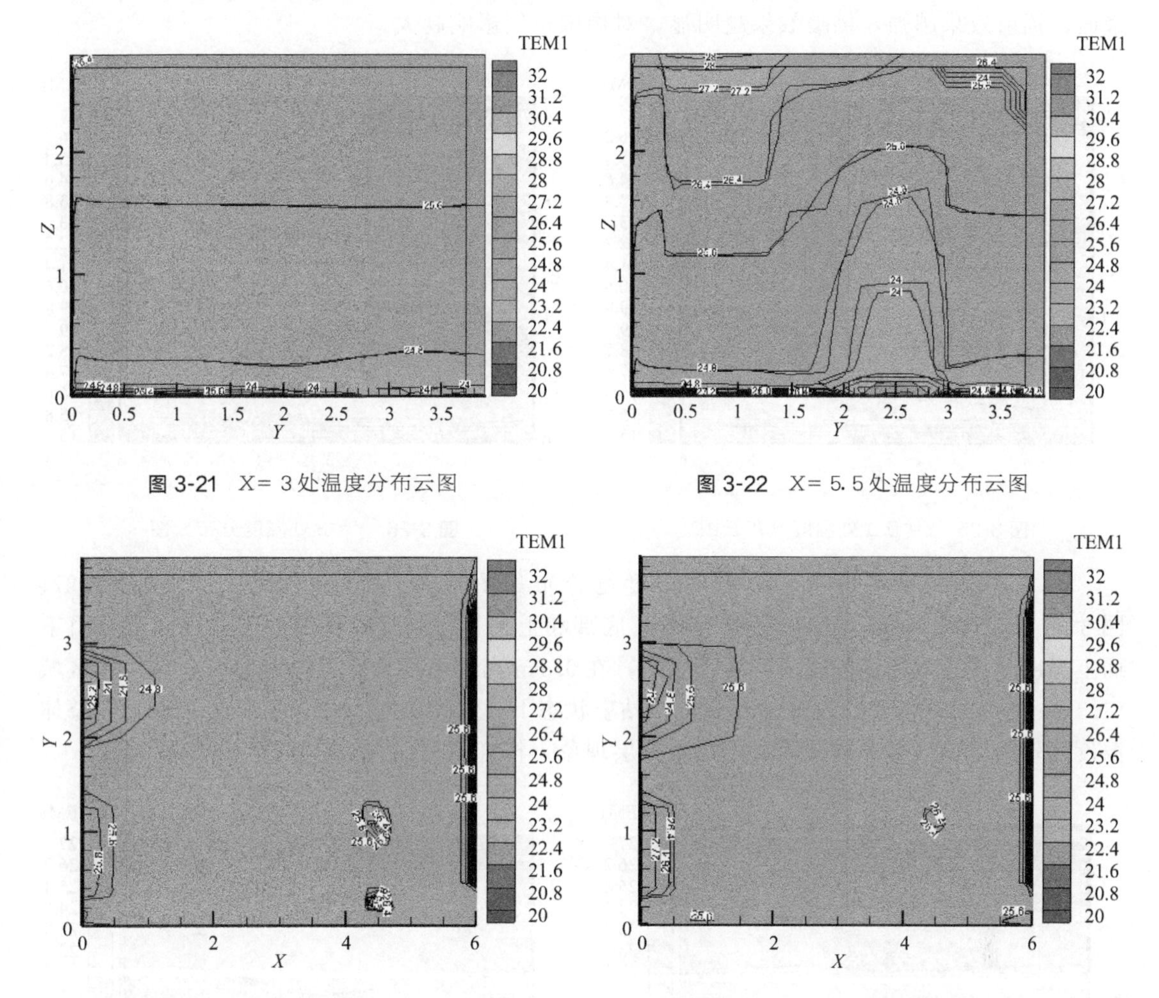

图 3-21　X= 3 处温度分布云图

图 3-22　X= 5.5 处温度分布云图

图 3-23　Z= 1.1 处温度分布云图

图 3-24　Z= 1.7 处温度分布云图

综上所述，根据规范规定（表 3-9）夏季辐射供冷室内设计参数为 26～28℃，模拟结果为 26℃左右，符合规范要求。可知，相变冷热墙的使用能够满足夏季制冷需求，但模拟结果可能会小于实际情况：一方面，由于简化模型时，除了冷热墙和外墙外窗外，将其他面都设为绝热，与实际不符；另一方面，将辐射冷热墙等效为定壁温的均匀辐射板，会导致供冷量比实际的大。

表 3-9　辐射供暖供冷室内参数推荐值

形式	空气温度/℃	作用温度/℃	相对湿度/%
地板辐射及顶板辐射供暖	16～18	16	
地板辐射及顶板辐射供冷	26～28	28	50

② 冬季工况

a. Y 方向温度场分布。Y 方向温度分布云图如图 3-25、图 3-26 所示。由 Y 方向云图可以看出，与夏季工况类似，在靠近外窗处有较薄的层状边界层，该边界层温度相对较低且梯度也较大，变化较为显著。结果表明外窗的影响还是比较明显的。

由图 3-26 可以看出，在靠近辐射冷热墙的周围，温度梯度较大且出现温度紊乱趋势。根据等温线可以判断，同一高度上，越靠近辐射供热壁面，空气温度越高。这是因为越靠近壁面，辐射效果越强，供暖效果越明显，对周围空气影响越大。

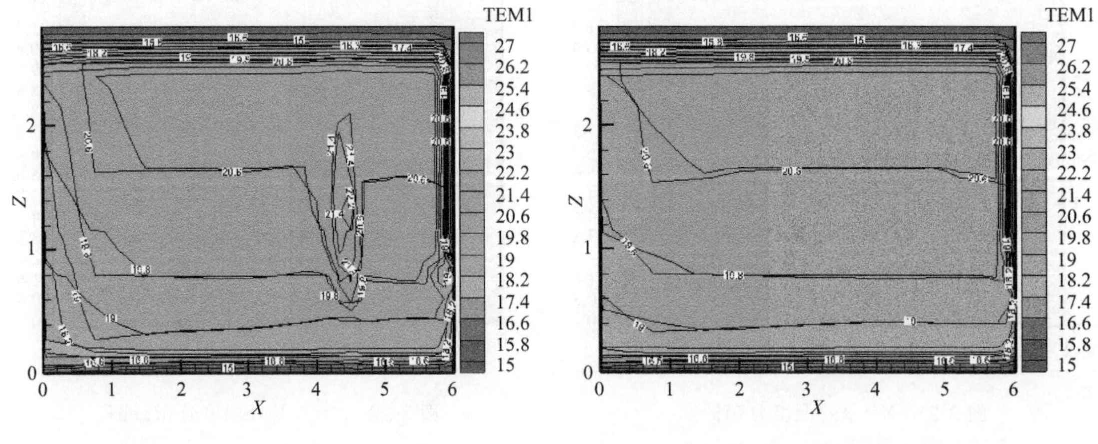

图 3-25 Y= 0.1 处温度分布云图　　　　图 3-26 Y= 3 处温度分布云图

b. *X* 方向温度场分布。*X* 方向温度场分布如图 3-27、图 3-28 所示。可从图 3-27、图 3-28 明显看出，纵向温度场分层显著，底部和上部存在明显的低温薄层，中间部分由下而上温度呈现一定梯度的逐渐升高。其中，在 0.1m 高度温度最低，约为 19℃；在工作区域（1.1m）温度大概为 20℃，1.7m 高度（站姿状态下）大致温度为 20.5℃。可以看出，总体温度场较为均匀，未形成较明显的热力分层现象，符合 ASHRAE 热舒适标准的要求。

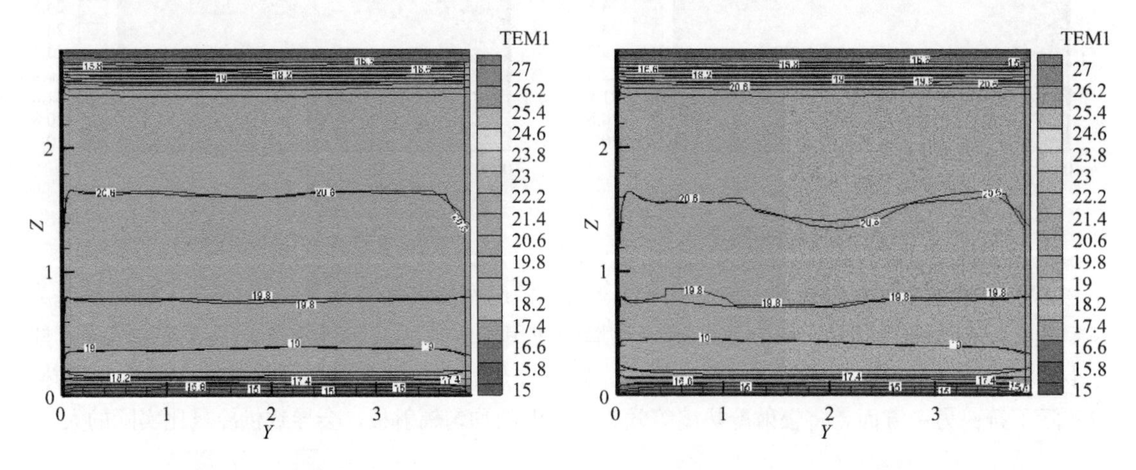

图 3-27 X= 3 处温度分布云图　　　　图 3-28 X= 5.5 处温度分布云图

c. *Z* 方向温度场分布。由图 3-29、图 3-30 可以看出，与 *Y* 方向情况类似，在靠近外窗的部分温度明显低于房间其他部分，且面积越大影响越明显。在人员上部均有一圈等温线较为密集，周围环境温度也相对较高，这是因为人体在不断散热，在人周围形成热羽流，温度逐渐升高且向房间上部积聚；同时，整体温度分布均匀且合适，在人员经常停留的高度（坐姿 *Z*＝1.1m）处温度在 20.6～21.4℃之间，符合人体热舒适度的要求。此外，图 3-30 中的温度场整体温度高于图 3-29，这是因为随着室内空气温度的升高，热空气密度小，会飘浮在上空，导致上层的温度普遍比下部高。

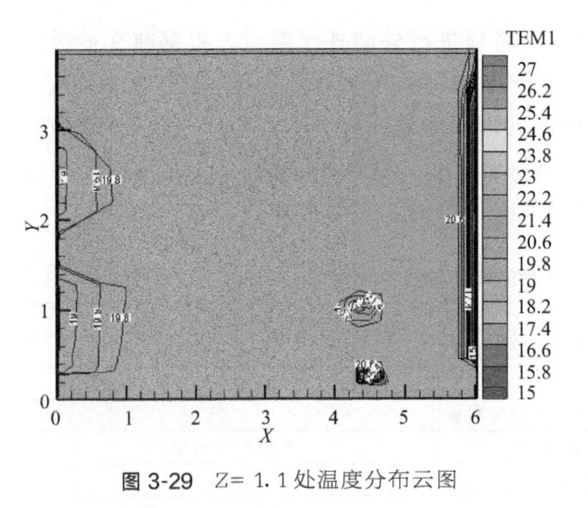

图 3-29　Z= 1.1 处温度分布云图

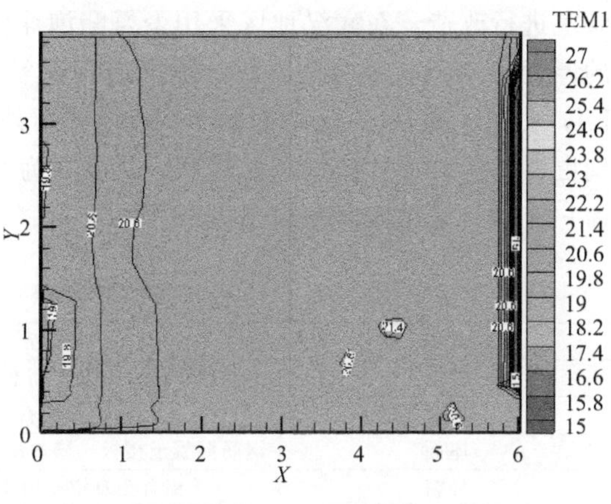

图 3-30　Z= 1.8 处温度分布云图

综上所述，根据表 3-9 规定冬季辐射供冷室内设计参数为 16～18℃，模拟结果为 20℃左右，相比规定略高。原因是简化模型时，忽略了外界冷空气的进入；另外，将辐射冷热墙等效为定壁温的均匀辐射板会导致供热量比实际的大。

3.4.2　冬季实验研究

（1）实验室的改造

要完成实验，首先需建立零能耗模拟实验室，将零能耗建筑的规定实施到建筑中，将实验室房间改造成符合零能耗要求的实验室。

① 既有实验室参数　在既有实验室的基础上进行节能改造，实验室如图 3-31 所示。原有实验室的热工性能参数见表 3-10。

图 3-31　实验室

表 3-10　改造前的热工参数

名称	构造	传热系数/[W/(m^2·K)]
外墙	普通砖结构	1.83
地面	C20 钢筋细石混凝土	4.37
屋面	钢筋混凝土楼板	0.40
外窗	PVC(聚氯乙烯)塑料单层玻璃	4.7(Sc=0.85)
外门	双层铝合金外门	2.3

② 既有实验室改造方案　由表 3-10 可以看出，既有建筑墙体传热系数较大，保温性能达不到要求，且南外窗面积较大，玻璃的隔热效果差，完全达不到零能耗建筑的要求。对实

验室进行改造，在武汉地区采用聚氨酯泡沫保温材料板进行外墙外保温时，根据前文最适宜的厚度在 40mm 左右。因此，本书选用聚氨酯泡沫保温材料板，其热导率为 0.022W/(m·K)，使用厚度为 40mm，对整个实验室进行外保温处理（除地面）；同时，将不利于节能的玻璃更换为高透射中空 Low-E 玻璃，热导率为 2.0W/(m·K)，遮阳系数为 0.56。特别要注意窗户密封，使用橡胶密封条进行严格密封。实验室改造后的热工参数如表 3-11 所示。

表 3-11 实验室改造后的热工参数

名称	构造	传热系数/[W/(m^2·K)]
外墙	普通砖结构＋聚氨酯泡沫保温材料板	0.35
地面	C20 钢筋细石混凝土	4.37
屋面	钢筋混凝土楼板＋聚氨酯泡沫保温材料板	0.25
外窗	铝合金真空＋镀 Low-E 膜	2.0(Sc=0.56)
外门	双层铝合金外门	2.3

由前述可知，外墙的传热系数由原来的 1.83 W/(m^2·K) 降低到 0.35W/(m^2·K)，外窗的传热系数由 4.7W/(m^2·K) 降低到 2.0W/(m^2·K)。根据文献中围护结构平均传热系数参考值为 0.20～0.35W/(m^2·K)，上述满足零能耗建筑围护结构的要求。

（2）搭建相变冷热墙辐射系统

搭建的相变冷热墙辐射系统主要包括水媒盘管末端、水泵、热源装置、热水箱等部分，实验测试的系统原理图如图 3-32 所示。根据前述，在实验室东侧内墙敷设 4.5m（长）×2.5m（高）的相变冷热墙辐射空调系统，根据式(3-20)计算则需要 9m 的 PE-RT 管。按照图 3-33 进行敷设。由于实验条件有限，只研究其冬季供热工况。冷热源利用可再生能源——太阳能，采用太阳能热水器（自带电加热功能）提供热水，本实验供水温度为 45℃，回水温度为 35℃。

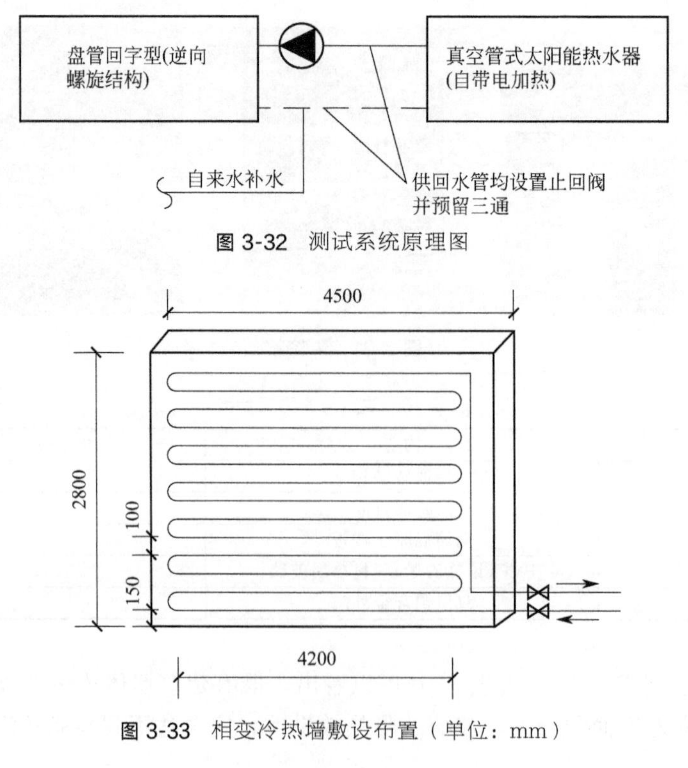

图 3-32 测试系统原理图

图 3-33 相变冷热墙敷设布置（单位：mm）

根据 3.2.5 节的分析，作者研究中选用的相变材料为复合定形相变材料。将相变材料（石蜡）和支撑材料（高密度聚乙烯）在温度 140℃下共混熔融，然后降温至高密度聚乙烯熔点之下。高密度聚乙烯先凝固并形成空间网状结构，液态的石蜡则被束缚在其中，形成定形相变材料，直接安装于墙体表面，其余各层结构均按 3.2.4 节叙述布置，具体安装与制备由专业公司进行。实际相变冷热墙敷设实物如图 3-34 所示。

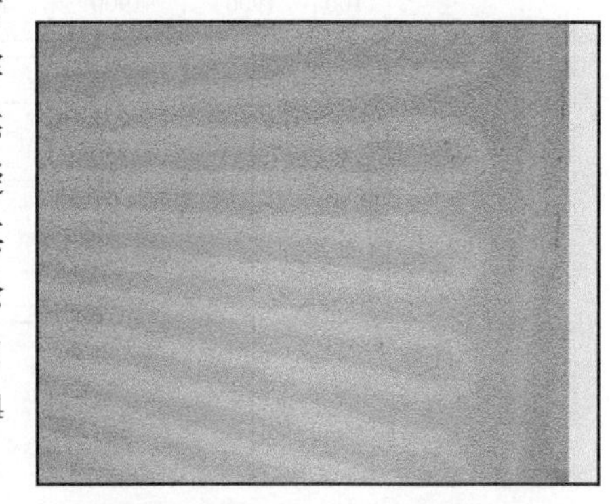

图 3-34 实际相变冷热墙敷设实物

（3）实验所需的仪器和设备

实验测量的仪器主要有（图 3-35）TSI 特赛 TSI8345 风速风量温度仪、Raytek 雷泰 ST20 红外线测温仪等。

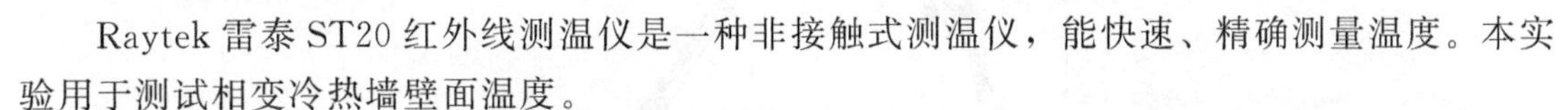

Raytek 雷泰 ST20 红外线测温仪是一种非接触式测温仪，能快速、精确测量温度。本实验用于测试相变冷热墙壁面温度。

TSI 特赛 TSI8345 风速风量温度仪可用来测量温度、风速、相对湿度，操作简单方便。本实验用于现场测试室外空气参数和室内温度。

(a) 热水器控制面板

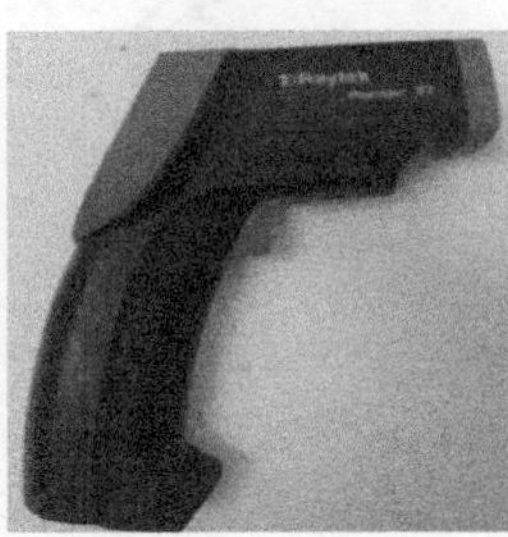

(b) 红外线测温仪

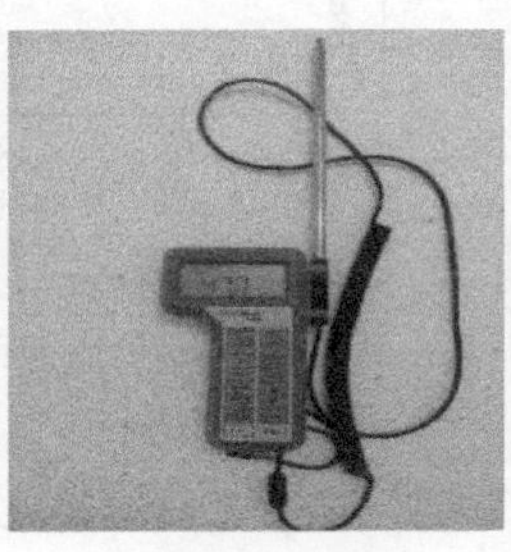

(c) 风速风量温度仪

(d) 太阳能热水器

图 3-35 实验所用仪器

（4）实验方案

实验主要测试壁面温度、室内外温度等。测试的目的是研究在零能耗建筑中，关键技术手段（高性能围护结构、可再生能源）的同时使用是否能满足负荷要求，从而实现零能耗建筑最本质的功能。

选择在阳光充足的天气（2018 年 11 月 20—25 日）下进行测试，以保证能够为系统提供足够的能量，开启太阳能热水循环系统，通过相变冷热墙辐射向室内供暖。在实验室内布置 5 个测点（包括壁面和室内），测点距地面大约 1.1m（人正常工作坐姿时高度），具体测点布置见图 3-36。由于刚开始随着热量的进入，相变蓄热材料会发生剧烈相变，故前期每半小时记录一次数据，由 3.3 节可知在 3h 后相变结束，则改为每一小时记录一次。

（5）实验结果及分析

实验测试时间为 11 月，室外温度在 3～7℃波动，室内初始温度在 8～12℃波动，图 3-37 所示曲线均为测试六天数据的平均值绘制而成。

图 3-37 表示的是在实验过程中，冷热墙壁面的各个测点的平均温度变化。可以看出，不同位置的测点变化趋势类似，4、5 测点由于位于墙壁下方，温度会比其他测点略高，但

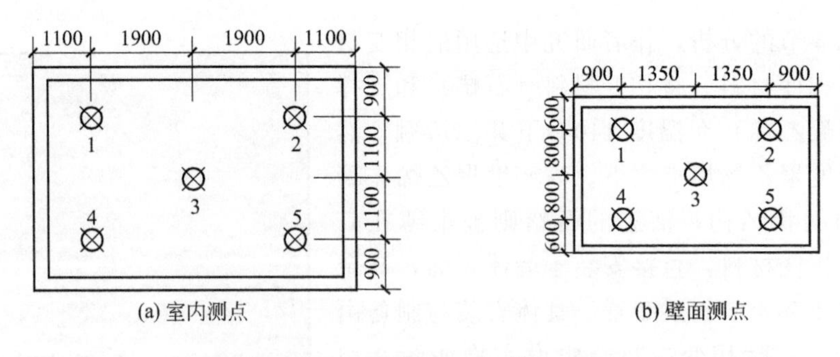

图 3-36　实验测点布置（单位 mm）

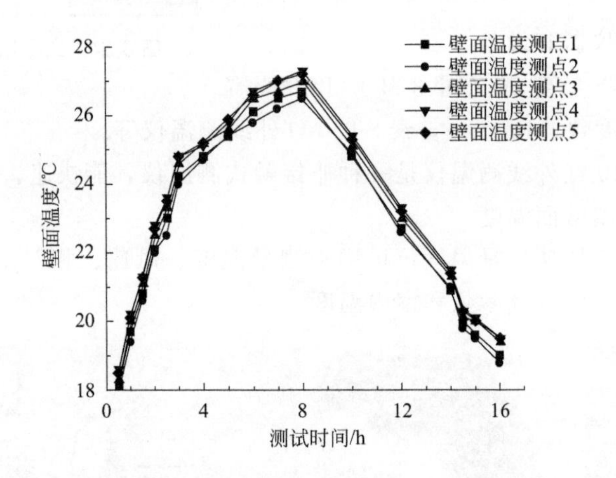

图 3-37　冷热墙壁面平均温度变化曲线

温差只有零点几摄氏度，人体是很难有所察觉的。在蓄热期，随着热量的不断进入温度先快速升高而后缓慢升高，这与 3.3 节模拟结果匹配；在停止供热后壁面温度会有所下降，但较为平缓，最终稳定在 19℃。

图 3-38 显示的则是在实验过程中，房间内各测点平均温度的变化趋势。在开始测试时，室内的起始温度为 13.2℃，随着辐射冷热墙不断地将热量以对流和辐射的形式传递到室内空间，室内温度开始迅速上升而后缓慢进行，这与壁面温度变化趋势类似。可以看出靠近辐

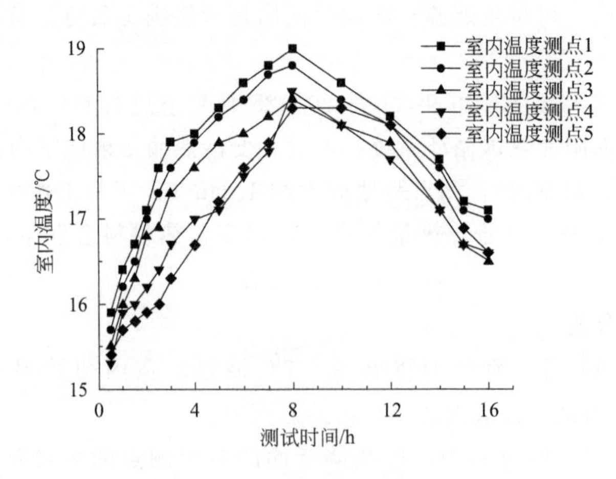

图 3-38　室内平均温度变化曲线

射面的测点 1、2 温度略高于其他，这是因为辐射面周围辐射效果越强，相应的温度越高。在 6h 以后，温度基本稳定在 17～18.5℃之间，在 8h 后稳定在接近 19℃，蓄放热结束后，温度稳定在 16.8℃左右。

根据表 3-9，空气温度为 16～18℃符合规范要求。与最初温度相比室内温升在 6℃左右。但随着热量的停止供应室温会有所下降，对于冬季而言，室内温度比较适宜，没有寒冷的感觉，但是还不能达到暖和的目标。说明这一温度略微偏低，特别是在后期，人体可能感觉有些冷，可以考虑延长蓄热时间或者可提高墙壁表面温度 1～2℃。

一般的空调采暖系统室内设计温度采用的是空气干球温度，因为其采用的传热方式为对流传热，而对于辐射供冷/暖系统，使用室内空气干球温度来评价室内舒适性温度不够准确。因此，引入了平均辐射温度与作用温度。

在实际工程应用中，一般近似认为平均辐射温度就等于围护结构内表面平均温度。

当室内空气流速小于 0.2m/s 时，平均辐射温度和空气室内温度的差异将小于 4K，作用温度可认为等于平均辐射温度和室内空气温度的平均值。表 3-12 显示了一个蓄放热期的平均辐射温度和作用温度。

表 3-12　平均辐射温度和作用温度

系统运行时长	冷热墙平均温度/℃	南外墙内平均温度/℃	北外墙内平均温度/℃	内墙平均温度/℃	天花板平均温度/℃	地面平均温度/℃	平均辐射温度/℃	室内温度/℃	作用温度/℃
0	14.8	15.0	14.6	16.6	15.2	15.0	15.3	13.6	14.4
0.5h	18.5	15.8	15.0	17.4	15.9	16.2	16.7	15.4	16.1
1h	20.1	16.4	15.5	17.6	16.1	16.4	17.2	15.7	16.5
2h	22.7	16.8	15.9	17.9	16.5	16.7	17.7	15.9	16.8
3h	24.8	17.3	16.4	18.2	16.9	17.0	18.4	16.3	17.4
4h	25.2	17.8	16.9	18.5	17.2	17.1	18.4	16.4	17.4
5h	25.9	18.1	17.2	18.7	17.3	17.2	18.5	16.8	17.7
16h	19.1	18.0	17.0	18.3	17.0	16.9	18.3	17.6	18.2

由于是 11 月，室内初始温度并不是很低，约为 13.6℃，系统开启 1h 室内温度上升 2.1℃，室内温度接近 16℃；而房间的实际作用温度在系统开启 0.5h 便已达到 16℃，在实验条件下供暖效果明显。由于本书是基于夏热冬冷地区的研究，冬季室外相对温度不是很低。若是在更寒冷的地方则可以相应地做好保温，或者采用更好的相变蓄热材料，延长蓄热时间，以保证有足够的热量在放热期间补充房间的散热量。

同时，流速对于室内的温升也有较大的影响。测试时调节供水管阀门的开度，使得管内设定为不同的流速，水泵的额定流量为 25L/min，对应的流速为 2m/s，可以调节阀门使管内流量分别为 0.4m/s、0.5m/s、1m/s，进行测试。图 3-39 为不同流速下 2h 室内平均温度变化曲线图。

由图 3-39 可知，当流速为 1m/s 时，室温在 1h 内上升 2℃左右，升温效果显著，继续关小阀门调节流量。当流速较小达到 0.5m/s 时，1h 升温 1.8℃；继续改变流速，当流速达到 0.4m/s 时，1h 升温 1.7℃。可以明显看出，当管内流速较大时，室内温升速率较快，但是流速的增大将带来水循环过快，导致水温迅速下降，热量消耗过快，造成对热量的浪费，且一旦进入平缓期，过多的热量会因为循环过快而损失，因此合理的流速十分重要。对比

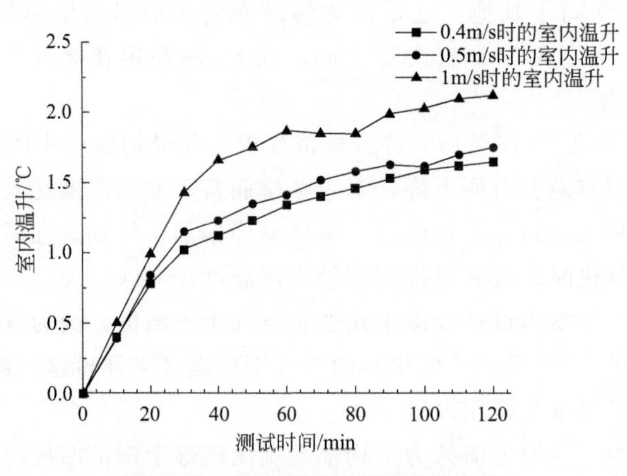

图 3-39 2h 室内平均温度变化曲线

0.5m/s 和 0.4m/s 时的温升程度，发现流速为 0.5m/s 时比 0.4m/s 仅高出 0.1℃，而由前阶段的模拟可知，流速对相变时间的影响是流速越快相变时间越短，过快的流速则不利于相变材料蓄能。

综合考虑实验结果及前阶段模拟，当管内流速为 0.5m/s 时，相变冷热墙辐射系统的效果最好，既能保证良好的舒适度，又能避免流速过快造成的热量浪费。此结果与模拟结果很好地吻合。

对比实验及模拟可以看出，冬季实测结果普遍低于模拟结果，这是因为模拟时将冷热墙向室外设置成绝热，忽略其向外散发热量，同时也忽略室外向内散发热量，不受外界环境的影响；而在实际的测试过程中，外界的环境温度在不断变化，且影响较大。因此，模拟结果处于合理范围内。

能源塔热泵系统

4.1 能源塔系统介绍

能源塔热泵技术是通过能源塔的热交换和热泵机组作用，实现供暖、制冷及供热水的技术。冬天利用低于冰点载体介质，高效提取冰点以下的湿球水热能。通过能源塔热泵机组输入少量高品位能源，实现冰点以下温热能向高温位转移，实现制热；夏天由于能源塔的特殊设计，起到高效冷却塔的作用，将热量排到大气实现制冷。

4.1.1 能源塔系统的分类

能源塔系统主要由能源塔塔体、循环管路、动力设备、热泵主机等部分构成。故能源塔系统的组织形式多种多样，由于其区别于常规系统的主要标志为能源塔塔体，根据能源塔塔体的不同特征将能源塔热泵系统进行分类是比较合适的。

① 根据空气与载热介质的接触方式，可以将其分为开式能源塔和闭式能源塔，其中开式能源塔又可细分为有填料型和无填料型。

② 根据能源塔内的通风动力来源，可以将其分为自然通风能源塔和机械通风能源塔。

③ 根据空气与不冻液在塔体内的相对流动方向，可以将其分为横流塔和逆流塔。

另外，根据塔体保护结构的外形，可以将其划分为柱形和方形能源塔等。总之，根据不同的分类标准，能源塔的种类有很多。下面，选取两种比较典型的能源塔形式，对其特点进行分析。

4.1.2 逆流式机械通风填料开式能源塔

(1) 运行流程

在开式能源塔中，为了增加两种换热介质的接触面积，延长换热时间，增强换热效果，往往选择向塔体内填充换热填料。图 4-1 是一种典型的逆流式机械通风填料开式能源塔系统简图。

如图 4-1 所示，以冬季工况为例，当能源塔热泵系统稳定工作时，能量的传递经由如下流程。

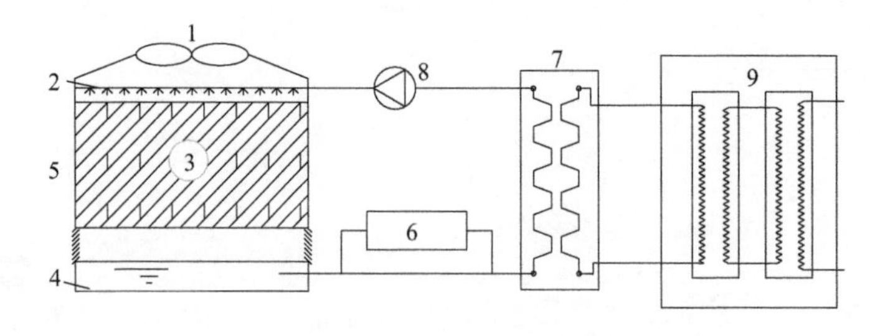

图 4-1 逆流式机械通风填料开式能源塔系统简图

1—风机；2—布水器；3—填料；4—接水盘；5—塔体；6—不冻液浓度控制设备；7—防腐板式换热器；8—不冻液循环泵；9—热泵主机

① 在能源塔塔体内，低温高湿的空气由填料塔底部进入塔体。这部分空气本身温度很低，但是由于含湿量较高，其中的水分含有大量的潜热。这些富含低品位热能的空气在塔体内，与充分散布并贴附在填料内，在重力作用下自上而下运动的低温（低于空气露点温度）不冻液膜进行热质交换。由于低温时不冻液温度低于空气的露点温度，因而空气降低温度放出显热的同时，析出水分，释放出相变潜热，将不冻液的温度提高。

② 在能源塔塔体与防腐板式换热器之间，不冻液吸收了空气中的低品位热能，温度提升后经过循环管路到达防腐板式换热器，将能量传递给在热泵蒸发器中释放了热量的乙二醇载冷剂；同时，自身温度降低，通过不冻液循环泵再次进入能源塔塔体，开始下一个循环。

③ 在防腐板式换热器与热泵主机蒸发器之间，从防腐板式换热器中得到热量的载冷剂直接向热泵主机提供热量，主机将低品位的热能提升为相对高品位的可资利用的热能，产生用于冬季空调的热水，并可以同时产生生活热水为人们所用。

上述三个环节构成了逆流式机械通风填料开式能源塔热泵系统在冬季的热泵工况下，将低品位热能提升至可资利用的高品位热能的系统流程。

（2）系统特点

对这种能源塔形式而言，其最大的特点是塔体内的低温不冻液与露点温度相差较大，同含有大量水分的湿空气在填料表面进行直接而充分的接触，换热效果好；同时，由于传统的载冷剂乙二醇溶液存在成本高，能通过挥发耗散，并且对动物具有一定的毒性等特点，在本系统中，只在机房内部用于防腐板式换热器与热泵主机之间的小流程循环，能够降低投资维护成本，减少对人体健康的影响。循环于室内防腐板式换热器与室外能源塔热泵之间，流程比较长的环路中的，则是成本相对较低、维护难度小、对人员更加无害的不冻液。

但是，不冻液与热泵主机蒸发器之间没有直接连接，而是通过防腐板式换热器将热量经由载冷剂提供给热泵。在这个过程中，增加了对防腐板式换热器的投资，同时由于防腐板式换热器的换热效率不可能达到100%，因而中途存在换热损失。

4.1.3 逆流式机械通风闭式能源塔

（1）运行流程

图 4-2 为逆流式机械通风闭式能源塔系统简图。

比照前一系统的介绍方法，依然从冬季工况下能量的传递过程来分析该系统的如下工作流程。

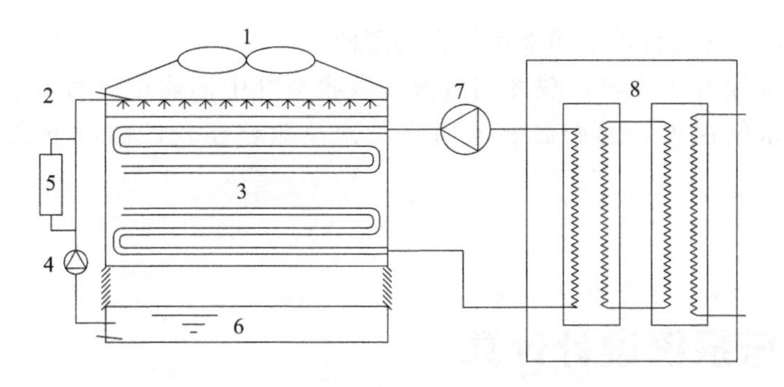

图 4-2 逆流式机械通风闭式能源塔系统简图

1—风机；2—布水器；3—换热盘管；4—不冻液循环泵；
5—不冻液浓度控制设备；6—接水盘；7—载冷剂循环泵；8—热泵主机

① 在塔体内，低温高湿的空气由能源塔底部四周进入塔内，由上方流出，塔内换热盘管（简称盘管）中运行的是来自热泵蒸发器的低温载冷剂，其温度低于空气露点温度；同时，塔体上方的布水器将不冻液均匀地喷洒在换热盘管表面，以防止其表面结霜。不冻液自上而下流动，一方面与空气发生热质交换，吸收空气中的潜热与显热，并吸收空气中析出的水分；另一方面将能量传递给盘管内的载冷剂，最后落入接水盘，由水泵上升至布水器进入下一个循环。

② 载冷剂在塔体内未与空气直接接触，能量是经过不冻液，克服盘管热阻，最终传递给管内的载冷剂，其间接吸收了空气释放的潜热与显热；温度得到提升后，回到热泵蒸发器，进入下一个循环。

（2）系统特点

逆流式机械通风闭式能源塔的主要优势十分明显：在能源塔塔体内，低于空气露点的载冷剂盘管表面析出水分，如果是常规的闭式冷却塔，则会在盘管表面结霜。但是，由于有冰点远低于零摄氏度的不冻液自上而下进行喷淋，这部分水分很快被吸收，不需要像常规除霜手段一样耗费能量，影响空调的舒适度。载冷剂将从空气中吸收而来的能量直接输送到热泵机组，过程中没有使用中间的换热器，减少了能量损失；而且，载冷剂本身循环在一个封闭的环路中，没有挥发损失和毒性危害。

但是，由于室外的能源塔所在地与室内的制冷机房在实际工程中往往会相隔很远的距离，例如机房布置在地下室，而能源塔布置在屋顶等情况，这样会导致该系统中载冷剂循环管路过长，一方面，常用的载冷剂乙二醇市场价格较高，管路越长，初期投资就越大；另一方面，管路越长，有毒性和挥发性的乙二醇溶液泄漏风险就会增加，这也对环保和安全构成了一定的威胁。

4.1.4 能源塔系统对其他条件的要求

根据对上述两种典型的能源塔形式进行分析，对能源塔热泵的主要工作原理有了一定程度的了解。为了保证能源塔系统能够最大程度发挥优势，还需要保证下列条件。

① 能源塔热泵宜在冬季环境空气含湿量大的区域使用，这样可以更好吸收空气中的潜热。

② 直接与空气接触的不冻液必须具备冰点低于水、有较高的比热容、腐蚀性可控等理

化特性，同时宜是较易获得的、市场价格低的溶液。

③ 由于热泵系统在工作时，载冷剂溶液在吸收空气中的能量之后，温度依然低于常规的地源热泵地源水的温度，因而需要选用蒸发器及能够在较低温度下高效率工作的热泵机组。

4.2 能源塔系统设计计算

由于能源塔热泵系统形式复杂多样，即使是开式系统，在能源塔塔体内依然可以有很多种组合。因此，本书选取逆流填料开式能源塔作研究对象，建立初步的物理模型。在初步模型建立过程中，首先不考虑能源塔塔体外形及内部填料的各种复杂组合，而是针对各种不同的能源塔类型，抽象出具有共性的计算模型，即一般性模型，因而就需要对实际的物理模型进行一定的理论假设。此处提出如下假设：

① 在热质交换过程中的任意一个垂直于介质流向的平面上，介质的物理化学性质均匀一致；

② 在热质交换过程中的任意一个垂直于介质流向的平面上，空气与水充分接触，换热面积等于传质面积；

③ 紧邻空气与水接触界面的空气处于饱和状态，且其温度与水温相等；

④ 空气与水的质量流量在其流动方向上保持不变，在垂直于其流动方向的界面上，保持均匀一致；

⑤ 空气与水一旦进入塔体内，就不再与外界发生热质交换；

⑥ 在既定工况下，进入能源塔的介质物理性质为常数，不随时间的不同而不同；

⑦ 路易斯（Lewis）关系式成立。

在上述假设均成立的基础上，取空气流动方向 x 上的一段微元体，如图 4-3 所示。

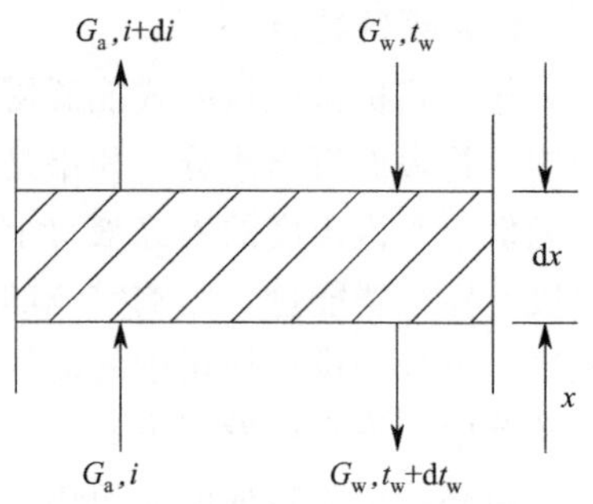

图 4-3 能源塔内所取用于理论计算的微元体

在图 4-3 中，G_a，G_w 分别为空气与水的质量流量，kg/s；i 为空气进入微元体时的焓值，kJ/kg；t_w 为水进入微元体时的温度，℃；di，dt_w 分别为对应的焓值和温度的增量。并规定在以后的进出口参数格式中，介质进口处的参数脚标均为 1；介质出口处的参数脚标均为 2。

4.2.1 对模型的数学描述

根据上述计算模型可以得到如下关系式。

空气在微元体中的显热得热量：

$$dQ_s = G_a c_{pa} dt_a = h(t_w - t_a) dA \tag{4-1}$$

式中 dQ_s——空气在微元体中的显热得热量，kJ；

c_{pa}——空气的定压比热容，kJ/(kg·℃)；

t_a，dt_a——空气进入微元体时的温度、空气在微元体中的温度增量；

h——对流传热系数，W/(m²·℃)；

A——空气与水的接触面积，m²。

在微元体内，其值为

$$dA=\alpha S dx \tag{4-2}$$

式中 α——填料的比表面积，m²/m³；

S——微元体的截面积，m²；

dx——x 方向的微距离，m。

空气在微元体中的潜热得热量：

$$dQ_1=r_o h_m (d_{was}-d_a) dA \tag{4-3}$$

式中 dQ_1——空气在微元体中的潜热得热量，kJ；

r_o——水的汽化潜热，kJ/kg；

h_m——以焓差为推动力的质交换系数，kg/(m²·s)；

d_{was}，d_a——接近空气与水界面的饱和空气含湿量、主流空气含湿量，g/kg。

并且，对于空气而言，有

$$G_a di=dQ_s+dQ_1 \tag{4-4}$$

同时，对于水而言：

$$G_w dt_w=G_w c_{pw} dt_w \tag{4-5}$$

基于之前作出的理想化 $dt_w=\frac{\alpha hS}{G_w c_{pw}}(t_w-t_a)dx+\frac{r_o h_m \alpha S}{G_w c_{pw}}(d_{was}-d_a)dx$ 假设，根据能量守恒原理，有

$$dt_a=\frac{\alpha hS}{G_a c_{pa}}(t_w-t_a)dx \tag{4-6}$$

将式(4-1) 变形为

$$\begin{cases} m=\dfrac{\alpha hS}{G_a c_{pa}} \\ m_1=\dfrac{\alpha hS}{G_w c_{pw}} \\ m_2=\dfrac{r_o h_m \alpha S}{G_w c_{pw}} \end{cases} \tag{4-7}$$

同时将式(4-2) 变形，很容易得到

$$h(t_w-t_a)dA+r_o h_m (d_{was}-d_a)dA=G_w c_{pw} dt_w \tag{4-8}$$

为了便于后面的推演过程，特做以下代换：

$$t_a=t_{a2}, t_w=t_{w1}, d_{was}=d_{was}(t_{w1}), d_a=d_{a2} \tag{4-9}$$

于是有

$$dt_a=m(t_w-t_a)dx \tag{4-10}$$

$$dt_w=m_1(t_w-t_a)dx+m_2(d_{was}-d_a)dx \tag{4-11}$$

参考前人对于空气与水的换热过程中，对数平均温差的研究成果，假设本研究过程中，空气与水在换热时的平均温差也可以写成如下形式：

$$t_{a}-t_{w}=n_{1}e^{-n_{2}x} \tag{4-12}$$

即

$$dt_{a}-dt_{w}=-n_{1}n_{2}e^{-n_{2}x}dx \tag{4-13}$$

式中　n_1，n_2——待定系数，可由边界条件求算。

将式(4-10) 与式(4-11) 联立：

$$dt_{a}=-m(n_{1}e^{-n_{2}x})dx \tag{4-14}$$

将上式从 0 到 x 处积分，得到

$$t_{a}-t_{a1}=m\frac{n_{1}}{n_{2}}(1-e^{-n_{2}x}) \tag{4-15}$$

再将式(4-10) 代入式(4-13)：

$$dt_{w}=m(t_{w}-t_{a})dx+n_{1}n_{2}e^{-n_{2}x}dx \tag{4-16}$$

将上式与式(4-11) 联立，最终得到

$$d_{was}-d_{a}=\frac{m-m_{1}-n_{2}}{m_{2}}(t_{w}-t_{a}) \tag{4-17}$$

根据在建立计算模型时的规定，边界条件为

$$x=0\ 处：t_{a}=t_{a1},t_{w}=t_{w2},d_{was}=d_{was}(t_{w2}),d_{a}=d_{a1} \tag{4-18}$$

$$x=L\ 处：t_{a}=t_{a2},t_{w}=t_{w1},d_{was}=d_{was}(t_{w1}),d_{a}=d_{a2} \tag{4-19}$$

式中　L——空气与水的接触空间在垂直方向上的长度，即微元体在垂直方向上的积分长度，m。

将上述两个边界条件代入假设的平均温差表达式(4-6)，容易求得两待定系数分别为

$$\begin{cases} n_{1}=t_{a1}-t_{w2} \\ n_{2}=L^{-1}\ln\left(\dfrac{t_{a1}-t_{w2}}{t_{a2}-t_{w1}}\right) \end{cases}$$

进而，将边界条件代入式(4-18) 和式(4-19)，并将 m、m_1、m_2 代换为原表达式，得到如下三个方程：

$$t_{a2}-t_{a1}=\frac{\alpha hSL(t_{a1}-t_{w2}-t_{a2}+t_{w1})}{G_{a}c_{pa}\ln[(t_{a1}-t_{w2})/(t_{a2}-t_{w1})]} \tag{4-20}$$

$$d_{was}(t_{w2})-d_{a1}=(t_{w2}-t_{a1})\left[\frac{h}{r_{o}h_{m}}\times\left(\frac{G_{w}}{G_{a}}\times\frac{c_{pw}}{c_{pa}}-1\right)-\frac{G_{w}c_{pw}}{r_{o}h_{m}\alpha SL}\times\ln\left(\frac{t_{a1}-t_{w2}}{t_{a2}-t_{w1}}\right)\right] \tag{4-21}$$

$$d_{was}(t_{w1})-d_{a2}=(t_{w1}-t_{a2})\left[\frac{h}{r_{o}h_{m}}\times\left(\frac{G_{w}}{G_{a}}\times\frac{c_{pw}}{c_{pa}}-1\right)-\frac{G_{w}c_{pw}}{r_{o}h_{m}\alpha SL}\times\ln\left(\frac{t_{a1}-t_{w2}}{t_{a2}-t_{w1}}\right)\right] \tag{4-22}$$

这三个方程是对于空气与水直接接触热质交换过程一般性模型的描述。

4.2.2　通用方程组

要进一步研究能源塔热泵系统中进行的热质交换过程，仅仅使用前面得到的三个一般性

方程是不够的。这是因为在空气与水的热质交换过程中，涉及的不定参数众多，这就需要首先采用数学的方法对这些参数进行处理：将对换热过程影响极小的参数进行舍弃，将相互关联的参数进行提炼，将总是同时出现的参数进行组合。

对模型进行全面的热质交换式的建立，经过一系列推导，最终形成如下方程组：

$$\begin{cases} t_{a2}-t_{a1}=-\dfrac{NTU(t_{a1}-t_{w2}-t_{a2}+t_{w1})}{\ln\dfrac{t_{a1}-t_{w2}}{t_{a2}-t_{w1}}} \\ d_{was}(t_{w2})-d_{a1}=\dfrac{(t_{w2}-t_{a1})}{r_o}\left[\beta c_{pw}\left(1-NTU^{-1}\ln\dfrac{t_{a1}-t_{w2}}{t_{a2}-t_{w1}}\right)-c_{pa}\right] \\ d_{was}(t_{w1})-d_{a2}=\dfrac{(t_{w1}-t_{a2})}{r_o}\left[\beta c_{pw}\left(1-NTU^{-1}\ln\dfrac{t_{a1}-t_{w2}}{t_{a2}-t_{w1}}\right)-c_{pa}\right] \\ \beta c_{pw}(t_{w1}-t_{w2})=c_{pa}t_{a2}+(r_o+1.84t_{a2})d_{a2}-c_{pa}t_{a1}-(r_o+1.84t_{a1})d_{a1} \end{cases} \tag{4-23}$$

方程组就是在研究能源塔塔体内发生空气与水直接接触热质交换过程时得到的开式能源塔热质交换通用方程组，简称通用方程组。

$$NTU=\frac{\alpha hSL}{G_a c_{pa}}=\frac{\alpha h_m SL}{G_a} \tag{4-24}$$

$$h_m=\frac{h}{c_{pa}}$$

式中 NTU——热质传热单元数；

α——填料的比表面积，m^2/m^3；

S——微元体的截面积，m^2；

L——淋水层内沿空气流动方向的长度；

r_o——水的汽化潜热，kJ/kg；

h——对流传热系数，W/(m^2·℃)；

β——水气比，$\beta=\dfrac{G_w}{G_a}$，为无量纲量；

$d_{was}(t_{w1})$——与水表面接触的饱和空气层内的空气含湿量 d_{was} 表示为水温 t_{w1} 的单值函数；

$d_{was}(t_{w2})$——与水表面接触的饱和空气层内的空气含湿量 d_{was} 表示为水温 t_{w2} 的单值函数。

其中，水表面的饱和空气的含湿量 d_{was} 是仅仅与水温相关联的参数，这已经在前人的研究中作出了充分的论证。

研究湿空气中的水蒸气分压力在湿空气的状态分析中十分重要，当湿空气的相对湿度为100%，即达到饱和状态时，水蒸气的分压力即为饱和水蒸气分压力。饱和水蒸气分压力的值是研究湿空气其他性质的基础，因而，需要选用一组最适合的饱和水蒸气分压力计算公式。

在世界上应用相对广泛的公式有：戈夫-格雷奇公式、马格纳斯公式、Buck［1996］公式、Hyland-Wexler 公式、泰登公式、纪利公式、Marti Mauersberger 公式等 7 个公式。经过分析比对，最适合本研究所用的温度区间、计算值精度和简便程度的公式为 Buck［1996］。其表达式为

当 $t_w>0$℃时：

$$p_{p\cdot b}=6.1121\times e^{\frac{\left(18.678-\frac{t_w}{234.5}\right)t_w}{257.14+t_w}} \tag{4-25}$$

当 $t_w<0$℃时：

$$p_{p\cdot b}=6.1115\times e^{\frac{\left(23.036-\frac{t_w}{333.7}\right)t_w}{279.82+t_w}} \tag{4-26}$$

式中　$p_{p\cdot b}$——水蒸气分压力，10^2Pa；

t_w——水的温度，℃。

通用的饱和湿空气含湿量计算式为

$$d=622\left(\frac{p_{p\cdot b}}{B-p_{p\cdot b}}\right) \tag{4-27}$$

式中　d——饱和湿空气含湿量，水/湿空气，kg/kg；

B——大气压力，其值为 1013mbar，1mbar$=10^2$Pa。

能源塔热泵在进行冬季工况研究时，其温度区间适用的是当 $t_w<0$℃时的公式(4-26)，将其与式(4-27) 联立，并且进行整理，得到了饱和湿空气含湿量 d_{was} 计算公式 [式(4-28)]，它只同与之相接触的水温 t_w 相关：

$$d_{was}=\begin{cases}-0.622\left[1+\dfrac{1013}{6.1121\times e^{\frac{\left(18.678-\frac{t_w}{234.5}\right)t_w}{257.14+t_w}}-1013}\right] & t_w>0℃\\ -0.622\left[1+\dfrac{1013}{6.1115\times e^{\frac{\left(23.036-\frac{t_w}{333.7}\right)t_w}{279.82+t_w}}-1013}\right] & t_w<0℃\end{cases} \tag{4-28}$$

当 $t_w>0$℃时，饱和空气含湿量的计算式也可由以上的方法导出。因而在通用方程式(4-28) 中，d_{was} 并不作为独立的未知数存在。

除去一些在能源塔热泵工作温度区间内取值为常数或变化接近直线的参数，例如空气与水的定压比热容 c_{pa}、c_{pw}，水的汽化潜热 r_o，方程组中独立存在的未知数只有空气与水的进出口参数：t_{a1}、d_{a1}、t_{a2}、d_{a2}、t_{w1}、t_{w2}，表征能源塔换热性能的传热单元数 NTU，以及反映参与交换的介质质量比例关系的水气比 β，共计 8 个未知数。

通用方程组包含四个方程，理论上只要能够确定其中任意四个未知数，则可以求得剩下四个参数的值，后续的研究正是基于这一点而开展的。

4.3 能源塔的设计计算

当需要对某一实际工程中的能源塔进行设计计算时，只要是在某一确定的地区，空气的进口参数往往可以通过各种资料进行查询，同时不冻液的进出口温度可以根据热泵机组额定工况中的蒸发器进出口温度进行确定。这样 8 个未知参数中就已知了空气的进口参数两个、不冻液的进出口参数两个，根据理论分析，可以通过这四个已知参数求算所需能源塔的

NTU、工作时的水气比 β，并且能够确定经过换热之后排出的空气的状态点。

这种计算的结果能够用于指导工程中的能源塔选型，以及确定系统在工作时的水气比，故称之为能源塔的设计计算。

以武汉地区的气象参数为参考，能源塔的设计计算参数设置如表 4-1 所示。

表 4-1 能源塔的设计计算参数设置

参数名称	代数符号	已知状态	参数取值	单位
空气进口温度	t_{a1}	已知	0	℃
空气进口含湿量	d_{a1}	已知	0.002864	kg/kg
空气出口温度	t_{a2}	未知		℃
空气出口含湿量	d_{a2}	未知		kg/kg
不冻液进口温度	t_{w1}	已知	−10	℃
不冻液出口温度	t_{w2}	已知	−8、−7、−6	℃
水气比	β	未知		1
传热单元数	NTU	未知		1

通过对通用方程组的分析发现，使用 MATLAB 软件中 Fsolve 工具能够很好地对其进行求解和分析。于是按照以上的条件，编写成 Fsolve 工具求解所需要的 m 文件对假设不冻液出口温度为−8℃、−7℃和−6℃的工况进行计算。

运用上述中的方法进行计算，将得到的数据进行汇总，如表 4-2 所示。

表 4-2 通用方程组的解（不冻液出口温度 t_{w2}= −8℃）

空气出口温度/℃	水气比	NTU	含湿量	相对湿度
−1.71	0.44	0.21	0.0026	79
−2.72	0.69	0.35	0.0024	80
−2.95	0.75	0.39	0.0024	81
−3.39	0.89	0.46	0.0023	81
−3.45	0.89	0.47	0.0023	81
−4.31	1.09	0.63	0.0022	84
−5.29	1.33	0.84	0.0021	87
−6.28	1.49	1.11	0.0021	95
−6.44	1.53	1.16	0.0021	96
−6.60	1.56	1.22	0.0021	97
−6.89	1.63	1.32	0.0020	95
−7.57	1.79	1.60	0.0019	96
−7.70	1.82	1.67	0.0019	97
−7.79	1.84	1.71	0.0019	98
−8.17	1.93	1.93	0.0019	101
−8.42	1.99	2.11	0.0019	103
−8.50	1.98	2.16	0.0019	104
−8.85	2.09	2.48	0.0018	102

表 4-2 中，数据的精度已经根据实际情况进行了取舍。值得注意的是，出口空气的相对湿度在水气比与 NTU 都很高时，有大于 100% 的情况出现，但这显然是不可能的。根据分析，造成这个情况的原因是利用经验公式 Buck [1996] 计算湿空气含湿量时有一定的误差。虽然这个误差极小，但是在换算成相对湿度时这个误差被放大。为了体现数据的客观性，依然将实际计算的数据列入表中，这个误差对观察数据变化规律的影响并不大。将得到的数据进行汇总，得到图 4-4。

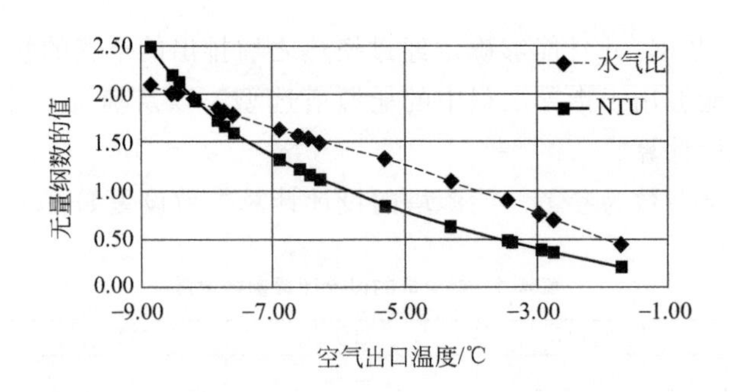

图 4-4 $t_{w2}=-8$℃时计算结果图

从图 4-4 中可以发现，当要求的不冻液的出口温度为−8℃，即不冻液需要在能源塔中得到 2℃的温升时，有以下结论。

① 能源塔中的水气比与 NTU 随着空气的出口温度升高而减小，二者有着相同的变化趋势，这从二者的定义式中也可以分析得到。

② 当空气的出口状态点与入口相同，即 0℃、相对湿度 76%时，能源塔内没有不冻液进入，塔内不发生热质交换，故塔内的水气比与 NTU 均为 0。

③ 当空气的出口温度逐渐减小时，水气比与 NTU 均从 0 开始增大，而且在空气出口温度 t_{a2} 大于−5℃时水气比的增幅明显大于 NTU 的增幅，在 t_{a2} 降低至−5℃以下后，水气比增幅放缓，NTU 增幅加大；因而二者最终在约 $t_{a2}=-8.2$℃处相交，之后水气比继续缓慢增大，NTU 急剧增大。

④ 同时，随着 t_{a2} 的逐渐降低，空气中的含湿量逐渐减小，但是相对湿度从初始值开始逐渐向 100%逼近，即出口空气逐渐接近饱和。最终在 t_{a2} 低于不冻液出口温度 t_{w2}，即小于−8℃之后达到饱和。在最初介绍能源塔热泵时就提出，能源塔热泵在冬季能够使低温高湿的空气析出水分，放出潜热，因而能够比普通的热泵系统从环境空气中吸收更多的热量。这在计算结果中得到了印证。

仅仅从一种不冻液出口温度时的数据分析得到的结论如上所述。为了更进一步了解通用方程组中包含的信息，又将 t_{w2} 分别等于−7℃和−6℃时的计算结果列出，如图 4-5、图 4-6 所示，并对其进行综合总结。

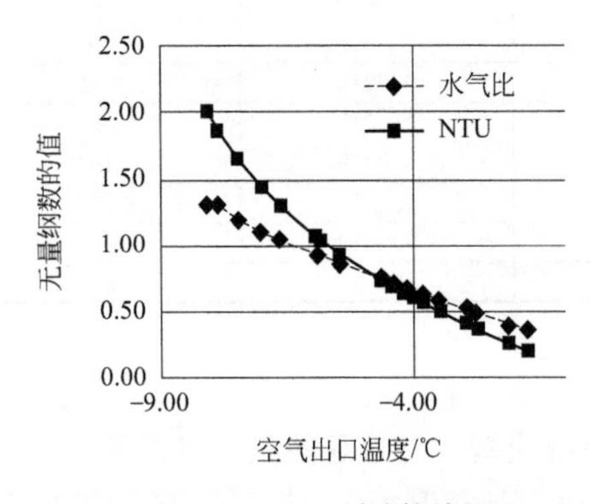

图 4-5 $t_{w2}=-7$℃时计算结果图

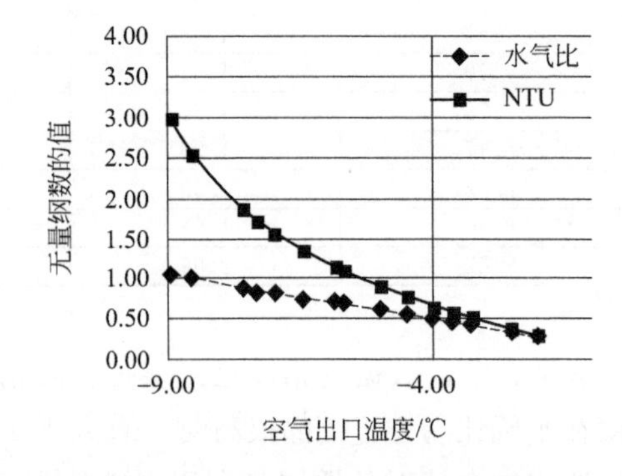

图 4-6 $t_{w2}=-6$℃时计算结果图

联系这三组计算结果及其对应的数据图，能够发现一个非常明显的现象：在三组数据中，水气比与 NTU 均有一个交点，随着不冻液经过能源塔之后温度的升高，即 t_{w2} 的增大，这个交点逐渐向空气出口温度轴正方向，即温度升高的方向移动。

这一现象是无法通过通用方程组直观分析得到的。这个现象表明，较低的水气比搭配较高的 NTU 时，能够帮助不冻液实现更高的温升。

为了更进一步比较三组不同数据中的水气比与 NTU 的关系，下面将二者分别单独作图进行比较，如图 4-7、图 4-8 所示。

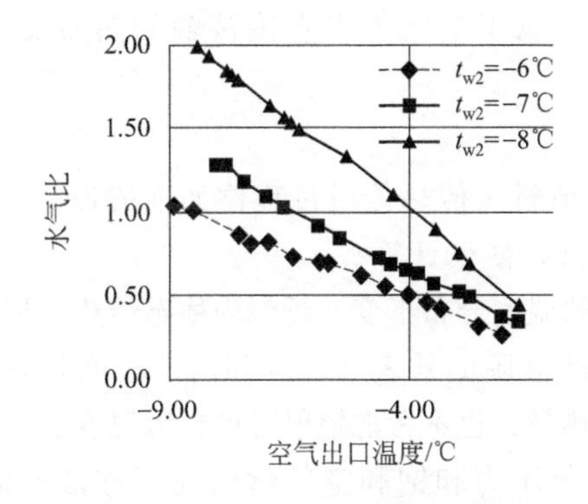

图 4-7　三组不同数据中的水气比

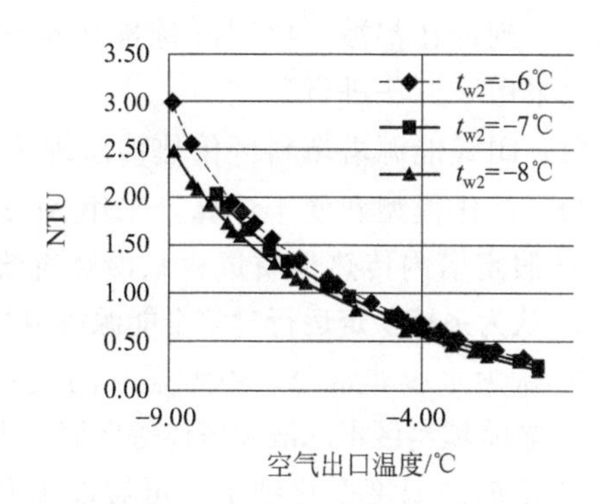

图 4-8　三组不同数据中的 NTU

从图 4-7 和图 4-8 中可以看出，在能源塔设计计算中，当空气出口温度 t_{a2} 相同时，随着不冻液的出口温度 t_{w2} 的升高，水气比明显下降，而 NTU 略有上升。

这种趋势上的差别说明，不冻液的出口温度与水气比的大小呈反相关关系；相反地，其与 NTU 的大小呈正相关关系；同时，这种幅度上的差别说明在能源塔的运行过程中，NTU 的变化比水气比的变化更能影响不冻液的出口状态。这也表明，想要对不冻液的出口参数进行有效控制，调节 NTU 的大小比调节水气比的大小更为有效。当然，在实际工程中，要结合成本和技术难度等因素进行综合考虑。

从曲线上看，水气比的变化曲线近乎线性，而 NTU 的变化曲线则明显呈指数曲线，并且在空气出口温度降低时，曲线更加陡峭。同样从控制的角度来看，当空气出口温度较高时，NTU 的变化对其影响更加明显，而随着其逐渐降低，NTU 的变化越来越难对其造成影响。

可以预见，当空气出口温度无限接近不冻液的进口温度时，NTU 的变化已经不能改变其大小。将这一现象联系到实际情况中，说明通过改善对流换热系数、填料的厚度、填料的比表面积等以提高 NTU 的做法，在达到一定程度后继续增加已经没有意义，不能继续优化换热效果。

4.4 能源塔的系统模拟及运行策略

4.4.1 建立传热模型

本研究的传热过程包括两个部分：一是下方的填料区换热；二是上部的盘管区换热。不管何种形式的能源塔热泵，它的工作原理都是利用各种介质和换热设备将环境空气中的低品位能量间接传递至热泵机组，从而获取高品位能量。这里继续以冬季运行状况作为建模对象。在填料加盘管型闭式能源塔冬季运行过程中，能量通过湿度很高的环境空气与防冻液（即不冻液）直接接触的方式进行热质交换。用于能源塔的不冻液本质是水溶液，添加盐类是为了改变水的冰点，实质上可以看作是空气与水直接接触的热质交换过程，可以采用研究空气与水直接接触的热质交换过程的方法，重点探讨热质交换的过程和温度变化。

1925 年，Merkel 最早提出冷却塔的传热传质机理，现在已经成为空气与水直接接触的热质交换过程的理论基础。Merkel 方法常用于分析冷却塔中填料的传热传质性能，为了减小手算的难度，其采用几个合理的简化假设条件，在预测冷却塔传热传质性能上仍旧占据统治地位，到现在都被一些国际标准所推荐，本研究也属于空气与水直接接触的热质交换过程，也采用该方法进行研究。

(1) 闭式能源塔填料区传热传质理论分析

为了简化模型和便于计算，采用 Merkel 方法对填料区传热传质过程作如下假设。

① 假定塔内传热传质过程只沿竖直流动方向进行，便于计算。

② 认为系统稳定运行时整个能源塔填料区内各处的温度分布不变，近似为稳态传热过程。

③ 认为水膜非常薄，不考虑水的热阻，认为不冻液膜的外表面温度和内部温度相同。

④ 忽略填料区不冻液和塔体等向周围大气辐射的热量，也不考虑辐射对填料区温度的影响。

⑤ 不冻液温度变化细小，可假设饱和水蒸气的分压力和饱和空气焓值与不冻液的温度之间呈线性关系。

⑥ 闭式能源塔应用的地区一般冬季空气湿度大，气温低，水分蒸发量很小，可以忽略不计。

⑦ 不冻液温度分布和浓度分布完全相同的条件下，路易斯数 Le 为 1；可以认为，填料区的情况满足这个条件，即传质系数和空气界膜热导率之间符合路易斯关系。

⑧ 空气在填料区传热传质充分，填料区出口空气接近饱和状态，近似认作饱和空气。

根据假设条件④，我们忽略了填料区的辐射传热，那么传热过程就只需要考虑盘管内外的热传导过程和盘管外的对流传热过程。根据假设条件⑥，我们忽略了不冻液的蒸发和飘散，那么传质过程就可以不考虑蒸发损耗的部分。通过上面的分析可知能源塔内填料区的不冻液显热得热量由空气和溶液间的对流传热得来，潜热得热量则来自空气中水蒸气的冷凝放热，二者之和则为不冻液的总得热量或者空气提供的热量。设单位时间内通过的不冻液的表面积为 $\mathrm{d}A$，空气传给不冻液膜的显热交换量为

$$\mathrm{d}Q_{\mathrm{s}}=M_{\mathrm{a}}c_{p\mathrm{a}}\mathrm{d}t_{\mathrm{a}}=h(t_{\mathrm{w}}-t_{\mathrm{a}})\mathrm{d}A \tag{4-29}$$

式中 t_{w}——喷淋液（喷淋溶液）的温度,℃；

M_{a}——空气的质量流量，kg/s；

t_{a}——空气温度,℃；

$c_{p\mathrm{a}}$——空气的定压比热容，kJ/(kg·℃)；

Q_{s}——空气在微元体中的显热得热量，kJ；

h——空气与不冻液之间的对流传热系数，kW/(m^2·℃)。

武汉冬季采暖计算室外空气相对湿度为 67%，空气首先会被加湿到接近饱和状态，蒸发的水量即为湿交换量：

$$\mathrm{d}M_{\mathrm{w}}=h_{\mathrm{m}}(d_{\mathrm{was}}-d_{\mathrm{a}})\mathrm{d}A \tag{4-30}$$

式中 M_{w}——喷淋溶液（喷淋液）的质量流量，kg/s；

d_{was}——接近空气与水界面的饱和空气含湿量，g/kg；

d_{a}——主流空气含湿量，g/kg。

潜热交换量为

$$\mathrm{d}Q_{\mathrm{m}}=r_{\mathrm{o}}\mathrm{d}M_{\mathrm{w}}=r_{\mathrm{o}}h_{\mathrm{m}}(d_{\mathrm{was}}-d_{\mathrm{a}})\mathrm{d}A \tag{4-31}$$

式中　r_o——水的汽化潜热，kJ/kg；

Q_m——不冻液潜热得热量，kJ。

由于空气的总传热量 $dQ_a = dQ_s + dQ_m$，结合式(4-31) 得空气的总传热量为

$$dQ_a = dQ_s + dQ_m = [h(t_w - t_a) + r_o h_m (d_{was} - d_a)] dA \tag{4-32}$$

式中　Q_a—— 空气的总传热量，kJ；

d_{was}——接近空气与水界面的饱和空气含湿量，g/kg。

填料区数学模型在之前的假设条件中提到传质系数和空气界膜热导率之间符合路易斯(Lewis) 关系，根据 Merkel 方法，认为焓差是推动热质交换的动力。为减少计算参数，可以通过路易斯式简化公式。

路易斯因子为

$$Le_f = \frac{h}{h_m c_{pa}} \approx 1 \tag{4-33}$$

则式(4-32) 可改写为

$$\begin{aligned} dQ_a &= [h(t_w - t_a) + r_o h_m (d_{was} - d_a)] dA \\ &= h_m c_{pa} (t_w - t_a) dA + r_o h_m (d_{was} - d_a) dA \\ &= h_m (c_{pa} t_w + r_o d_{was} - c_{pa} t_a - r_o d_a) dA \\ &= h_m (i_a^* - i_a) dA \end{aligned} \tag{4-34}$$

为了增大填料和不冻液的接触面积，其形状往往会不规则，结构也十分复杂。在这种情况下，计算不冻液的表面面积就十分困难，因此实际计算中常用填料块的体积和填料的比表面积 α 之积来换算。取微元高度为 dz，横截面面积为 S，则不冻液的表面面积可表示为 $dA = \alpha S dz$。空气进入的方式采用下进上出的方式，喷淋的不冻液则与空气逆向流动进行热质交换，喷淋不冻液获得的热量就是空气失去的热量，包括显热和潜热。

微元体的质量平衡方程参照盘管段的理论分析可得：

$$dM_w = M_a dw \tag{4-35}$$

式中　M_a——空气的质量流量，kg/s；

w——空气含湿量，g/kg。

采用体积微元方法来分析填料段，由前面的路易斯关系式知 $h_m = \dfrac{h}{c_{pa}}$ ，则空气的失热量可表示为

$$\begin{aligned} dQ_a &= \frac{h}{c_{pa}} (i'_a - i_a) dA \\ &= \frac{h}{c_{pa}} (i'_a - i_a) \alpha S dz \end{aligned} \tag{4-36}$$

空气的得热量也可以表示为

$$dQ_a = M_a di_a \tag{4-37}$$

喷淋水的吸热量则可用进出填料断面喷淋水温差来表示：

$$dQ_w = c_{pw} M_w dt_w \tag{4-38}$$

填料区喷淋水的得热量等于空气的传热量，所以联立式(4-29)、式(4-38) 得填料区的能量平衡方程为

$$c_{pw} M_w dt_w = [h(t_w - t_a) + r_o h_m (d_{was} - d_a)] dA \tag{4-39}$$

为了便于分析，将复杂的参数提出来，将式(4-29) 变形为

$$dt_{a}=\frac{h}{M_{a}c_{pa}}(t_{w}-t_{a})dA \tag{4-40}$$

将 $dA=\alpha S dz$ 代入上式得

$$dt_{a}=\frac{\alpha Sh}{M_{a}c_{pa}}(t_{w}-t_{a})dz \tag{4-41}$$

同样对式(4-39) 也进行变形得到

$$dt_{w}=\frac{\alpha Sh}{c_{pw}M_{w}}(t_{w}-t_{a})dz+\frac{\alpha r_{o}Sh_{m}}{c_{pw}M_{w}}(d_{was}-d_{a})dz \tag{4-42}$$

所以联立式(4-41) 和式(4-42) 得到新型闭式能源塔填料区传热传质数学模型的控制方程：

$$\begin{cases} dt_{a}=\dfrac{\alpha Sh}{M_{a}c_{pa}}(t_{w}-t_{a})dz \\ dt_{w}=\dfrac{\alpha Sh}{c_{pw}M_{w}}(t_{w}-t_{a})dz+\dfrac{\alpha Sr_{o}h_{m}}{c_{pw}M_{w}}(d_{was}-d_{a})dz \end{cases} \tag{4-43}$$

边界条件为：

$z=0$ 处：$t_{a}=t_{a1}$，$t_{w}=t_{w2}$，$d_{was}=d_{was2}$，$d_{a}=d_{a1}$
$z=L$ 处：$t_{a}=t_{a2}$，$t_{w}=t_{w1}$，$d_{was}=d_{was1}$，$d_{a}=d_{a2}$，L 为填料区高度。

(2) 闭式能源塔盘管区传热传质理论分析

取纵向一小段微元体做研究，如图 4-9 所示建立坐标，以微元体 Sdz 作为目标进行传热传质的分析：

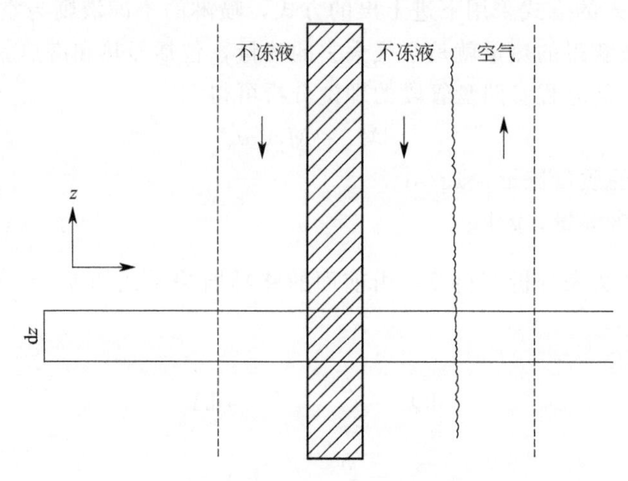

图 4-9 传热传质分析

① 盘管和不冻液的传热传质过程　盘管和不冻液之间没有传质过程，只有传热过程，不冻液的热量通过管壁传给载冷剂，其传热方程式为

$$c_{n}M_{n}dt_{n}=K_{0}(t_{n}-t_{w})aSdz \tag{4-44}$$

式中　M_{n}——盘管内载冷剂的质量流量，kg/s；

c_{n}——盘管内载冷剂的比热容，J/(kg·K)；

t_{n}——盘管内载冷剂的温度，℃；

t_w——盘管外不冻液的温度，℃；

K_0——从盘管内载冷剂到管外不冻液的总传热系数，W/(m^2·K)；

S——盘管垂直于 z 方向的横截面积，m^2；

a——盘管单位容积的传热管的传热面积，m^2/m^3。

② 盘管外不冻液与空气的换热过程　盘管外不冻液与空气的换热存在传质过程，可以用空气的焓值变化来表示能量传递过程，该过程能量方程为

$$M_a \mathrm{d}i = K_M (i' - i) S \mathrm{d}z \tag{4-45}$$

式中　M_a——盘管外空气的质量流量，kg/s；

i——空气的焓，kJ/kg(a)，kg(a) 表示每 kg 干空气；

i'——与不冻液相对应的饱和湿空气的焓，kJ/kg(a)；

K_M——从管外不冻液向空气的总容积传质系数，kg/(m^3·s·Δd)，这里 Δd 指空气的含湿量差。

③ 微元体内载冷剂、不冻液及空气的热量平衡　盘管外不冻液得到的热量等于从盘管内载冷剂得到的热量与传给空气的热量之差，传热方程式为

$$M_w c_w \mathrm{d}t_w = K_M (i' - i) S \mathrm{d}z - K_0 (t_n - t_w) a S \mathrm{d}z \tag{4-46}$$

式中　M_w——盘管外喷淋水的质量流量，kg/s；

c_w——盘管外喷淋水的比热容，kJ/(kg·℃)。

为了让方程组更简单明了，可将式(4-44)、式(4-45)、式(4-46) 简化为

$$\frac{\mathrm{d}t_n}{\mathrm{d}z} = k_1 (t_w - t_n) \tag{4-47}$$

$$\frac{\mathrm{d}t_w}{\mathrm{d}z} = k_2 (i - i') - k_3 (t_w - t_n) \tag{4-48}$$

$$\frac{\mathrm{d}i}{\mathrm{d}z} = k_4 (i - i') \tag{4-49}$$

根据现场实测数据显示，一般情况下闭式能源塔的不冻液温度变化不大。因此，可以近似地认为，饱和空气的焓 i' 是盘管外喷淋水温度的一次函数，即

$$i' = k_5 t_w + k_6 \tag{4-50}$$

式中　k_5，k_6——常数，可以通过饱和空气参数表来分段拟合确定。

式(4-47)～式(4-50) 就是闭式能源塔温度特性的联立微分方程式，根据之前的假设可以得到边界条件为

$$z=0 \text{ 时：} t_n = t_{n1},\ i = i_1,\ t_w = t_{w1}$$
$$z=H \text{ 时：} t_n = t_{n2},\ i = i_2,\ t_w = t_{w2} = t_{w1}$$

因为盘管外不冻液不断循环，稳定运行后的温度变化不大，所以闭式能源塔底的不冻液温度等于换热盘管顶部的不冻液温度。

4.4.2 数学模型中各物性参数的确定

(1) 盘管内载冷剂至管外不冻液的总传热系数 K_0 值的确定

根据闭式能源塔的工作特性，忽略管道内外壁的污垢热阻，则能源塔盘管截面上各流体

的温度分布情况如图 4-10 所示。

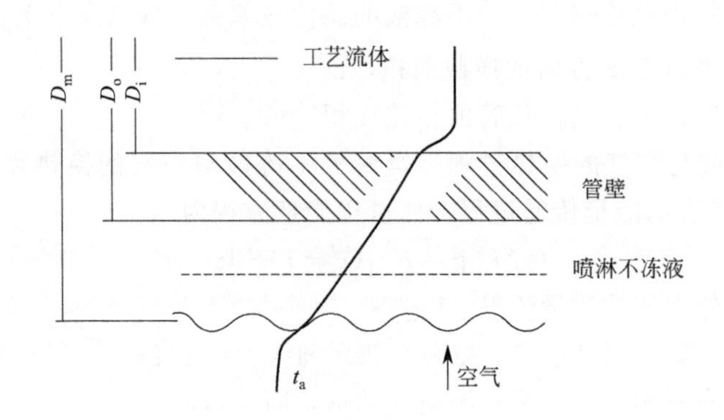

图 4-10 盘管截面图

由图 4-10 推出：

$$\frac{1}{K_0}=\frac{1}{h_i}\left(\frac{D_o}{D_i}\right)+\frac{\delta}{\lambda}\left(\frac{D_o}{D_m}\right)+\frac{1}{h_w} \tag{4-51}$$

式中 h_i——管内流体与管内表面之间对流换热系数，kW/(m^2·℃)；

h_w——管外喷淋水与管外表面之间对流换热系数，kW/(m^2·℃)；

D_i，D_o——盘管内、外径，m；

D_m——传热管的对数平均直径，m；

δ——传热管的壁厚；

λ——传热管的热导率，kW/(m·℃)。

（2）管内流体与管内表面之间对流换热系数 h_i 的确定

管内载冷剂与管内表面之间的对流换热系数 h_i，可根据下式得出：

$$h_i=Nu_i\frac{\lambda_i}{D_i} \tag{4-52}$$

式中 λ_i——盘管内流体定性温度下的热导率，kW/(m·℃)；

Nu_i——努塞特数。

其中，

$$Nu_i=0.023Re_i^{0.8}Pr_i^{0.3} \tag{4-53}$$

$$Re_i=\frac{D_iu_i}{\nu_i} \tag{4-54}$$

$$u_i=\frac{4M_n}{\pi D_i^2\rho_i} \tag{4-55}$$

式中 u_i——盘管内流体流速，m/s；

ν_i——盘管内流体定性温度下运动黏度，m^2/s；

ρ_i——盘管内流体的密度，kg/m^3。

定性温度为流体平均温度，定型尺寸为管内径。式中普朗特常数 Pr_i 由定性温度表可得。

（3）管外喷淋水与管外表面之间对流换热系数 h_w

$$h_w=980(1+0.016t_f)\left(\frac{\Gamma}{D_o}\right)^{1/3} \tag{4-56}$$

上式的适用范围为：

$$1.389<\frac{\Gamma}{D_o}<3.056$$

$$0.694<G_{max}<5.278$$

$$t_f=\frac{t_w+t_n}{2} \tag{4-57}$$

式中　t_f——喷淋水的膜温度,℃；

t_w——喷淋溶液的温度（取闭式能源塔喷淋溶液入口的温度 t_{w2}），℃；

t_n——管内流体的温度（取管内流体进出口温度的平均值），℃；

G_{max}——最小截面处湿空气的质量速度（能源塔的出入口平均值），kg/(m^2·s)；

Γ——单位宽度喷淋溶液量，kg/(m·s)。

$$G_{max}=\frac{M_a}{A_{min}}=\frac{M_a}{N_t(P_t-D_o)L} \tag{4-58}$$

当管子正方形直列布置时（图 4-11）：

$$\Gamma=\frac{M_w}{N_t\times 2L} \tag{4-59}$$

当管子三角形错列时（图 4-12）：

$$\Gamma=\frac{M_w}{2N_t\times 2L} \tag{4-60}$$

每个管排平面内管根数 N_t 由下式得出：

$$N_t=\frac{B}{P_t}-1 \tag{4-61}$$

式中　P_t——换热盘管横向管间距，m。

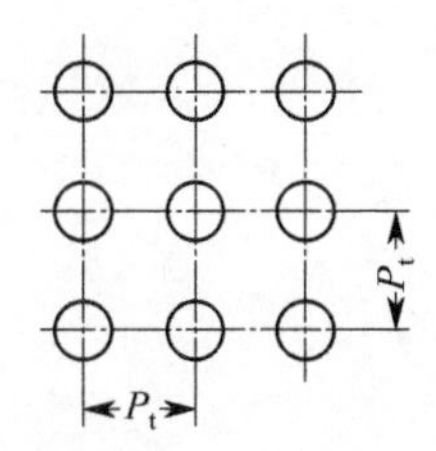

图 4-11　正方形直列

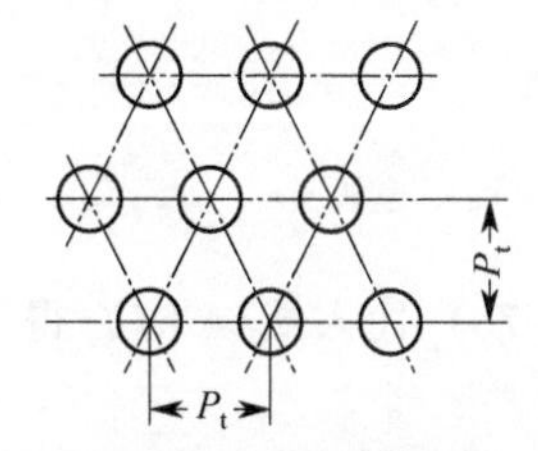

图 4-12　三角形错列

(4) 管饱和空气焓值 i'的计算

根据 0.1MPa 时饱和空气的状态参数表，以温度取值范围为 10～69.5℃进行拟合，得到饱和空气焓值与水温的关系式：

$$i'=10.173t_w-179.54 \tag{4-62}$$

故 $k_5=10.173$，$k_6=179.54$。

(5) 喷淋溶液向空气的总传质系数 K_M

管外喷淋溶液向空气的总传质系数 K_M 采用以下经验公式求得：

$$K_M=3.62\times10^{-4}Re_a^{0.9}Re_w^{0.15}D_o^{-2.6}(P_l/D_o)^{-1}/3600$$

$$=1.0056\times10^{-7}Re_{a}^{0.9}Re_{w}^{0.15}D_{o}^{-2.6}(P_{1}/D_{o})^{-1} \tag{4-63}$$

适用范围为 $1.2\times10^{3}\leqslant Re_{a}\leqslant1.4\times10^{4}$；$50\leqslant Re_{w}\leqslant240$；$0.0127\leqslant D_{o}\leqslant0.04$；$1.5<P_{1}/D_{o}<3$；三角形错列布置。

4.4.3 填料加盘管型闭式能源塔模型的求解

(1) 填料区模型的求解

填料区的模型采用 MATLAB 软件中的模块进行求解，需要对方程变形和积分变换得到需求解参数的函数表达式。

首先对模型表达式做一个变换：

$$m_{1}=\frac{\alpha Sh}{c_{pw}M_{w}} \tag{4-64}$$

$$m=\frac{\alpha Sh}{M_{a}c_{pa}} \tag{4-65}$$

$$m_{2}=\frac{\alpha Sr_{o}h_{m}}{c_{pw}M_{w}} \tag{4-66}$$

将式(4-64)～式(4-66) 代入填料区模型控制方程组得

$$\begin{cases}dt_{a}=m(t_{w}-t_{a})dz\\dt_{w}=m_{1}(t_{w}-t_{a})dz+m_{2}(d_{was}-d_{a})dz\end{cases} \tag{4-67}$$

平均温差可以表示为

$$t_{w}-t_{a}=n_{1}e^{-n_{2}z} \tag{4-68}$$

即

$$dt_{w}-dt_{a}=-n_{1}n_{2}e^{-n_{2}z}dz \tag{4-69}$$

n_{1}、n_{2} 为待定系数，将边界条件代入可求得

$$\begin{cases}n_{1}=t_{a1}-t_{a2}\\n_{2}=L^{-1}\ln\left(\dfrac{t_{a1}-t_{w2}}{t_{a2}-t_{w1}}\right)\end{cases} \tag{4-70}$$

将式(4-70) 代入式(4-67) 得

$$dt_{a}=-m(n_{1}e^{-n_{2}z})dz \tag{4-71}$$

对式(4-70) 从 0 到 z 处积分，得

$$t_{a}-t_{a1}=m\frac{n_{1}}{n_{2}}(1-e^{-n_{2}z}) \tag{4-72}$$

将式(4-67) 代入式(4-69) 得

$$dt_{w}=m(t_{w}-t_{a})dz+n_{1}n_{2}e^{-n_{2}z}dz \tag{4-73}$$

再将式(4-73) 代回到式(4-67) 中得

$$d_{was}-d_{a}=\frac{m-m_{1}-n_{2}}{m_{2}}(t_{w}-t_{a}) \tag{4-74}$$

将边界条件代入式(4-72)、式(4-74)，结合 m、m_{1}、m_{2} 的表达式，同时代入 n_{1}、n_{2} 的值得到方程组：

$$
\begin{cases}
t_{a2}-t_{a1}=-\dfrac{\alpha ShL(t_{a1}-t_{w2}-t_{a2}+t_{w1})}{M_a c_{pa}\ln\dfrac{t_{a1}-t_{w2}}{t_{a2}-t_{w1}}} \\
d_{was2}-d_{a1}=(t_{w2}-t_{a1})\left[\dfrac{h}{r_o h_m}\left(\dfrac{M_w}{M_a}\times\dfrac{c_{pw}}{c_{pa}}-1\right)-\dfrac{c_{pw}M_w}{\alpha Sr_o h_m L}\times\ln\dfrac{t_{a1}-t_{w2}}{t_{a2}-t_{w1}}\right] \\
d_{was1}-d_{a2}=(t_{w1}-t_{a2})\left[\dfrac{h}{r_o h_m}\left(\dfrac{M_w}{M_a}\times\dfrac{c_{pw}}{c_{pa}}-1\right)-\dfrac{c_{pw}M_w}{\alpha Sr_o h_m L}\times\ln\dfrac{t_{a1}-t_{w2}}{t_{a2}-t_{w1}}\right]
\end{cases}
\tag{4-75}
$$

虽然得到了非线性方程组，但是求解还是很困难，可以运用MATLAB软件进行计算。

分析未知数可知，一共有t_{a1}、t_{a2}、d_{a1}、d_{a2}、t_{w1}、t_{w2}、M_a、M_w、h、h_m 10个未知数，c_{pa}、c_{pw}、r_o、α、S、L固有性质参数不是需要设计的参数。结合方程式(4-46)也只有四个方程，无法求解。必须对方程式做进一步变化，减少方程参数，便于简化问题，还要预设一些参数才能求解。经过分析，将表示塔体换热能力的参数提炼出来作为一个未知数，将由塔体辅助设备确定的参数作为一个参数，具体如下：

传热单元数，$\dfrac{\alpha hSL}{G_a c_{pa}}=\dfrac{\alpha h_m SL}{G_a}$，水气比$\beta=\dfrac{M_w}{M_a}$，将其代入上式，并结合方程式(4-46)有

$$
\begin{cases}
t_{a2}-t_{a1}=-\dfrac{\mathrm{NTU}(t_{a1}-t_{w2}-t_{a2}+t_{w1})}{\ln\dfrac{t_{a1}-t_{w2}}{t_{a2}-t_{w1}}} \\
d_{was2}-d_{a1}=\dfrac{t_{w2}-t_{a1}}{r_o}\left[\beta c_{pw}\left(1-\mathrm{NTU}^{-1}\times\ln\dfrac{t_{a1}-t_{w2}}{t_{a2}-t_{w1}}\right)-c_{pa}\right] \\
d_{was1}-d_{a2}=\dfrac{t_{w1}-t_{a2}}{r_o}\left[\beta c_{pw}\left(1-\mathrm{NTU}^{-1}\times\ln\dfrac{t_{a1}-t_{w2}}{t_{a2}-t_{w1}}\right)-c_{pa}\right] \\
\dfrac{c_{pa}t_{a2}+(r_o+1.84t_{a2})d_{a2}-c_{pa}t_{a1}-(r_o+1.84t_{a1})d_{a1}}{\beta c_{pw}}
\end{cases}
\tag{4-76}
$$

这样减少了2个未知数，以上方程组只要知道其中4个参数便可以用MATLAB直接求解。

(2) 盘管区模型的求解

对于式(4-70)、式(4-75)、式(4-76)这三个联立微分方程式，可以用解析法进行近似求解，得到

$$
c_1=\frac{i_1-k_5 t_{n2}-k_6}{B+\dfrac{D}{A}}
\tag{4-77}
$$

$$
c_2=\frac{i_1-k_5 t_{n2}-k_6}{AB+D}
\tag{4-78}
$$

$$
c_3=t_{n2}-c_1 e^{\lambda_1 H}\frac{k_1}{\lambda_1}-c_2 e^{\lambda_2 H}\frac{k_1}{\lambda_2}
\tag{4-79}
$$

其中，

$$
A=\frac{(\lambda_2+k_1+k_3)M_a+M_n c_n k_2}{(\lambda_1+k_1+k_3)M_a+M_n c_n k_2}\times\frac{(1-e^{\lambda_2 H})}{(e^{\lambda_1 H}-1)}
\tag{4-80}
$$

$$
B=\frac{\lambda_1+k_1+k_3}{k_2}+k_5 e^{\lambda_1 H}
\tag{4-81}
$$

$$D=\frac{\lambda_2+k_1+k_3}{k_2}+k_5 e^{\lambda_2 H} \tag{4-82}$$

根据解析求解结果，如果已知系数 k_1、k_2、k_3、k_4，即可求出 c_1、c_2、c_3 的值，得到不同换热盘管高度处三股流体的温度或焓值，但系数 k_1、k_2、k_3、k_4 与总传热系数 K_0 和传质系数 K_M 相关，总传热系数 K_0 又是一个与管内外水温相关的函数，不能独立确定。虽然通过求解得到了闭式能源塔换热盘管内、外水温及空气焓值的解析解形式，但是函数中待定系数 c_1、c_2、c_3 很难求出，必须在喷淋水入口温度 t_{w2} 和总传热系数 K_0 二者间取一量作为假定值，然后通过计算机编程进行多次迭代匹配计算。图 4-13 为软件计算流程图。

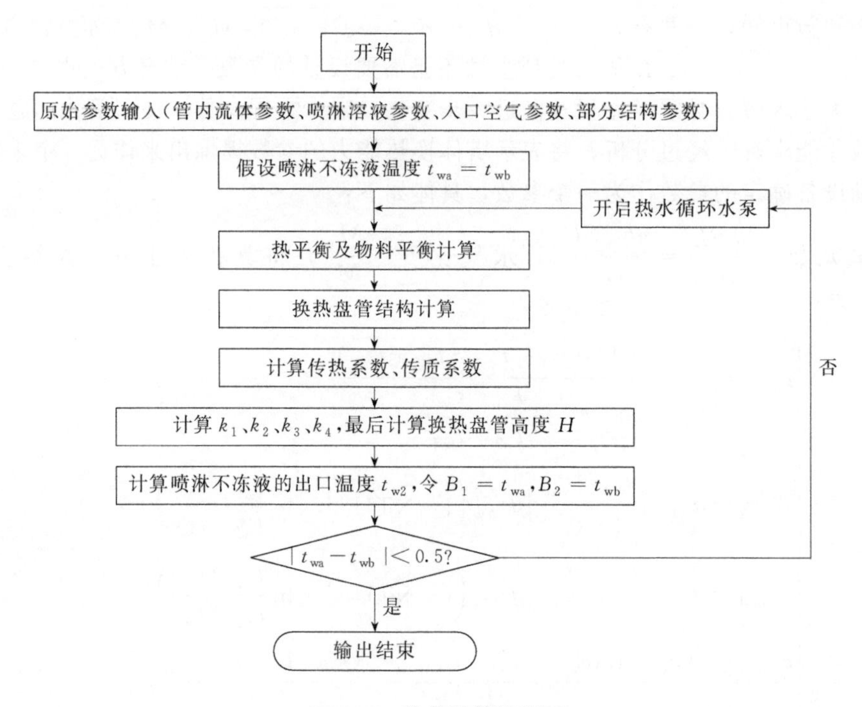

图 4-13 软件计算流程图

4.4.4 模型求解

建立模型一方面可以进行塔体的设计，另一方面常常需要对参数系统的影响进行研究从而反过来指导设计。闭式能源塔模型的求解主要是盘管高度的确定。

能源塔（热源塔）技术发展到今天已经有了专门的技术规程，可以作为能源塔系统设计的依据。参考我国工程建设标准化协会 2014 年 4 月 1 号施行的《热源塔热泵系统应用技术规程》，能源塔（热源塔）系统的名义工况如表 4-3 所示。

表 4-3 能源塔（热源塔）系统的名义工况

工况	使用侧			热源侧		
	冷水/热水			制冷工况/制热工况		
	水流量 /[m^3/(h·kW)]	出水温度 /℃	进水温度 /℃	水流量 /[m^3/(h·kW)]	进液温度 /℃	出液温度 /℃
制冷	0.172	7	30	0.215		
制热	0.172	45			0	−3

同时，该规程还规定了能源塔热泵机组变工况温度范围，制热工况时，热源侧的进液温度在－12～21℃之间。

前面建立的模型为能源塔的设计提供了计算依据，如果要计算得到盘管高度，那么设计参数也必须进行设定。冬季能源塔热力性能设计的名义工况为空气干球温度取4.5℃、湿球温度取3.5℃。因为考虑能源塔热泵系统主要用在长江流域及以南区域，现行国家标准《蒸气压缩循环冷水（热泵）机组第1部分：工业或商业用及类似用途的冷水（热泵）机组》（GB/T 18430.1—2007）中规定的风冷式热泵冬季设计工况为干球温度7℃、湿球温度6℃，融霜工况为干球温度2℃、湿球温度1℃，能源塔冬季空气工况采用风冷式热泵冬季设计工况与融霜工况的平均值，具有普遍意义。

另外，为了提高冬季能源塔热泵机组的制热性能，能源塔的传热温差设计较小，传热介质出塔温度与空气湿球温度相差3.5℃。空气的流量可以根据负荷和焓差来确定。另外，不冻液的进出口温度和流量应按能源塔技术规程的设计工况选取。

盘管高度公式为

$$H=\frac{1}{\lambda_1}\ln\left[\frac{k_2(i_1-i_1')+(\lambda_1+k_1+k_3)(t_{w1}-t_{n2})}{k_2(i_2-i_1')+(\lambda_1+k_1+k_3)(t_{w1}-t_{n1})}\right] \tag{4-83}$$

能源塔的设计主要就是确定盘管的高度，确定盘管高度 H 才能结合盘管的布置求得总的换热面积。首先需要假设喷淋溶液的入口温度，先计算填料区，得到填料区出口空气参数和喷淋溶液温度，并作为盘管区的入口参数，代入盘管区模型，按式(4-83)计算盘管高度，取其平均值作为 H，经过迭代计算后当满足 $t_{w1}=t_{w2}$ 时，结束计算并输出最终结果。

4.4.5 模拟结果

对于一个确定的能源塔，塔体的高度、喷淋溶液的流量、空气的流量和入口温湿度都是已知的。经过分析计算得到了空气湿球温度、空气流速、喷淋溶液流量、不冻液进口温度等参数和出口空气焓值、喷淋溶液出口温度、不冻液出口温度的关系式。为了分析这些参数对能源塔性能的影响，选取吸热量、能耗比（塔体吸热量与风机水泵功率和之比）和表征能源塔传热能力的传热系数和传质系数作为对象。其中总吸热量为填料区和盘管区吸热量之和，因填料区相对较小，这里就以盘管区的传热系数和传质系数作为整个塔体参数。

下面将计算机输出结果绘制成相应曲线进行分析。

(1) 空气温度对能源塔性能的影响

在其他运行参数、结构参数和设计条件都不变的情况下，仅改变入口空气温度。

① 从图4-14看出，随着入口空气温度的升高，系统潜热量降低，显热量增加，能源塔总吸热量也增加。空气温度升高导致空气和溶液之间的温差增加，潜热的降低是由于凝结水表面温度升高后使得饱和水蒸气压力增加，从而导致空气和凝结水之间的饱和水蒸气分压力差降低，空气释放凝结潜热也降低。

② 由图4-15可知，能耗比随空气温度的升高而增加。很容易理解，水泵和风机功率没有变化，总吸热量增加。

③ 从图4-16和图4-17可以看出，传热系数和传质系数都是随着温度升高而降低，传质系数和潜热量的变化是一致的。显热量不仅跟传热系数有关，还跟温差有关，室外温度升高，传热温差增大，显热量增加。

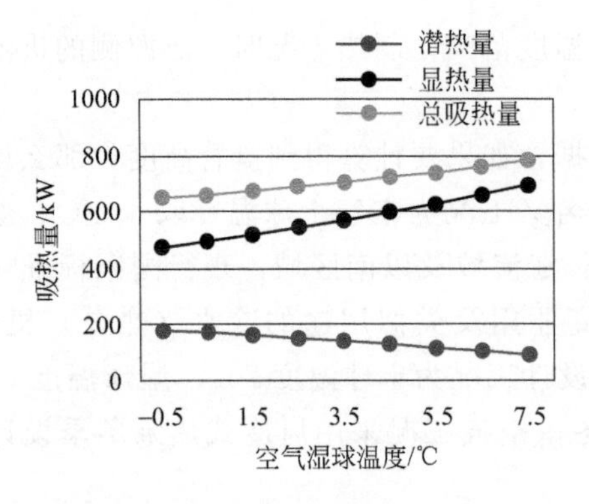

图 4-14　空气湿球温度和吸热量的关系

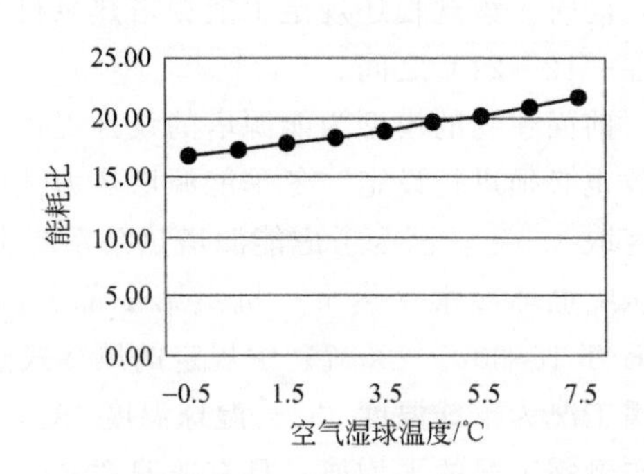

图 4-15　空气湿球温度和能耗比的关系

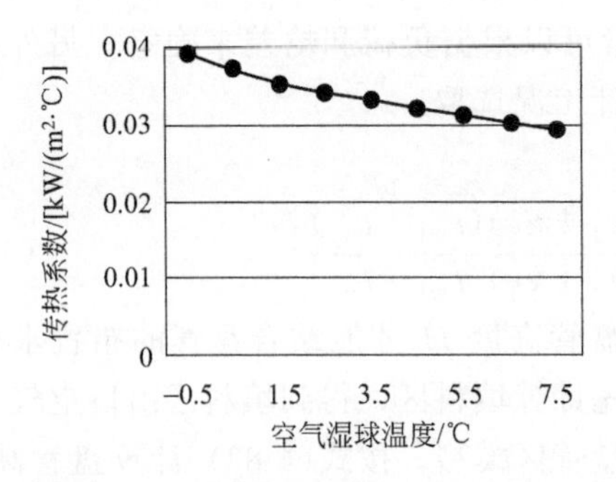

图 4-16　空气湿球温度和传热系数的关系

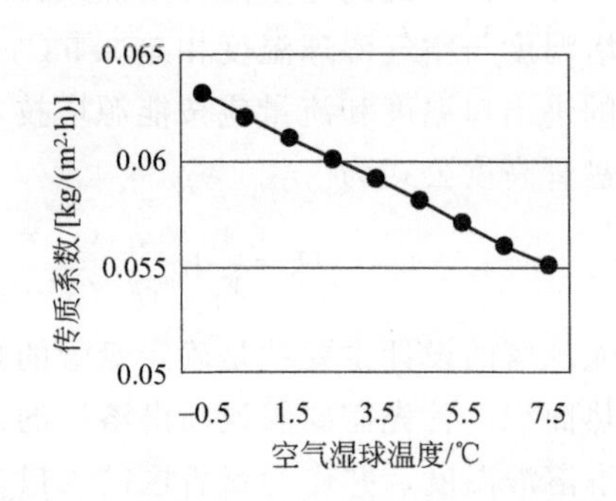

图 4-17　空气湿球温度和传质系数的关系

(2) 空气相对湿度对能源塔性能的影响

在其他运行参数、结构参数和设计条件都不变的情况下，仅改变空气相对湿度。

① 从图 4-18 可以看出，随着相对湿度的增加，能源塔的总吸热量、潜热量都增加，其中潜热量增加比较多，潜热量由占总吸热量的 13.8%增加到 28.4%。这说明在冬季相对湿度较大的区域，系统运行效果较好，同时潜热的作用不可小觑。

② 从图 4-19 可以看出，能耗比随着空气相对湿度的增加而增大。这说明能源塔在相对湿度越高的地方效果越好。

③ 图 4-20、图 4-21 显示随空气相对湿度增加传热系数和传质系数都是增加的。结合空气温度对传质系数的影响可知，相对湿度对传质系数的影响大一些。

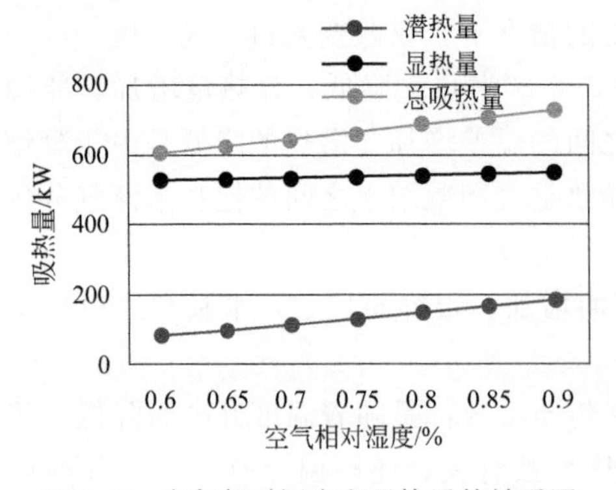

图 4-18　空气相对湿度和吸热量的关系图

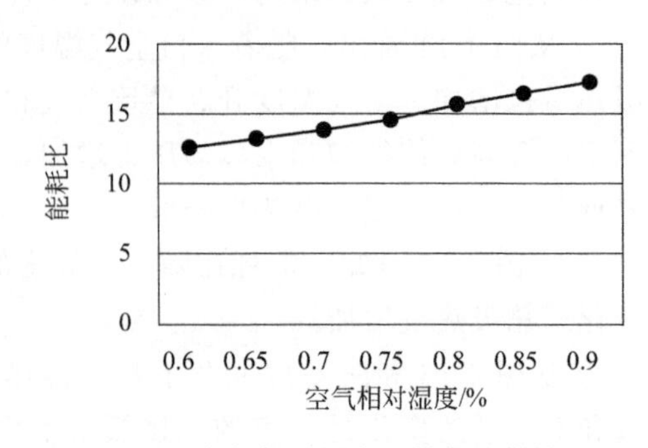

图 4-19　空气相对湿度和能耗比的关系

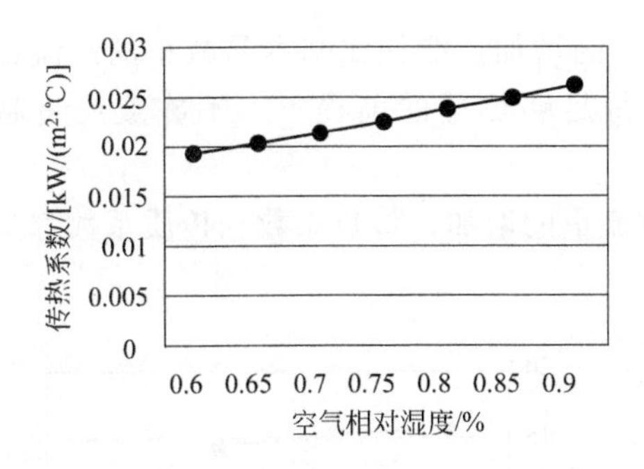

图 4-20　空气相对湿度和传热系数的关系

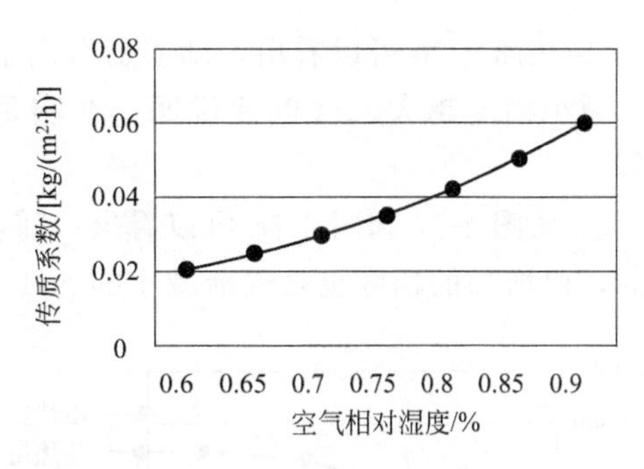

图 4-21　空气相对湿度和传质系数的关系

（3）空气流速对能源塔性能的影响

在其他运行参数、结构参数和设计条件都不变的情况下，仅改变入口空气流速。

① 从图 4-22 可以看出，随着盘管内空气流速的增加，能源塔的出口空气焓值是增加的，但增加的幅度逐渐减小。假如流速无穷大，那么出口空气焓值就等于入口空气焓值。

② 从图 4-23 可以看出，随着空气流速增加，喷淋溶液出口温度会增加。喷淋溶液温度越高，盘管区传热系数越大，可以提高换热效率。

③ 从图 4-24 可以看出，随着空气流速的增加，能耗比先是增加的：空气流速 4m/s 时增长最快，空气流速 5m/s 次之；空气流速 6m/s 增长最慢。当空气流速接近 6m/s 时，随着空气流速增加，能耗比却开始减小。这也就说明，当空气流量达到一定程度以后，此时通过增加风机功率、增加风量来提高能源塔效率是不可行的。但是，当空气流速低于 6m/s 时，是可行的。

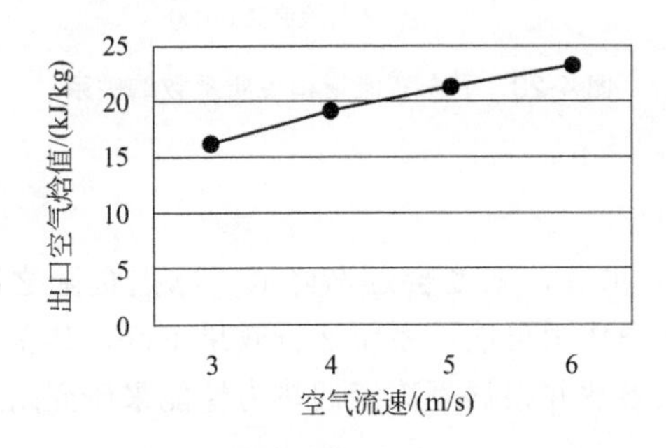

图 4-22　空气流速和出口空气焓值的关系

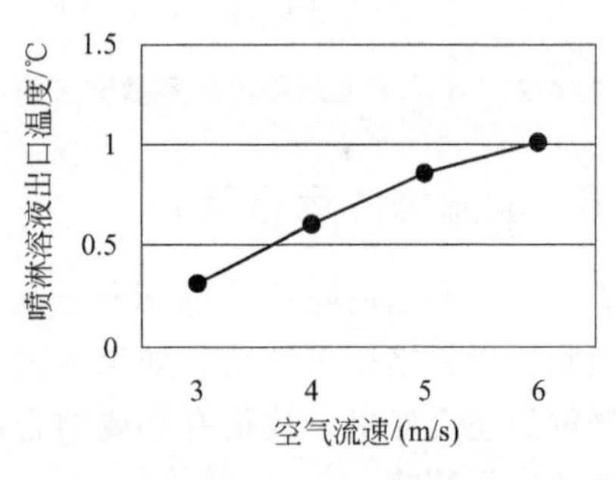

图 4-23　空气流速和喷淋溶液出口温度的关系

（4）不冻液流量对能源塔性能的影响

在其他运行参数、结构参数和设计条件都不变的情况下，仅改变不冻液流量。

① 从图 4-25 可以看出，随着盘管内不冻液流量的增加，能源塔的总吸热量、显热量和潜热量都是增加的。当流量大于 0.0495m^3/s 时，增加的幅度相对减小。根据传热学理论，不冻液流量增加会增大盘管和不冻液之间的对流传热系数，从而增加总吸热量，但增加到一定程度后增加幅度不明显。不冻液流量小于 0.0495m^3/s 时，可以通过增大不冻液流量提高能源塔效率。

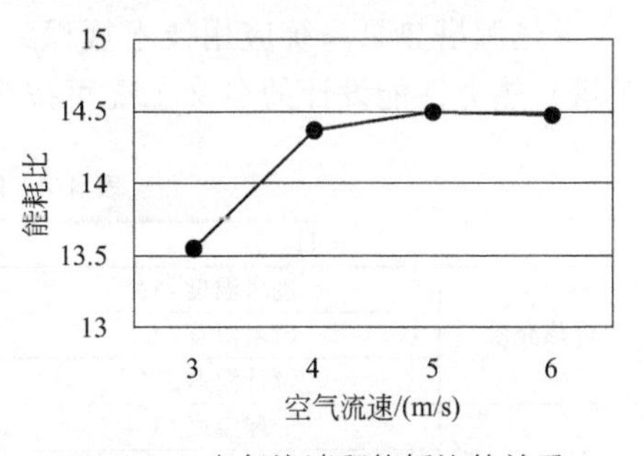

图 4-24　空气流速和能耗比的关系

② 从图 4-26 可以看出，随着盘管内不冻液流量的增加，能耗比基本是减小的。流量越大，减小幅度越大。这也就说明，在满足系统获得足够热量的前提下，不冻液流量越小越好。

③ 从图 4-27 和图 4-28 可以看出，随着不冻液流量的增加，传热系数和传质系数都是增加的，但增加的幅度也是逐渐减小的。

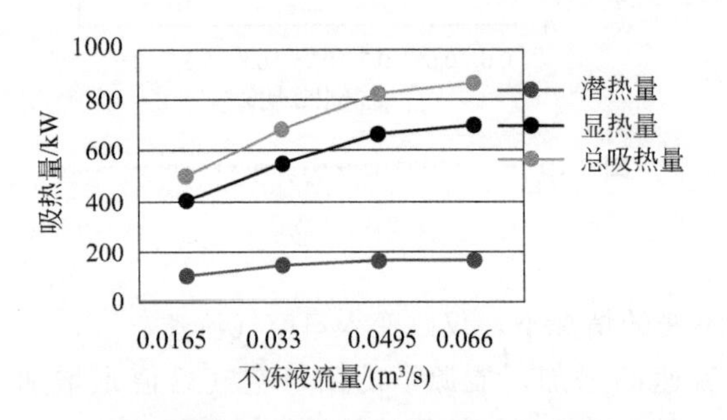

图 4-25　不冻液流量和吸热量的关系

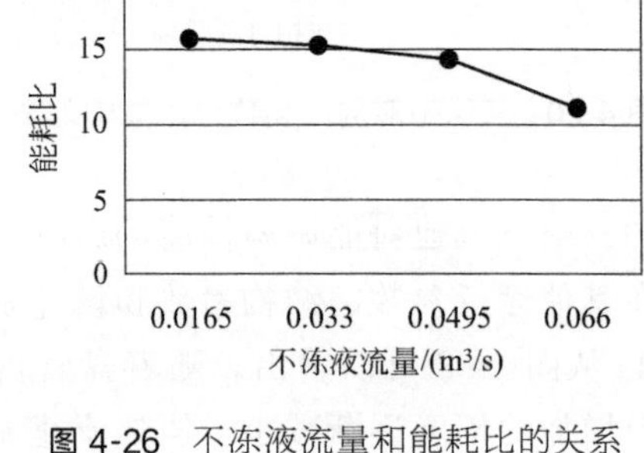

图 4-26　不冻液流量和能耗比的关系

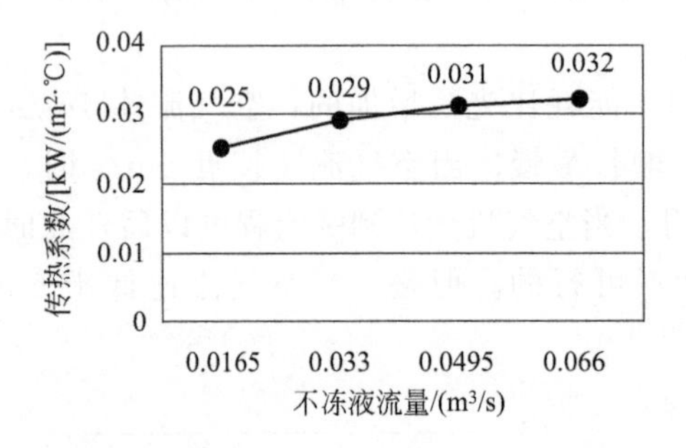

图 4-27　不冻液流量和传热系数的关系

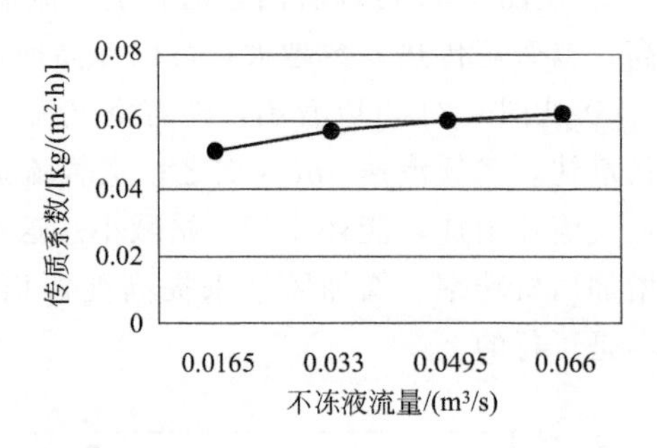

图 4-28　不冻液流量和传质系数的关系

4.4.6　能源塔的运行策略

能源塔的不冻液随系统的运行会吸收空气中的水分，浓度会逐渐降低，冰点也随之降低，因此运行策略比较复杂。如果不按设计要求来操作很可能使系统运行效果不好，甚至结霜，严重的还会停机，故很有必要结合武汉的气象参数并根据不冻液的热力性能来研究闭式能源塔的运行策略。

（1）武汉气象参数

《热源塔热泵系统应用技术规程》于 2014 年 4 月 1 日起实施。根据该规程，能源塔（热源塔）热力性能设计的名义工况可按表 4-4 确定。

表 4-4　能源塔（热源塔）设计名义工况

项目		冬季	夏季
传热介质	进塔温度/℃	−3	37
	出塔温度/℃	0	32
	设计温差/℃	3	5
空气	干球温度/℃	4.5	31.5
	湿球温度/℃	3.5	28
	大气压力/kPa	101.3	

考虑到系统的安全可靠节能，将冬季空调室外计算干球温度的下限设为－8℃，这是因为根据冬季测试分析，在室外空气干球温度为－8℃、相对湿度为60%时，能源塔进液温度为－15.5℃、出液温度为－13℃，满液式能源塔热泵机组蒸发温度将低至－18℃。如采用干式蒸发器，蒸发温度将会低至－20℃，这是螺杆压缩机蒸发温度的下限。而目前低温型水源热泵主机大部分采用的是螺杆压缩机，因此设置－8℃的下限。

空调室外计算干球温度达到2℃的地区，冷热负荷差距变得较大；而能源塔系统是根据冬季热负荷来进行设备的选型，可能满足不了建筑的冷负荷需求，而且由于热负荷较少，可以有很多较经济的方式来满足热负荷。

以下是武汉地区的冬季供暖设计参数（表4-5），和名义工况不一致的地方可以用系数修正从而得到系统真实的运行能效。

表4-5 武汉地区的冬季供暖设计参数

纬度/(°)	经度/(°)	大气压力/kPa	室外计算干球温度	相对湿度/%	供暖期天数
30.37	114.08	1024.5	－0.3(湿球温度－2.6)	76	90

(2) 不冻液的特性

在空调系统中，水作为一种最常见的冷（热）量载体，拥有无法比拟的优越性。水有着其他介质很难比拟的高比热容，而且容易获取，无毒无害，流动时黏滞阻力小。这些优势让水在常规的空调系统中完美工作于冷却塔、主机和用户之间。然而，水的冰点在自然环境下为0℃，这意味着当其作为空调机组热泵循环的载热介质时，工作温度不能低于0℃。显然，在能源塔热泵的循环中，水因为高冰点而不再是理想的载热介质。这就需要一种既能以较高的效率运载冷（热）量，即有较高的比热容，能够及时将热量传导于主机与能源塔之间，又能在能源塔热泵中直接与空气接触进行高效率的热质交换，本身不会结冰，也不会造成大量挥发的介质，来用于能源塔热泵的喷淋系统中。因为其承担的作用不再是乙二醇溶液在蓄冰系统中所承担的单纯的载冷作用，所以将这种介质称为不冻液，以示区别。

不冻液在选择时除了比热容、冻结温度等因素外，还应考虑一些其他因素。归结下来主要有如下几个方面。

① 溶液的比热容较大。比热容大的不冻液单位体积的溶液吸热较多，在同样的负荷下需要的水泵功率较小，从而可以提高系统能耗比。

② 溶液的热导率较高、黏度较小。热导率是反映换热快慢的物理量，在同样的流速下热导率越高，换热效果越好，流体黏度越小，流动阻力越小。

③ 冻结点低且要适宜。一般情况下冬季冻结点过低将导致比热容减小、黏度增大。

④ 安全性高，腐蚀性小，使用安全，有毒、有气味的都不合适。

⑤ 单价便宜且易于储存和采购。

(3) 不冻液的选择

常见的不冻液有氯化钙（$CaCl_2$）、甲醇（CH_3OH）、乙醇（C_2H_5OH）、乙二醇［$C_2H_4(OH)_2$］、丙三醇［$C_3H_5(OH)_3$，俗名甘油］等。但甲醇和乙醇都很容易挥发，丙三醇作为能源塔系统的不冻液所需浓度太大，成本高，也不实用。这里选取乙二醇和氯化钙溶液进行对比，选出最合适的不冻液。已知武汉冬季室外设计温度和两种溶液的冰点，选择20%氯化钙溶液和25%的乙二醇溶液进行比较，如表4-6所示。

表 4-6 乙二醇溶液和氯化钙溶液的比较

特性	氯化钙($CaCl_2$)溶液(20%)	乙二醇 $C_2H_4(OH)_2$ 溶液(25%)
比热容	3.06kJ/(g·℃)(−10℃)	3.62kJ/(g·℃)(−10℃)
热导率	0.495kcal/(m·h·℃)	0.425kcal/(m·h·℃)
黏度/mPa·s	4.9(−10℃)	6.01(−10℃)
安全	无毒	低毒
腐蚀性	强	较强
价格	1200元/吨	5500元/吨

注：1cal=4.1868J。

乙二醇溶液在蓄冰空调中作为载冷剂使用的技术已经十分成熟，乙二醇溶液冰点低至零下，它可以载着冷量往返于蓄冰槽与制冷主机或者释冷板式换热器之间。然而乙二醇本身并非无毒无害，而且市场价格较高，因而选择20%氯化钙溶液是比较好的选择。

(4) 闭式能源塔在武汉的运行策略

由于系统运行过程中不冻液会吸收空气中的水分，雨雪天气也会稀释不冻液。氯化钙溶液的质量分数不可避免地发生改变，它的热力特性也随之改变。特别是冰点的变化对系统影响巨大，若运行过程中不冻液温度低于溶液的冰点，系统将无法正常工作，造成严重损失。

由于有不冻液浓缩装置，无须人工添加，因此只需研究溶液浓缩装置的开闭状态。它同时由不冻液进口温度和不冻液的冰点来确定。不冻液进口温度可以从设备上读取，不冻液的冰点可以通过检测不冻液的密度然后查表得到。表4-7所示为质量分数在30%以内的氯化钙溶液的冰点和密度的关系。

表 4-7 氯化钙溶液的冰点和密度的关系

密度	$CaCl_2$ 含量/g		冰点	密度	$CaCl_2$ 含量/g		冰点
/(g/cm³)	100g溶液中	100g水中	/℃	/(g/cm³)	100g溶液中	100g水中	/℃
1.00	0.1	0.1	0.0	1.15	16.8	20.2	−12.7
1.01	1.3	1.3	−0.6	1.16	17.8	21.7	−14.2
1.02	2.5	2.6	−1.2	1.17	18.9	23.9	−16.7
1.03	3.6	3.7	−1.8	1.18	19.9	24.9	−17.4
1.04	4.8	5.0	−2.4	1.19	20.9	26.5	−19.2
1.05	5.9	6.3	−3				
1.06	7.1	7.8	−3.7				
1.07	8.3	9.0	−4.4				
1.08	9.4	10.4	−5.2				
1.09	10.5	11.7	−6.1				
1.10	11.5	13.0	−7.1				
1.11	12.6	14.4	−8.1				
1.12	13.7	15.9	−9.1				
1.13	14.7	17.3	−10.2				
1.14	15.8	18.8	−11.4				

能源塔系统最突出的特点就是冬季化霜系统，而化霜系统的核心又是不冻液。浓缩装置的存在让不冻液能一直正常工作。因此浓缩装置的准确运行是能源塔系统的关键。表4-8就是浓缩装置运行策略表。依此表运行可以保证某个密度下不冻液对应的冰点温度低于蒸发器出口温度，从而保证系统正常运行。

从表4-8可以看出，在武汉地区，氯化钙不冻液的密度在大于1.11g/cm³ 时没有结霜的困扰。

表 4-8　浓缩装置运行策略表

不冻液密度	蒸发器出口不冻液温度/℃								
/(g/cm³)	0	−1	−2	−3	−4	−5	−6	−7	−8
1.00	浓缩	浓缩	浓缩	浓缩	浓缩	浓缩	浓缩	浓缩	浓缩
1.01		浓缩	浓缩	浓缩	浓缩	浓缩	浓缩	浓缩	浓缩
1.02			浓缩	浓缩	浓缩	浓缩	浓缩	浓缩	浓缩
1.03			浓缩	浓缩	浓缩	浓缩	浓缩	浓缩	浓缩
1.04				浓缩	浓缩	浓缩	浓缩	浓缩	浓缩
1.05				浓缩	浓缩	浓缩	浓缩	浓缩	浓缩
1.06					浓缩	浓缩	浓缩	浓缩	浓缩
1.07						浓缩	浓缩	浓缩	浓缩
1.08							浓缩	浓缩	浓缩
1.09								浓缩	浓缩
1.10									浓缩
1.11									浓缩
1.12									

蓄能式三联供系统

5.1 蓄能式 SC-ASHP 系统构成

5.1.1 系统设计

基于对 ASHP（空气源热泵系统）缺点的分析以及前人学者的研究，本书提出一种蓄能式 SC-ASHP 系统。图 5-1 是蓄能式 SC-ASHP 的系统图，主要包括制冷剂循环（实线部分）和水路循环（虚线部分），系统在原有室内套管式换热器 a 的管路上并联另一套管式换热器

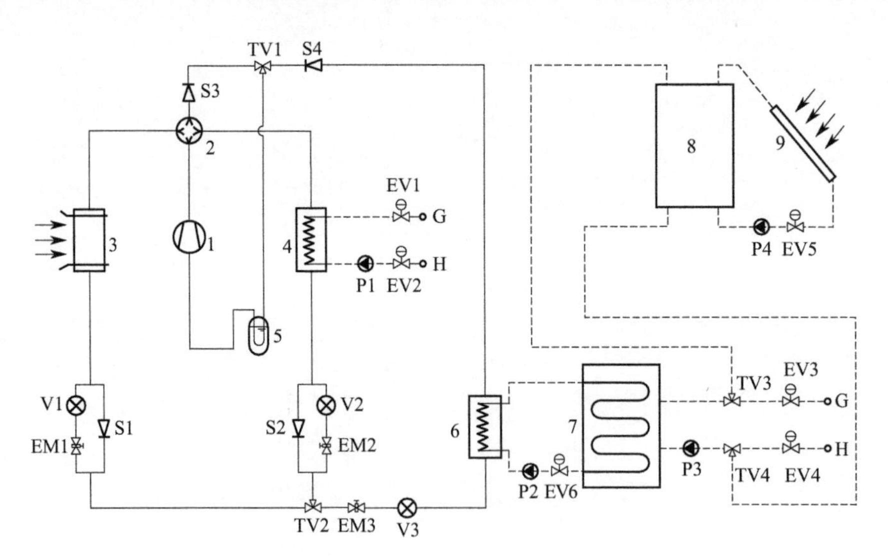

图 5-1　蓄能式 SC-ASHP 系统图

1—压缩机；2—四通换向阀；3—室外风冷换热器；4—套管式换热器 a；5—气液分离器；6—套管式换热器 b；7—PCM 蓄能箱组；8—生活热水箱；9—太阳能集热器；P1～P4—循环水泵；V1～V3—节流机构；EM1～EM3—电磁阀；EV1～EV6—电动阀；TV1～TV4—可控三通阀；S1～S4—单向阀；G—用户供水；H—用户回水

b。该套管式换热器与一个PCM蓄能箱组（简称蓄能箱）相连，箱体内部设有PCM（相变材料），通过单向阀组的控制，使其作为夏季夜间蓄冷和冬季日间制热时的蒸发器。蓄能箱中的低温热水来自生活热水箱，蓄能箱中设有一换热盘管，将系统循环用水和生活热水隔开，避免交叉污染。生活热水箱中的热水温度由太阳能集热器（简称集热器）和电辅热装置共同控制。

夏季日间，空气源热泵制冷，室外风冷换热器作为冷凝器，在夜间低谷电期间或室内外温差变小时，空气源热泵给蓄冷装置供冷，并将冷量储存在蓄冷装置中，在白天负荷高峰时段，蓄冷装置辅助空气源热泵供冷。该设计利用PCM的蓄冷容量，实现了削峰填谷、平衡电能的设想，既可提高ASHP日间的制冷效率，也可降低压缩机的输入功率，提高系统的平均COP值。夏季，PCM蓄能箱组仅作“蓄冷”用，太阳能集热器产生的热水可供应全部的生活热水。冬季日间，空气源热泵制热，利用室外太阳能集热器制备的热水作为低位热源，提高系统的低温适应性和制热效率。生活热水箱可在太阳辐射照度较大的时候供应部分生活热水。

蓄能式SC-ASHP系统合理利用可再生能源，提高系统效率和其低温适应性。该系统的重点在于PCM蓄能箱组的设计，利用一种相变材料可同时达到蓄冷和蓄热的目的。其相变温度的选择、蓄能容量、传热效率都是影响系统正常运行的关键因素。相对于独立的空气源热泵和太阳能热水系统，主要有以下几个特征：系统本质上是一种混合式SC-ASHP系统，利用太阳能同时供应生活热水和热泵热源；生活热水和系统循环用水利用PCM蓄能箱组内的换热盘管隔开；PCM蓄能箱组既是系统的换热设备，也是蓄能设备。

5.1.2 系统运行模式

在不同的天气条件和功能需求的情况下，系统会切换成不同的运行模式。系统共9种运行模式，即空气源热泵供冷模式（Mode 1）、空气源热泵蓄冷模式（Mode 2）、PCM蓄能箱组供冷模式（Mode 3）、PCM蓄能箱组辅助空气源热泵供冷模式（Mode 4）、空气源热泵供热模式（Mode 5）、太阳能热水蓄热模式（Mode 6）、PCM蓄能箱组供热模式（Mode 7）、太阳能热水辅助PCM蓄能箱组供热模式（Mode 8）、太阳能供应生活热水模式（Mode 9）。具体的运行模式和阀门启闭要求列于表5-1。各运行模式下，制冷剂循环和水路循环中的换热流体流向列于表5-2。

表5-1 系统运行模式及阀门启闭要求

运行模式	电磁阀 EM1～EM3		电动阀 EV1～EV6		循环水泵 P1～P4	
	开	关	开	关	开	关
Mode 1	2	1,3	1,2	3～6	1	2～4
Mode 2	3	1,2	6	1～5	2	1,3,4
Mode 3	—	1～3	3,4	1,2,5,6	3	1,2,4
Mode 4	2	1,3	1～4	5,6	1,3	2,4
Mode 5	1	2,3	1,2	3～6	1	2～4
Mode 6	—	1～3	3～5	1,2,6	3,4	1,2
Mode 7	3	1,2	1,2,6	3～5	1,2	3,4
Mode 8	3	1～2	1,2,5,6	3,4	1～4	—
Mode 9	—	1～3	5	1～4	4	1～3

表 5-2　各运行模式下换热流体的流向

运行模式	换热流体流向	
	制冷剂	水
Mode 1	1→2→3→S1→EM2→V2→4→2→S3→5→1	G→末端→H→EV2→P1→4→EV1→G
Mode 2	1→2→3→S1→EM3→V3→6→S4→5→1	6→7→EV6→P2→6
Mode 3	—	G→末端→H→EV4→P3→7→EV3→G
Mode 4	1→2→3→S1→EM2→V2→4→2→S3→5→1	G→末端→H{EV4→P3→7→EV3 EV2→P1→4→EV1}→G
Mode 5	1→2→4→S2→EM1→V1→3→2→S3→5→1	G→末端→H→EV2→P1→4→EV1→G
Mode 6	—	9→EV5→P5→8→9 8→P3→7→8
Mode 7	1→2→4→S2→EM3→V3→6→S4→5→1	G→末端→H→EV2→P1→4→EV1→G 6→7→EV6→P2→6
Mode 8	1→2→4→S2→EM3→V3→6→S4→5→1	9→EV5→P5→8→9 8→P3→7→8 6→7→EV6→P2→6 G→末端→H→EV2→P1→4→EV2→P1→4→EV1→G
Mode 9	—	9→EV5→P5→8→9

夏季，日间主要的运行模式是空气源热泵供冷模式（Mode 1）。夜间低谷电期间，可利用空气源热泵蓄冷模式（Mode 2），利用冷负荷小的自然环境和低谷电价的优势实现一定意义的节能与负荷转移。在 PCM 蓄能箱组供冷模式（Mode 3）中，制冷循环关闭，仅由 PCM 蓄能箱组供冷，适合冷负荷不大的场合。当水箱内温度升高，其供冷能力下降直至消失。夏季日间正午时分，室内冷负荷很大，此时仅由空气源热泵供冷无法满足用户需求，可采用 PCM 蓄能箱组辅助空气源热泵供冷模式（Mode 4），此模式下，系统水环路会比较复杂（图 5-1 中未明示冷冻水循环管路）。

冬季，空气源热泵供热模式（Mode 5）适用于大多数的气象条件，在平时或者出现极端天气的情况下，也可利用低温热水作为热泵热源侧的热源进行供暖（Mode 7）。PCM 蓄能箱组的热量主要来源于太阳能集热器（Mode 6）。为保证蓄能箱的热量暂时不释热，可利用太阳能热水辅助 PCM 蓄能箱组供热模式（Mode 8），待太阳辐射照度降低后，再利用 PCM 蓄能箱组进行供暖。在此模式下，PCM 蓄能箱组并未释放相变潜热，需要保证太阳能热水温度高于 PCM 相变温度；否则，PCM 蓄能箱组会“抢夺”太阳能热水的热量，增加热泵热源侧的传热阻，这显然是极不合理的。在太阳能供应生活热水模式（Mode 9）下，制热循环可运行也可不运行，取决于用户需求。生活热水的取用需设上限，以保证用户的供热需求。

系统每种运行模式都各有特点，根据用户需求和天气状况，调整各阀门和三通阀的启闭状态来实现不同的功能。因此，系统基础部件的选型、太阳能集热系统（太阳能集热器）、蓄能装置（PCM 蓄能箱组）的设计对保证系统平稳运行和用户舒适性都有至关重要的作用。

5.1.3　系统基础部件的匹配

系统各部件的大小依据系统的容量进行设计，而系统的容量设计由其需求决定。本书提出的系统以单体实验建筑为标准，考虑到蓄能容量过大，蓄能设备会较大，参考市场上已有的空气源热泵空调机组产品，拟定以 2hp（1hp＝745.70W）的容量进行热泵基础部件匹配设计。

（1）制冷剂的选择

要保证系统正常、平稳、高效运行，制冷剂需要有良好的导热性、临界温度、比焓、黏度等。除此之外，制冷剂的环境友好性也是重要的考虑因素，表 5-3 列出了热泵、空调器中常用制冷剂的热力学参数。

表 5-3　热泵、空调器常用制冷剂的热力学参数

制冷剂编号	化学式	沸点/℃	凝固点/℃	临界温度/℃	临界压力/MPa
R22	$CHClF_2$	−40.81	−157.42	96.145	4.99
R410A	—	—	—	107.34	4.61
R134a	CH_2FCF_3	−26.074	−103.3	101.06	4.06
R407c	—	—	—	85.77	4.60

通过市场调研和查阅文献，发现目前使用最广泛的仍然是 R22，这得益于其优良的热力学性能。迄今为止，也没有能完全替代 R22 的完美制冷剂。R410A 虽然在性能上略优于 R22，但是系统压力值高，对部件的承压有较高要求，不便于后续设备的选型与设计。与 R22 相比，R407c 的制冷效率略有下降，且其传热性能稍差，而 R134a 吸水性强，对系统的干燥和清洁度有更高要求。因此，经过综合考虑之后，决定选用 R22 作为系统的循环工质。

（2）压缩机的匹配

热泵容量为 2hp，现如今小型家用热泵空调器多采用涡旋式压缩机，它具有效率高、振动小且噪声低、结构简单、可靠性高等优点。目前该产品以小容量型号为主，十分适合家用热泵系统。以艾默生 ZR 系列压缩机参数为标准，当蒸发温度为 7.2℃、冷凝温度为 54.4℃时（制热工况），其基本参数见表 5-4。

表 5-4　压缩机参数

型号	电源/V	循环工质	频率/Hz	额定功率/hp	输入功率/W	制热量/W	质量流量/(kg/h)	净重/kg
ZR24K3-TF5	220/240	R22	50	2	1710	5600	134	28.5

（3）膨胀阀的匹配

膨胀阀作为制冷循环中的节流机构起着至关重要的作用，家用热泵单元中常用的膨胀阀有毛细管、热力膨胀阀、电子膨胀阀。毛细管虽然结构简单，但是调节性能差，能随工况变化任意调节，并且其流量调节范围相对较小，不适应本系统中存在制冷剂分流的运行模式。电子膨胀阀调节精度高，反应灵敏且能实现流量范围内的无级调节，但是成本也相对较高，对系统控制程序要求较高，一般在大中型冷水机组或变频热泵中采用。因此，目前空气源热泵中使用的节流装置主要是热力膨胀阀，它能弥补毛细管存在的不足，且价格便宜。

本系统共设置有三个节流机构，通过阀门控制实现制冷剂的不同流向切换，但是各个模式下，制冷剂通过各节流机构时的流向一致。因此，对于膨胀阀的双向流通能力要求不高，但是对于过热度和过冷度的要求高。综合上述因素考虑，拟采用热力膨胀阀作为系统的节流部件。系统运行模式多样，所选热力膨胀阀需保障系统平稳高效运行，并能满足系统的压力要求。在查看了大量的热力膨胀阀样本后，拟选用丹佛斯有限公司生产的内平衡式热力膨胀阀。其热力膨胀阀参数列于表 5-5 中，其中 ODF 表示焊接。

表 5-5 热力膨胀阀参数

型号	循环工质	名义容量/W	泄流孔	接管方式及规格/mm	允许蒸发温度范围/℃
TGEX3	R22	10000	15%	10 ODF×16 ODF	−40～10

对于其他部件（如电磁阀、气液分离器、可控三通阀等）的选择比较简单，这里不再赘述。

5.1.4 太阳能集热系统

本书中的太阳能集热系统主要有两个功能：一是供应生活热水；二是为热泵制热的蒸发器（PCM 蓄能箱组）蓄能，或直接供应低温热水。通过热力膨胀阀的液态制冷剂经过套管式换热器 b（图 5-1）蒸发吸热，形成的制冷剂蒸气被压缩机吸入。因此，太阳能集热系统的性能对系统制热效率有直接影响。

在我国南方地区，市场上产品化的太阳能集热器主要有两种类型，即平板型和真空管型。平板型集热器主要应用于夏热冬暖地区，它存在一个很严重的缺点，即抗冻性能较差。对于像武汉这种夏热冬冷地区，冬季室外很有可能出现结冰现象。因此，平板型集热器不适合武汉地区。综上所述，本系统的太阳能集热器选用真空管型。真空管型集热器按吸热体材料可分为全玻璃真空管型和玻璃-金属真空管型，普通真空管型主要是前一种，后者主要用于热管型集热器，价格更高。全玻璃真空管型集热器结构示意如图 5-2 所示，主要包括外玻璃管、内玻璃管、弹簧支架、选择性吸收涂层和消气剂等，类似一个小型暖水瓶内胆。

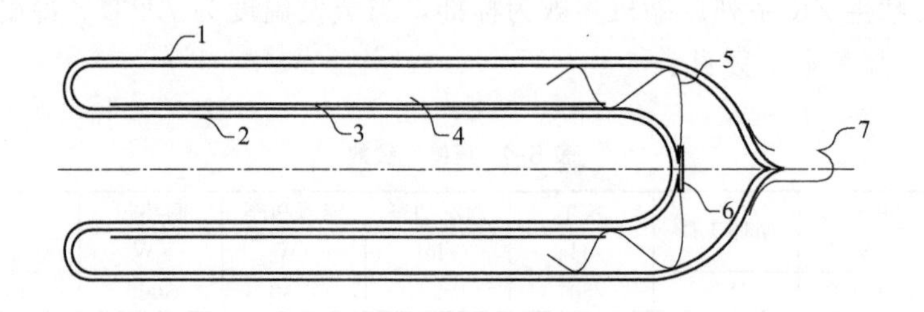

图 5-2 全玻璃真空管型集热器结构示意

1—外玻璃管；2—内玻璃管；3—选择性吸收涂层；4—真空；5—弹簧支架；6—消气剂；7—保护帽

由能量守恒定律可知，单位时间内集热器得热量等于其吸收的太阳能辐射热量减去散失热量，即

$$Q_u = S - Q_l = A_e G(\tau\alpha)_e - A_a U_l (t_p - t_a) \tag{5-1}$$

式中 Q_u——集热器所得有用能，W；

S——太阳能辐射热量，W；

Q_l——集热器散失热量，W；

A_e——集热器的有效采光面积，一般取 $1.43A_p$，A_p 为玻璃管投影面积，m^2；

G——太阳辐射照度，W/m^2；

$(\tau\alpha)_e$——透明盖板透射比与吸热板吸收比的有效乘积；

A_a——吸热玻璃管外表面积，m^2；

U_l——真空玻璃管外表面换热系数，$W/(m^2 \cdot K)$；

t_p——真空玻璃管内平均温度，℃；

t_a——室外环境温度，℃。

影响集热器性能的因素主要包括集热效率、太阳辐射照度、集热器安装方位角和倾角、集热板面积等。在设计集热器时，需要根据所选系统的集热效率、当地冬季的太阳辐射照度来计算集热板的面积。

集热器的效率和其采光面积有关，典型的基于总面积的效率计算公式为

$$\eta=\frac{A_a}{A_0}\left[(\tau\alpha)_e-U_l\frac{t_p-t_a}{G}\right] \tag{5-2}$$

式中　A_0——计算效率时所规定的集热器面积，m^2。

太阳辐射照度可通过实测，也可直接使用标准气象数据中的太阳辐射照度值。集热器安装方位角和倾角是影响集热面上的太阳辐射照度的主要因素。理论上，集热器的安装倾角应随着太阳运动规律来不断调整，以获得最大值。但是这既不现实也不经济，需要智能控制装置，成本太高。民用建筑中一般是固定倾角安装，文献给出了民用建筑中太阳能热水系统中集热器的推荐安装方位角和倾角，现介绍如下。

方位角宜朝向正南方。

全年使用时，集热器的安装倾角宜与当地纬度一致；偏重于冬季使用时，倾角宜比当地纬度大10°；偏重于夏天使用时，则宜比纬度小10°。

本系统中集热器主要是冬季使用，武汉地区纬度约30.6°。因此，本系统的集热器安装倾角初步确定为40°，朝正南向安装。

Meteonorm是一个综合性的全球气象数据库，所得到的数据是根据长期统计再进行特殊的数据处理而得出来的，是进行太阳能工程设计的理想数据源。为确保数据的一般性，并为后续TRNSYS模拟提供典型年气象数据，这里的太阳辐射照度值直接选用标准气象数据。本书涉及的系统研究地点在武汉，武汉属于夏热冬冷地区，将12月至次年2月作为供热期，每日倾角分别为0°、20°、30°、40°的平面太阳总辐射如图5-3所示。从图5-3中可以看出倾

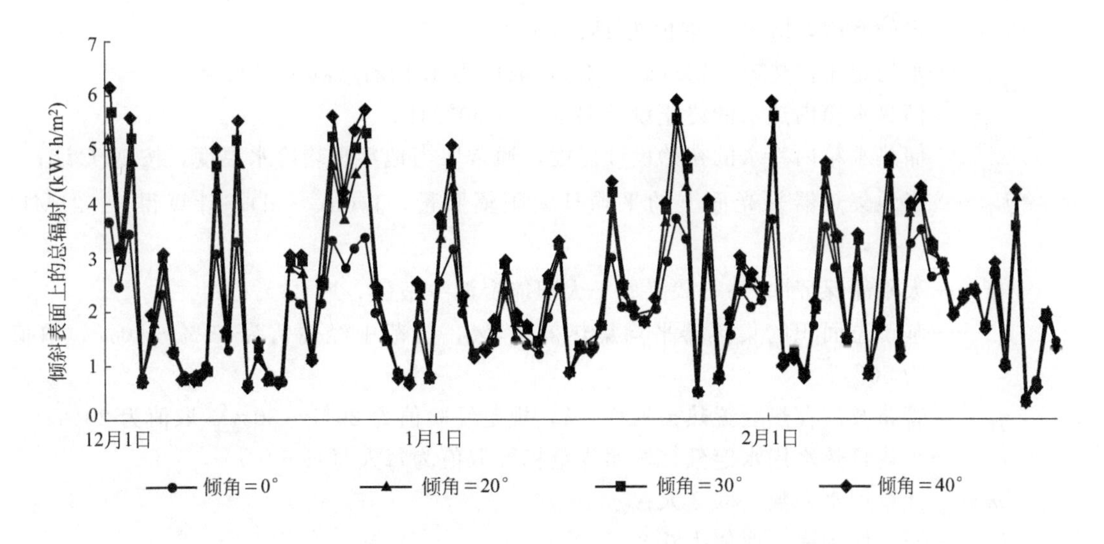

图5-3　武汉地区12月至次年2月的太阳能辐射

角为 40°时的太阳能总辐射量一般较其他倾角的总辐射量大。图 5-4 为 0°和 40°倾角平面上太阳能月总辐射。在 12 月至次年 2 月这段时间内，40°倾角平面的总辐射比水平总辐射大，在夏季则相反，图 5-3 和图 5-4 也验证了前述内容中关于使用季节和安装倾角关系的结论。因此，设定集热器安装倾角为 40°。

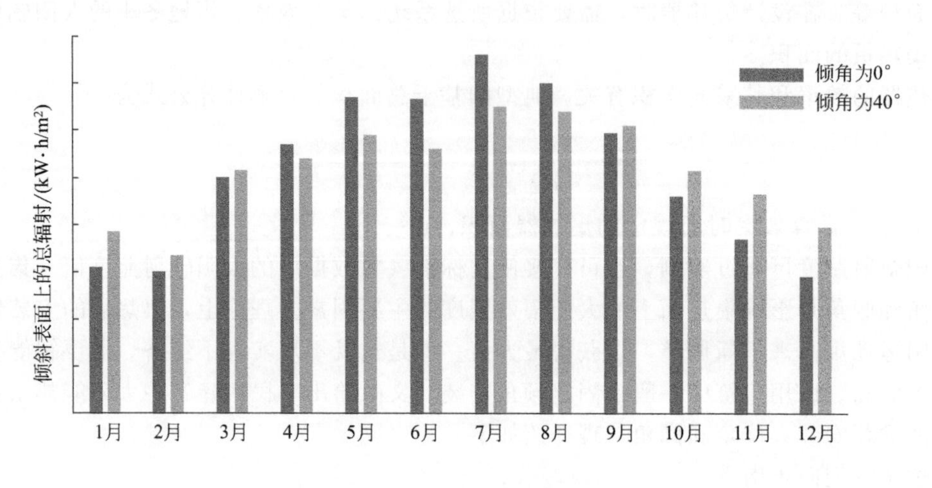

图 5-4 太阳能月总辐射

除了上述因数外，还需要确定集热器的采光面积和储热水箱的容积。在《民用建筑太阳能热水系统应用技术标准》（GB 50364—2018）中规定，对于直接系统的集热器总面积可按下式计算：

$$A_c=\frac{Q_w\rho_w c_{pw}(t_{end}-t_o)f}{J_T\eta_{cd}(1-\eta_L)} \tag{5-3}$$

$$Q_w=q_r m b_1 \tag{5-4}$$

式中 A_c——直接系统集热器总面积，m^2；

Q_w——日均用水量，L；

ρ_w——水的密度，kg/L，取值为 1kg/L；

c_{pw}——水的定压比热容，kJ/(kg・℃)，取值为 4.19kJ/(kg・℃)；

t_{end}——储热水箱内热水的终止设计温度，按 60℃计；

t_o——储热水箱内冷水的初始设计温度，通常取当地年平均冷水温度，按 15℃计；

J_T——当地集热器采光面上的平均日太阳辐照量，J/(m^2・d)，计算得 12.21MJ/(m^2・d)；

f——太阳能保证率，%，武汉属于太阳能资源一般区，取 35%；

η_{cd}——基于总面积的集热器平均集热效率，%，规范中经验值为 45%～50%，取值为 50%；

η_L——管路及储存热装置热损失率，%，规范经验值为 20%～30%，取值为 25%；

q_r——平均日热水用水定额，按照规范标准取值为每人每日 60L；

m——计算用水人数，取 3 人；

b_1——同日使用率，取值为 0.8。

通过上式计算得集热器面积为 2.08m^2。按《太阳能供热采暖工程技术标准》（GB

50495—2019）规定，集热器兼做供暖和热水负荷时应分别计算后取二者较大值。如作为供暖热源，对于直接系统，集热器面积按下式计算：

$$A_c=\frac{86400Q_Hf}{J_T\eta_{cd}(1-\eta_L)} \tag{5-5}$$

式中 A_c——直接系统集热器总面积，m^2；

Q_H——建筑物耗热量，W。

本书研究对象为一小型单体实验建筑，面积为45m^2，按照负荷指标为90W/m^2设计，建筑物耗热量为4050W，计算得集热器面积约为15m^2。综上所述，取集热器面积为15m^2。

根据《民用建筑太阳能热水系统应用技术标准》（GB 50364—2018）规定，对于太阳能资源一般区，单位集热器总面积日产热水量宜为40～50L/(m^2·d)。本书取为40L/(m^2·d)，则太阳能热水箱容积为600L。

5.2 蓄能装置及其性能

本书所述的PCM蓄能箱组，既充当换热设备，也是蓄能装置，这两种功能属性既对立也统一。其换热性能、蓄能容量及蓄能/释能速率对于系统的高效循环运行有决定性的作用。对于换热设备而言，需要合理设置换热面积，以保障系统的能效。为了确保系统水路高效循环，其进出水口水温还需要有合理温差。对于蓄能装置而言，其蓄能工质的选择、容量设置、蓄能/释能速率以及与其他部件的匹配是影响系统性能的关键因素。

5.2.1 蓄能装置的设计

（1）系统冷热媒供回水温度

系统冷热媒供回水温度主要由系统末端形式和冷热源来确定。系统的冷热源（即蓄能式SC-ASHP系统，下同）和末端形式需要匹配得当，才能保证用户良好的舒适性。常规的冷源采用7℃供水、12℃回水的供水方案，配合风盘、空气处理机组等常规空调末端。而冷辐射吊顶末端则利用“高温”冷水供水，一般在16～20℃，也能保证用户较好的舒适性。考虑供水温度过低会导致蓄冷能耗增加，因此，系统采用冷辐射吊顶作为系统供冷末端。武汉地区，在室内温度为26℃时，空气露点温度为17.5℃，《辐射供暖供冷技术规程》（JGJ 142—2012）规定辐射供冷系统供水温度应保证供冷表面温度高于室内空气露点温度1～2℃，且供回水温差不宜大于5℃且不应小于2℃。因此设定供水温度为19℃，供回水温差为4℃，回水温度为23℃。

热源普遍采用热泵、锅炉配合地板辐射采暖、散热器等末端形式。其中低温地板辐射采暖可充分利用低温余热做热源，且不占用室内和地面有效空间，以其优良的热均匀性和舒适性得以广泛推广。《辐射供暖供冷技术规程》（JGJ 142—2012）中建议民用建筑供水温度宜采用35～45℃，不高于60℃。其供回水温差不宜大于10℃且不宜小于5℃。供水温度越高，对热源侧的需求越大，考虑本系统采用PCM蓄能箱组作机组热源侧热源时，温度衰减较快，其供水温度是随时间缓慢下降的。因此拟定热水供水温度为45℃，供回水温差为10℃。

系统在 Mode 7 或 Mode 8 运行模式下，机组本质相当于水-水热泵。从理论上讲，水源热泵机组 COP 值随热源侧供水温度的升高而增大，但是热源侧供水温度越高，对于太阳能的需求越大。《蒸气压缩循环冷水（热泵）机组 第 1 部分：工业及商业用及类似用途的冷水（热泵）机组》（GB/T 18430.1—2007）中建议水-水热泵机组热源侧的供水温度为 15℃，最低不能低于 7℃。供水温度过高会导致压缩机吸气压力降低，压缩机回油困难。因此初步拟定热源侧供水温度为 15℃，供回水温差为 5℃，回水温度为 10℃。

（2）蓄能材料

PCM 储能的原理是熔化时吸收热量，凝固时释放热量。其优势在于吸热和释热过程能保持自身温度恒定，对循环介质的温度变化影响较小。因此对于蓄冷而言，在 Mode 2 运行模式下，箱体内平均水温由市政水温约 25℃降为设定温度 19℃，箱体内部的 PCM 需要完全凝固以储存冷量。在 Mode 3 和 Mode 4 运行模式下，PCM 蓄能箱组供冷，箱体内水温随着系统运行不断升高，达到室内设定温度 26℃后，系统供冷能力基本消失。此时箱体内部的 PCM 需要完全熔化以完全释放冷量。因此从蓄冷的角度考虑，其相变温度点应在 19～26℃范围内。

对于低温蓄热而言，在 Mode 6 运行模式下，其内部水温达到设定水温 25℃时，箱体内部的 PCM 需要完全熔化以吸收热量。当系统处于 Mode 7 运行模式时，箱体内水温会随着系统运行而不断降低。当 PCM 蓄能箱组供水温度达到设定温度 7℃后，系统供暖能力基本消失，PCM 蓄能箱组和热泵均停止工作。因此蓄热材料的相变温度点宜在 7～25℃范围内。

此外，对于材料的腐蚀性、稳定性和耐久性、可燃性、毒性也需要加以考虑，综上所述，考察大量市场产品样本后，拟定使用德国 Rubitherm 公司的 RT 系列 PCM 作为系统相变材料，它可在－10～90℃的范围内任意定制熔点，储能密度高，过冷度小，放热时间长，无毒无污染且对金属无腐蚀性。相关蓄能材料的热物理性质列于表 5-6 中。

表 5-6 蓄能材料的热物理性质

性质	RT21HC	性质	RT21HC
熔化温度(℃)/峰值温度(℃)	20～23/21	热导率/[W/(m·K)]	0.2
凝固温度(℃)/峰值温度(℃)	19～21/21	体积膨胀率/%	14
相变潜热/(kJ/kg)	260	闪点/℃	>140
比热容/[kJ/(kg·K)]	2	最大工作温度/℃	45
密度/(kg/m^3)	800		

（3）蓄能单元的结构设计

蓄能装置的结构需要合理平衡储能和换热的关系，还要考虑合理的蓄能容量。从蓄冷角度考虑，PCM 的导热性能较差，若直接让其与换热盘管换热，对蒸发温度影响较大，可能会导致热泵效率下降。因此换热盘管应与箱体内部的水接触，水体热量/冷量传导至 PCM 储存。换热盘管在箱体内部的长度需要足够长以保证和水的换热效果。PCM 蓄能箱组尺寸不宜过大，尺寸过大虽可保证足够的容量，延长单独供能时间，但与此同时，蓄能时间也会变长，且为保证 PCM 在箱体内有合适的固液比，其厚度不宜过大。采用单元式结构并联来代替整体式结构是比较理想的方案，这样既能保证足够的蓄能容量，保证蓄能单元的换热效果，还能利用阀门启闭进行容量控制，一举三得。

基于上述考虑，设计的蓄能单元剖面图及尺寸如图 5-5 所示。蓄能单元采用圆柱体结构，高度为530mm，直径为250mm，体积为104L。外部利用保温材料包裹（图5-5中未表示保温），内部四周有15mm厚的PCM，体积为28L，PCM与水体利用导热性能良好的薄铝板隔开，既保证水体不受污染，也可固定PCM，良好的金属柔韧性还能适应材料相变的体积变化。换热盘管为普通铜管，外径为10mm，在箱体内呈S形回路布置。箱体内有6块绝热挡板，利用其改变水流方向并延长换热时间。换热盘管的进出口在装置顶部，呈对称布置，箱体左侧和右侧分别布置出水口和进水口，且在同一竖直平面内。

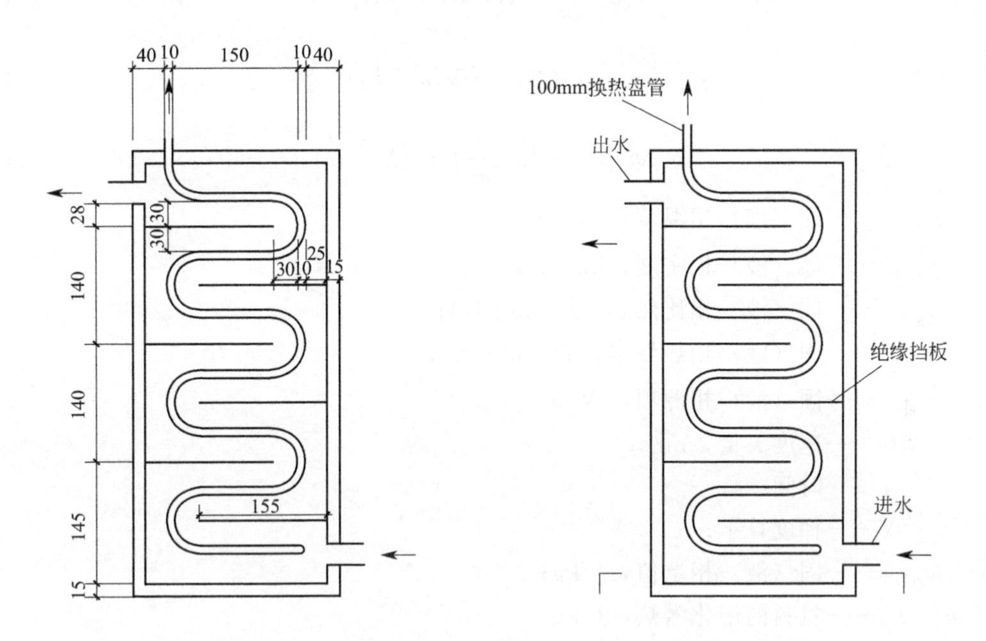

图5-5 蓄能单元剖面图及尺寸（单位：mm）

蓄冷模式下，蓄能单元进出水口阀门关闭。换热盘管中的冷水与在箱体内的水换热，箱体内部的水被冷却。待蓄冷完毕后，即箱体平均水温达到设定温度时，且箱体内PCM熔化/凝固完全，利用阀门控制切换制冷剂流向，蓄能单元放置备用。释冷模式下，箱体内部的换热盘管中的低温冷水保持静止，箱体内部的高温冷水循环，考虑水箱内部的水温在自然放置的情况下呈"上高下低"分布规律，蓄冷单元是上进下出。

在太阳能热水蓄热模式下，换热盘管内流体静止，箱体内部的低温热水循环。PCM蓄能箱组进水温度高于相变温度，同样考虑自然对流作用，蓄能箱应是下进上出，即高温水从箱体下部流入，以保证箱体底部的PCM相变充分。释热模式同蓄冷模式，只是换热盘管的进口水温和流量有差异。

(4) 相变传热问题的数学模型

在研究PCM蓄能单元的性能前，需要了解相变传热的特点，研究其固液边界的传热规律，以此来设计和优化PCM蓄能单元。相变过程的本质是一个物理过程，即凝固和熔化过程。因此，相变传热问题也被称为斯特藩（Stefan）问题，其特点是在一个区域内存在着随时间变化的两相边界，且相变潜热在该边界处释放。相变过程中两相边界的移动速率主要取决于边界传热的速率。因此，无法确定两相边界的确切位置。目前仅能对有简单边界条件、理想的一维半无限大或无限大的相变传热问题进行精确求解，针对实际生活中常有的多维相变或有复杂边界的相变传热问题，一般只能用数值分析的方法进行求解。数值分析方法包括有限元法、有限体积法、有限差分法。目前描述相变传热问题的数学模型主要有两种：温度法模型和焓法模型。

① 温度法模型　温度法模型是以温度作为因变量，分别针对固相和液相建立能量守恒方程，求解温度分布。一般用于研究单一成分且有固定相变点的 PCM 的传热过程。针对固相、液相、两相边界有三个平衡方程，分别描述如下：

$$\rho_s c_s \frac{\partial T}{\partial t} = \nabla(\lambda_s \nabla T_s) + S_s \tag{5-6}$$

$$\rho_l c_l \left(\frac{\partial T_s}{\partial t} + \vec{v}\, \nabla T_l\right) = \nabla(\lambda_l \nabla T_l) + S_l \tag{5-7}$$

$$\rho_s \Delta h_m v_\Sigma = \left(\lambda \frac{\partial T}{\partial n}\right)_s - \left(\lambda \frac{\partial T}{\partial n}\right)_l \tag{5-8}$$

式中　$T_{s(l)}$ ——固（液）相温度，K；

$\rho_{s(l)}$ ——固（液）相密度，kg/m^3；

$c_{s(l)}$ ——固（液）相比热容，J/(kg·K)；

$\lambda_{s(l)}$ ——固（液）相热导率，W/(m·K)；

$S_{s(l)}$ ——固（液）相源项，W/m^3；

$\vec{v}$——速度矢量，m/s；

t——时间，s；

∇——梯度算子；

$h_{s(l)}$ ——固（液）相焓值，J/kg；

$\Delta h_m = h_l - h_s$——材料的熔化潜热，J/kg。

上述三个方程式组成了利用温度法模型求解相变传热问题的基本方程组。

② 焓法模型　焓法模型以焓和温度为因变量，对整个区域建立统一的能量守恒方程。因为不需要区分固液相和模糊区，所以更适用于多维相变传热的问题。其控制方程的积分形式如下：

$$\frac{d}{dt}\int_V \rho h \, dV + \int_S \rho h v \, dA = \int_S k \nabla T \, dA + \int_V q \, dV \tag{5-9}$$

其中，温度和焓的关系式可表示为

$$T - T_m = \begin{cases} (h - h_s)/c_s & h < h_s \\ 0 & h_s \leqslant h \leqslant h_l \\ (h - h_l)/c_l & h_l < h \end{cases} \tag{5-10}$$

式中　T_m——相变温度，K；

c——比热容，J/(kg·K)。

在不考虑对流及热源的情况下，则有

$$\rho \frac{\partial h}{\partial t} = \lambda \nabla^2 T \tag{5-11}$$

$$\rho = \begin{cases} \rho_s \\ \rho_l \end{cases} \quad \lambda = \begin{cases} \lambda_s & h < h_s \\ \lambda_l & h > h_l \end{cases} \tag{5-12}$$

目前在常用的数值分析软件中采用的数学模型一般为焓法模型。

(5) 模型建立

对于相变传热问题，基于焓法模型，使用焓-孔隙率方法，将液-固模糊区视为孔隙率等于液相率的多孔区域，即

$$\beta=\begin{cases}0 & T<T_{\text{solidus}}\\ \dfrac{T-T_{\text{solidus}}}{T_{\text{liquidus}}-T_{\text{solidus}}} & T_{\text{solidus}}<T<T_{\text{liquidus}}\\ 1 & T>T_{\text{liquidus}}\end{cases} \tag{5-13}$$

式中 T——相变材料的温度，K；

T_{solidus}——相变材料的凝固温度，K；

T_{liquidus}——相变材料的熔化温度，K。

当 $\beta=0$ 时，相变材料处于固相；$0<\beta<1$，相变材料处于相变模糊区；$\beta=1$，相变材料处于液相。当 $T_{\text{solidus}}=T_{\text{liquidus}}$ 时，材料相变过程中仅存在固相和液相。

在液-固模糊区存在流动时，引入了动量修正项和湍流修正项来分别表示固体材料存在引起的压降和固相区中孔隙率的降低，分别表示为

$$S=\frac{(1-\beta)^2}{(\beta^3+\varepsilon)}A_{\text{mush}}(v-v_{\text{p}}) \tag{5-14}$$

$$S=\frac{(1-\beta)^2}{(\beta^3+\varepsilon)}A_{\text{mush}}\phi \tag{5-15}$$

式中 β——液相率；

ε——一个极小数，0.001，防止分母为 0；

A_{mush}——相变模糊区常数；

v_{p}——牵引速度；

ϕ——湍流量。

5.2.2 PCM 蓄能单元的性能模拟

对 PCM 蓄能单元进行蓄热和释热模式下的模拟，研究 PCM 蓄能单元在不同参数条件下的性能。

(1) 物理模型

蓄能单元结构和尺寸如图 5-6 所示，对其进行三维建模，三维模型和网格如图 5-7 所

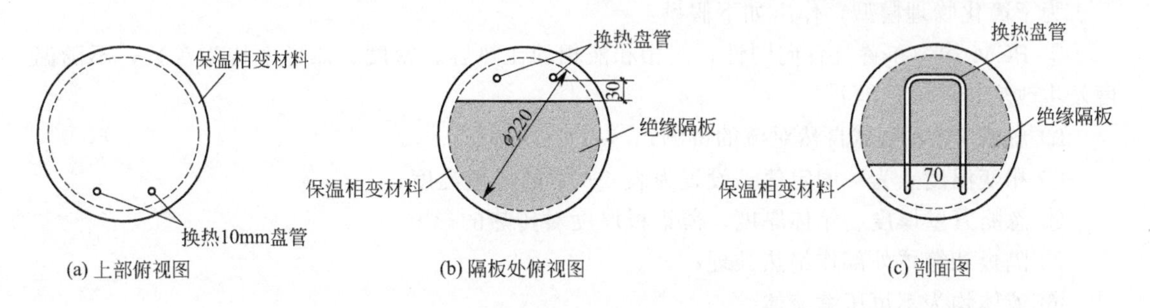

图 5-6 蓄能单元结构和尺寸

示。考虑计算资源有限的条件下，网格数量过多会导致计算时间较长，划分的网格数约为35万，导入模拟软件后检查网格，保证网格的最小体积大于0。

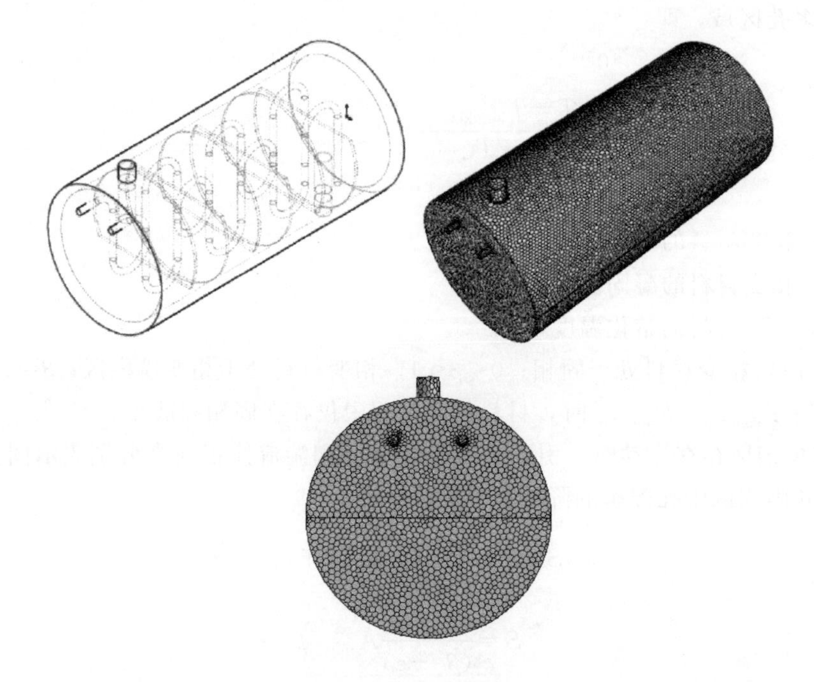

图 5-7　三维模型和网格

PCM为Rubitherm公司RT系列产品，其基本参数见表5-6。RT21HC既用于蓄冷，也用于蓄热，厚度为15mm。蓄冷和释热模式下，箱体内部的水处于静止状态，换热盘管中的水从蓄能单元上部铜管入口流入，并从上部出口流出。水在箱体内与换热盘管换热，并传热给PCM，直至PCM完全凝固。这两种模式本质一样，但是应用时间不同；利用太阳能热水蓄热时，换热盘管中的水保持静止状态。箱体内部循环，高温水自装置底部入口流入，与PCM换热后，自顶部出口流出至生活热水箱，直至PCM完全熔化后停止循环。释冷模式不同于太阳能热水蓄热模式，主要是其进出口位置不太相同，且释冷模式下，PCM蓄能箱组的初始温度应为冷辐射吊顶的供水温度，约为19℃，不然会造成室内顶板结露；而蓄热模式下，PCM蓄能箱组的初始温度应为冬季市政水的温度，约为7℃。

为了简化物理模型，作出如下假设：

① PCM均匀布置且各向同性，固相和液相的比热容、密度、热导率均为常数，不随温度发生改变；

② 忽略PCM区域自然对流的影响；

③ 相变温度点为一固定值，设置为表5-6中的峰值温度；

④ 忽略管壁厚度、箱体厚度、薄铝板厚度对传热的影响；

⑤ 隔板和箱体外部作绝热处理；

⑥ 液体均为不可压缩流体。

(2) 数学模型

针对换热流体区域和PCM区域有以下不同的控制方程。

① 换热流体区域连续性方程：

$$\frac{\partial \rho_{\mathrm{w}}}{\partial t}+\operatorname{div}(\rho \vec{u})=0 \tag{5-16}$$

式中 ρ_{w}——流体密度，本书这里指水的密度；

$\vec{u}$——速度矢量。

动量守恒方程：

$$\frac{\partial(\rho_{\mathrm{w}} u)}{\partial t}+\operatorname{div}(\rho_{\mathrm{w}} u \vec{u})=\operatorname{div}(\mu \operatorname{grad} u)-\frac{\partial p}{\partial x}+S_u \tag{5-17}$$

$$\frac{\partial(\rho_{\mathrm{w}} v)}{\partial t}+\operatorname{div}(\rho_{\mathrm{w}} v \vec{u})=\operatorname{div}(\mu \operatorname{grad} v)-\frac{\partial p}{\partial y}+S_v \tag{5-18}$$

$$\frac{\partial(\rho_{\mathrm{w}} w)}{\partial t}+\operatorname{div}(\rho_{\mathrm{w}} w \vec{u})=\operatorname{div}(\mu \operatorname{grad} w)-\frac{\partial p}{\partial z}+S_w \tag{5-19}$$

式中 p——压力；

u，v，w——$\vec{u}$ 在 x、y、z 三个方向的速度分量。

$S_u=F_x+s_x$、$S_v=F_y+s_y$、$S_w=F_z+s_z$ 表示动量守恒的广义源项。考虑重力的影响时，$F_z=-\rho g$。

能量方程：

$$\frac{\partial(\rho_{\mathrm{w}} T_{\mathrm{w}})}{\partial t}+\operatorname{div}(\rho_{\mathrm{w}} \vec{u} T_{\mathrm{w}})=\operatorname{div}\left(\frac{k}{c_{\mathrm{w}}} \operatorname{grad} T_{\mathrm{w}}\right)+S_T \tag{5-20}$$

式中 T_{w}——流体温度，这里指水温，K；

k——对流换热系数，$\mathrm{W/(m^2 \cdot K)}$；

c_{w}——水的定压比热容，$\mathrm{J/(kg \cdot K)}$；

S_T——黏性耗散项。

② PCM 区域根据 Solidification/Melting 模型理论，基于焓-孔隙率法，有

$$H=h+\Delta H \tag{5-21}$$

$$h=h_{\mathrm{ref}}+\int_{T_{\mathrm{ref}}}^{T} c_p \mathrm{d} T \tag{5-22}$$

$$\Delta H=\beta L \tag{5-23}$$

式中 H——相变材料的比焓，J/kg；

h——相变材料的显热比焓，J/kg；

ΔH——相变材料的潜热比焓，J/kg；

h_{ref}——基准比焓，J/kg；

T_{ref}——基准温度，K；

c_p——相变材料的定压比热容，$\mathrm{J/(kg \cdot K)}$；

β——液相率；

L——PCM 的相变潜热，J/kg。

能量方程：

$$\frac{\partial}{\partial t}(\rho H)+\nabla\cdot(\rho\vec{v}H)=\nabla\cdot(k\nabla T)+S \tag{5-24}$$

式中 ρ——相变材料的密度，kg/m^3；

$\vec{v}$——速度矢量，m/s；

S——源项。

(3) 边界条件

模型的坐标轴示意如图 5-8 所示，箱体外周绝热，四周的 PCM 与水换热，得出

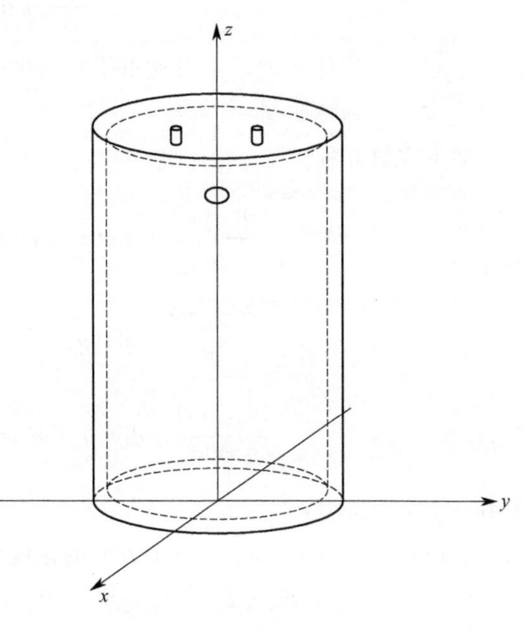

图 5-8 模型的坐标轴示意

$$\left.\frac{\partial T}{\partial x}\right|_{x=\frac{D}{2}}=\left.\frac{\partial T}{\partial y}\right|_{y=\frac{D}{2}}=\left.\frac{\partial T}{\partial z}\right|_{z=H}=\left.\frac{\partial T}{\partial z}\right|_{z=0}=0$$

式中 D——圆柱形箱体外径；

H——圆柱形箱体外观高度。

相变区域和水体存在耦合面，在耦合面上，温度和热流密度连续，由于假设中忽略薄铝板导热的影响，则有：

① 温度连续：

$$T_{d/2}|_{w}=T_{d/2}|_{p},T_{(H-h)/2}|_{w}=T_{(H-h)/2}|_{p},T_{h+(H-h)/2}|_{w}=T_{h+(H-h)/2}|_{p}$$

式中 d——箱体内部直径；

h——箱体内部高度；

w——水体区域；

p——相变区域。

② 热流密度连续：

$$q_{d/2}|_{w}=q_{d/2}|_{p},q_{(H-h)/2}|_{w}=q_{(H-h)2}|_{p},q_{h+(H-h)/2}|_{w}=q_{h+(H-h)/2}|_{p}$$

③ 耦合面的第三类边界条件：

$$-\lambda\frac{\partial T}{\partial x}|_{x=d/2}=-\lambda\frac{\partial T}{\partial y}|_{y=d/2}=-\lambda\frac{\partial T}{\partial z}|_{z=(H-h)/2}=-\lambda\frac{\partial T}{\partial z}|_{z=h+(H-h)/2}=h(T-T_{w})$$

换热盘管与箱体内部水的换热边界条件与上述类似，这里不再赘述。

5.2.3 蓄热模式模拟

PCM 蓄能箱组利用太阳能集热系统蓄热，在 PCM 蓄能箱组的相变温度和结构固定的条件下，我们需要研究不同热水温度和热水流量下，PCM 蓄能单元的蓄热性能。

(1) 流态的判断

在蓄热模式下，箱体内部的水是自下而上流动，有外部驱动力，首先需要判断流体流态。根据流态判别准则，有

$$Re=vd/\nu \tag{5-25}$$

式中 v——水的流速，应该为水向上流动的流速，假设为 0.01m/s；

d——当量直径，$d=4A/l=4\pi\times0.11^2/(\pi\times0.22)(m)=0.22(m)$；

ν——水的运动黏度，当入口水温为 30℃时，运动黏度为 $8.05\times10^{-7}m/s$ 。

计算得 $Re=2732.9>2300$，即当水在 z 向的流速达到 0.01m/s 时，水流区域呈湍流状态。在有隔板的箱体内部，控制入口流速一定的条件下，箱体内部区域很容易达到假设流速。因此箱体内部的水流状态为湍流，在模拟软件中应进行相应设置。

(2) 求解参数设置

在黏性模型中打开湍流模型，这里选择 Realizable k-ε 模型，并保留默认设置。PCM 的参数按照表 5-6 设置，设置其固相温度和液相温度时，均按其峰值温度设置，即 21℃。蓄热模式下，换热盘管中的流体静止，流体驱动力来自外部压力，但也需要考虑箱体内部由于温差导致水体密度不同而引起的浮升力。针对浮升力项的计算常常利用 Boussinesq 近似处理。该近似认为流体密度的变化并不显著改变流体的性质，即流体黏滞性不变，在动量守恒中，密度的变化对惯性力项、压力差项和黏性力项的影响可忽略不计，而仅考虑对质量力项的影响。Boussinesq 近似常用于密度变化不是很大的变密度流动。因此本书在水体区域引入 Boussinesq 近似，这样能更真实反映其温度分布。对于 PCM 区域，根据假设，视其基本物性参数为常数。

在求解器方式设置中，压力-速度关联算法选择 SIMPLE 算法，压力梯度采用 PRESTO！格式离散，动量方程和能量方程均采用二阶迎风格式离散，松弛因子采用默认值。模拟时间步长设置为 1s。

(3) 初始条件

在蓄热模式下，换热盘管中的水是不流动的。因此，将其出入口设置为 wall。初始状态下，没有热量输入或输出，PCM 单元会自动达到热量平衡，换热盘管的初始温度和水、PCM 温度应保持一致，设置为 7℃，这既是冬季市政水的平均温度，也是水源热泵机组热源侧的最低供水温度。

PCM 箱体的蓄热时间受热水流量和温度的影响，在固定入口结构的条件下，热水流量与入口流速一一对应。《太阳能供热采暖工程技术标准》(GB 50495—2019) 中 3.5.2 条规定，对于液体工质蓄热系统而言，水箱进、出口处流速宜小于 0.05m/s。文献中指出当管路中水体流速在 0.01～0.05m/s 范围内时，水箱内部分层明显。水箱分层有助于提高太阳能采暖保证率和系统效率，本系统中，箱体内部设有挡板，这有助于箱体内部的温度分层。因此我们设定两组流速来研究流速对于蓄热性能的影响，分别为 0.05m/s，0.1m/s。PCM 的相变温度为 21℃，供应热水温度需高于 21℃才能完成蓄热，同样设置 25℃和 30℃两组供水温度进行研究，即设置 25℃/0.05m/s（温度/流速，下同）、25℃/0.1m/s、30℃/0.05m/s、30℃/0.1m/s 四组初始工况进行分析。

(4) 模拟结果及分析

图 5-9 所示为蓄热模式下，各工况下的液相率变化曲线。从图 5-9 中可以看出，温度和流速对 PCM 熔化时间都有影响，热水温度越高，PCM 熔化越快；入口流速越大，PCM 熔化越快。对比 25℃/0.05m/s 和 25℃/0.1m/s 这两组工况，PCM 开始熔化的时刻相差无几，大约均是在 13s 时开始熔化，随着时间变化，在同一时刻下这两种工况的液相率差值越来越大。这说明流速对于水和 PCM 耦合面的换热有很大的影响，流速越大，换热效率越高。对比 30℃下的两组工况，温度越高，这种差值变化越小，表明高温差下，流速对于耦合面换

热效率的影响在减弱。换句话说，热水温度越高，流速对 PCM 蓄热时间的影响越小；反之，温度越低，流速对 PCM 蓄热时间的影响越大。对比 25℃/0.1m/s 和 30℃/0.1m/s 这两组工况，PCM 开始熔化的时刻略有差异，前者在 13s，后者约在 4s。PCM 完成相变所需时间却相差很大，前者为 9351s，后者为 4805s，相差近一倍。可见温度对于蓄热时间的影响要比流速对蓄热时间的影响大得多。

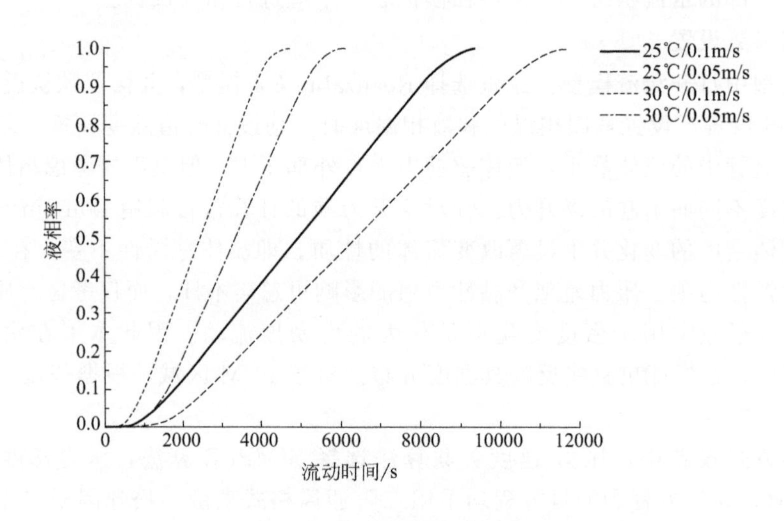

图 5-9 PCM 液相率变化曲线

图 5-10 所示为箱体内部水体区域平均温度随时间变化曲线，图 5-11 所示为箱体 PCM 区域平均温度随时间变化曲线。从这两张图中可以看出，在各工况下的初始阶段，箱体内部的 PCM 平均温度和平均水温急速上升，此阶段对应水和 PCM 的显热吸热阶段，表现为自身温度的升高。而后 PCM 的温度稳定在相变温度点（21℃），水温则维持在比相变温度点高的一个温度值上。此值大小与流速有关，入口水温越高，流速越大，此温度值越大。此阶段是 PCM 大幅相变熔化阶段，表现为 PCM 吸收水体显热，自身潜热增加，而温度不变。水体热量由于被

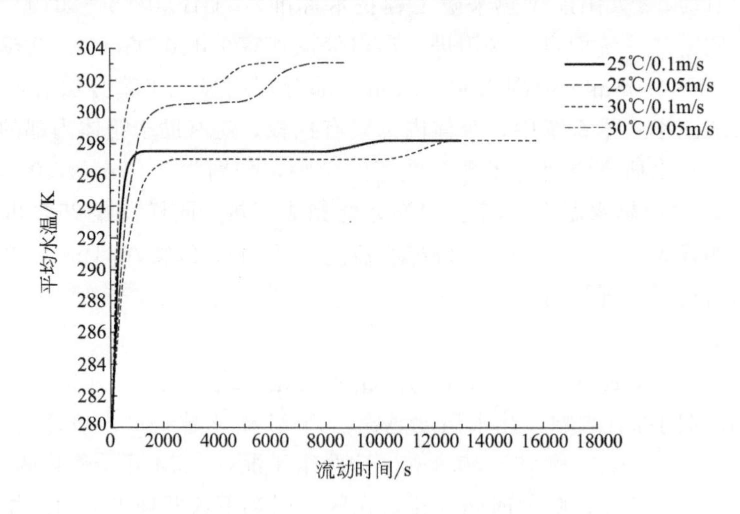

图 5-10 箱体内平均水温变化曲线

PCM吸收，致使水温在一段时间内不变。而后二者温度均大幅上升，对应于PCM的小区域相变熔化和大部分的显热吸收，最终PCM的温度和箱体内水温会趋于一致。

图5-12至图5-19是YOZ平面内各时刻的液相率云图和温度分布云图。

① 入口温度25℃，流速0.1m/s。

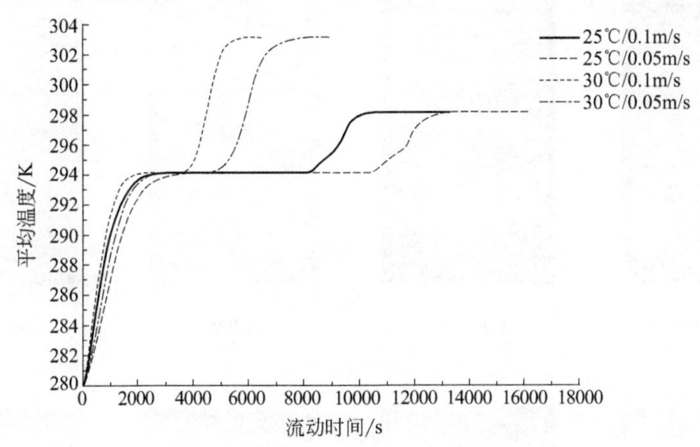

图5-11 PCM区域平均温度变化曲线

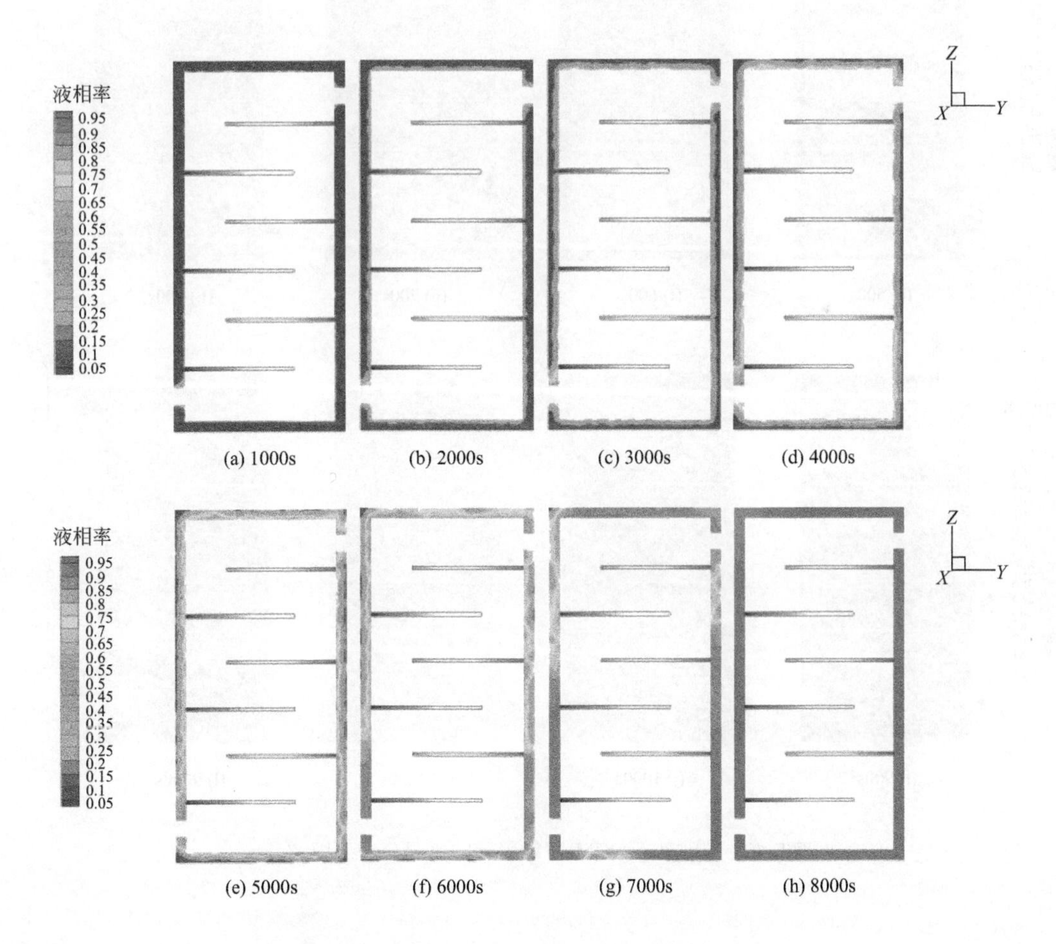

图5-12 各时刻下的PCM区域液相率云图（一）

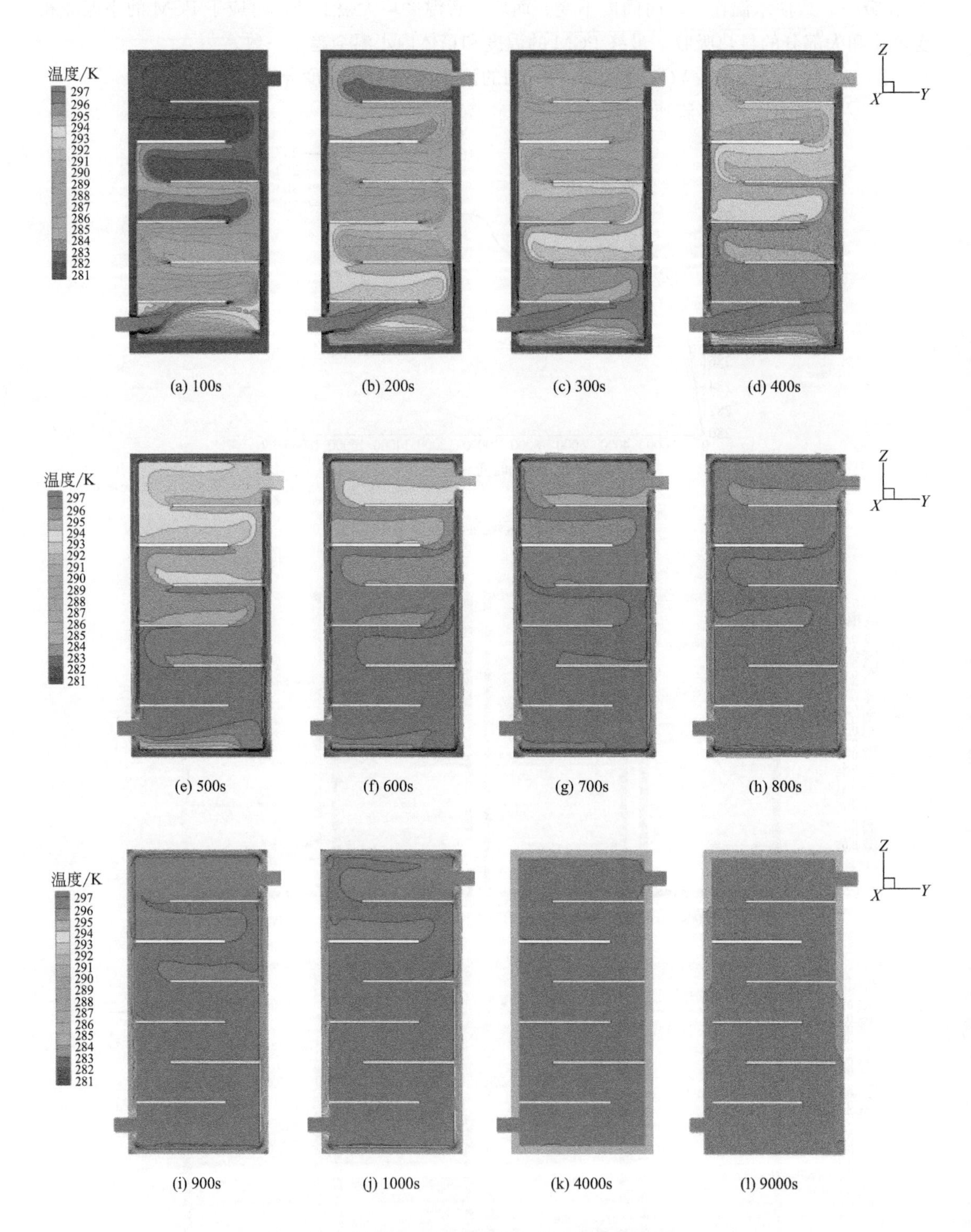

图 5-13 各时刻下 PCM 蓄能单元的水温分布云图（一）

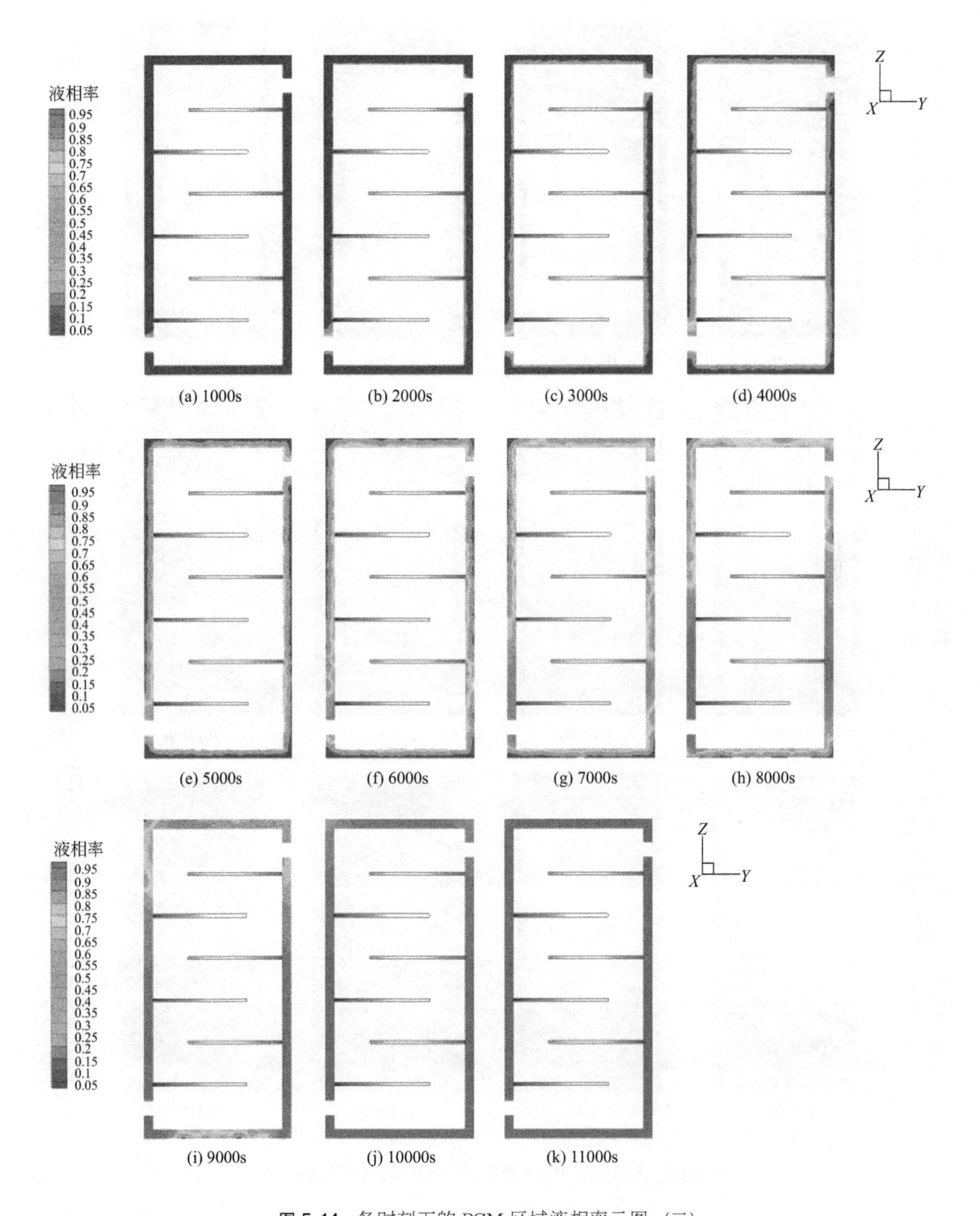

图 5-14 各时刻下的 PCM 区域液相率云图（二）

② 入口温度 25℃，流速 0.05m/s。

③ 入口温度 30℃，流速 0.1m/s。

④ 入口温度 30℃，流速 0.05m/s。

从液相率分布云图对比来看，PCM 蓄能单元是从中下部开始熔化，温度越高，流速越

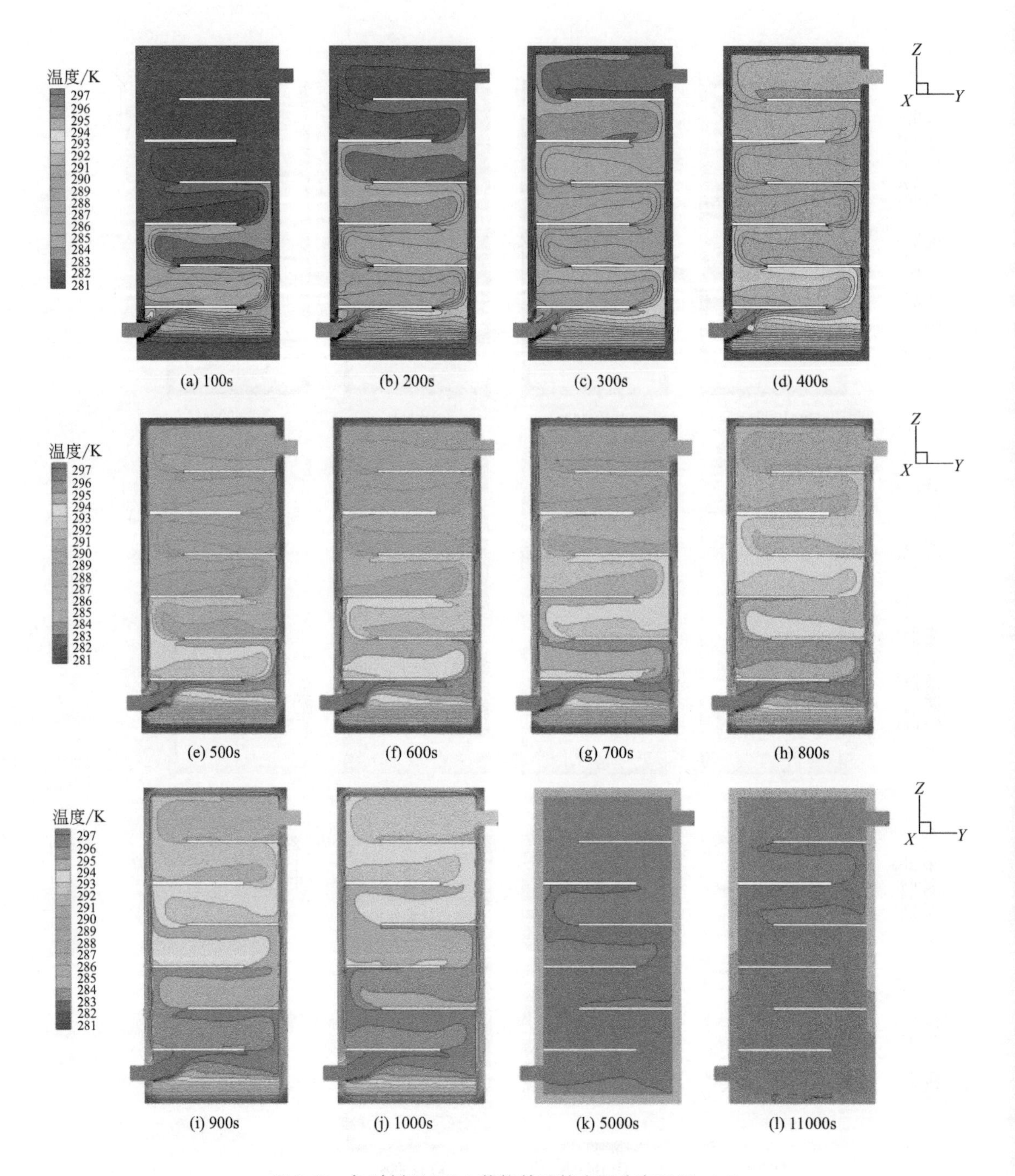

图 5-15 各时刻下 PCM 蓄能单元的水温分布云图（二）

大，其他部位熔化越快，则整体熔化速率也就越大。从熔化区域变化角度看，箱体底部一直都是比较难以熔化的，主要原因是热流上升导致箱体底部的 PCM 温度较低，主要依赖周边的 PCM 的热传导，而 PCM 的导热性差，使其热传导效率低下。从 PCM 蓄能单元水温分布来看，隔板的存在虽然对于由浮升力引起的高温水上浮造成一定阻挡，但也正是如此，隔板的存在改变了高温水的流向而使得整体的 PCM 熔化更为均匀。但是，从箱体水温变化来

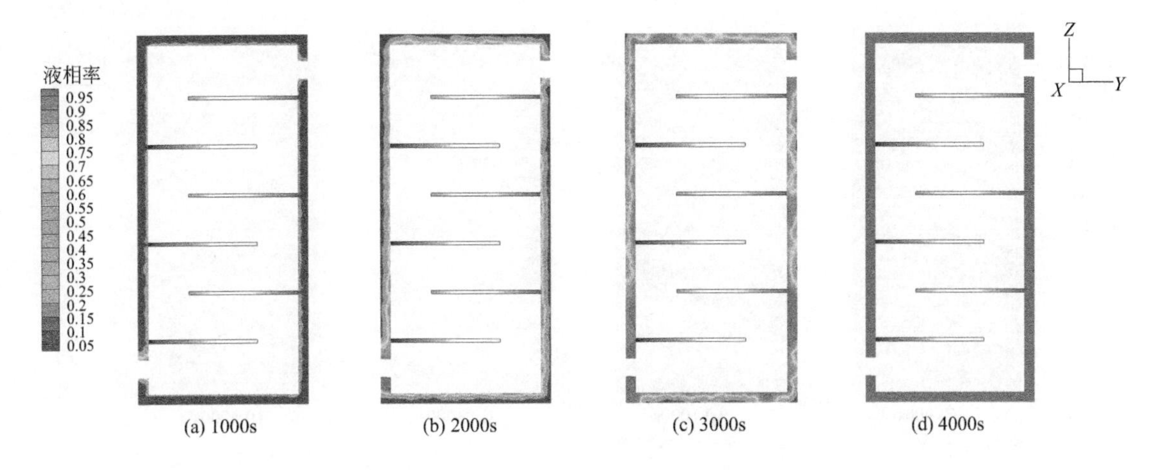

图 5-16 各时刻下的 PCM 区域液相率云图（三）

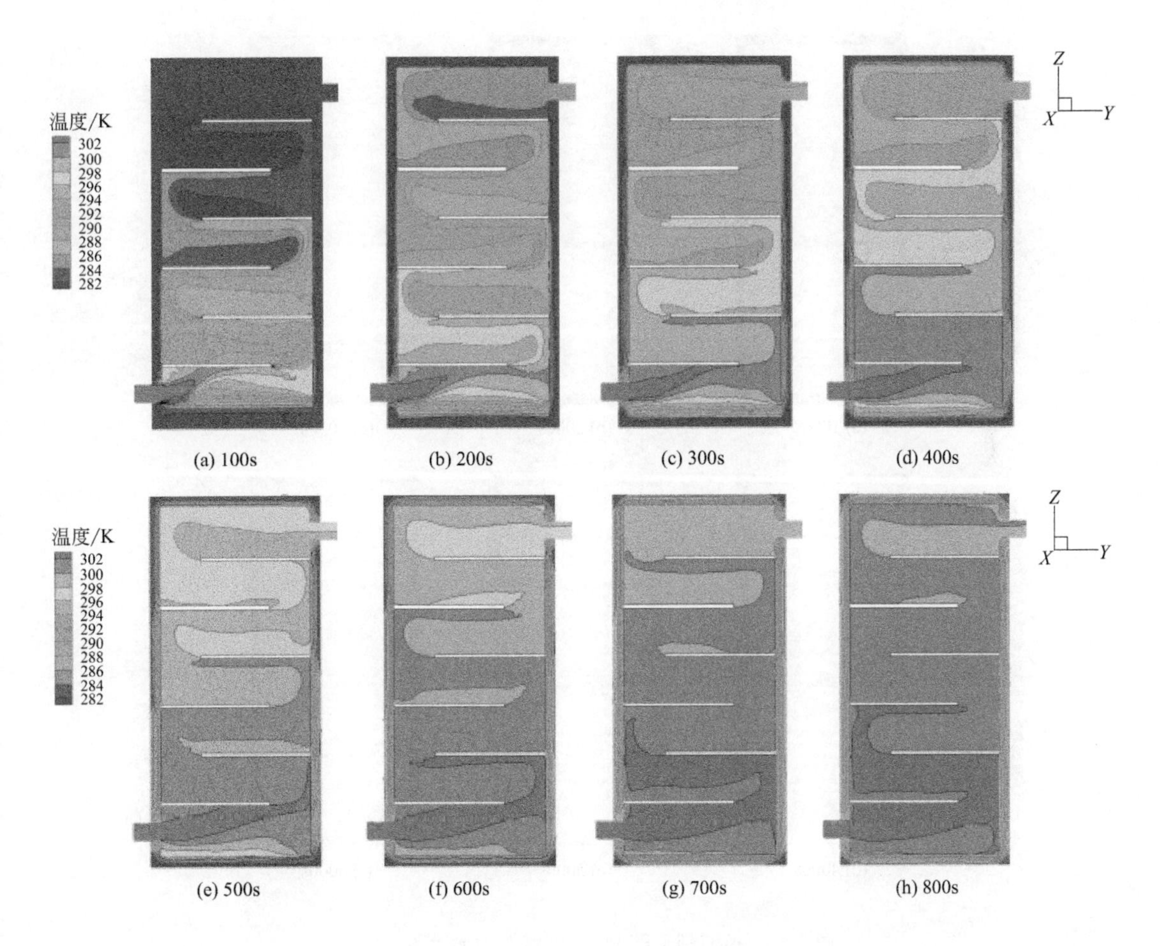

图 5-17

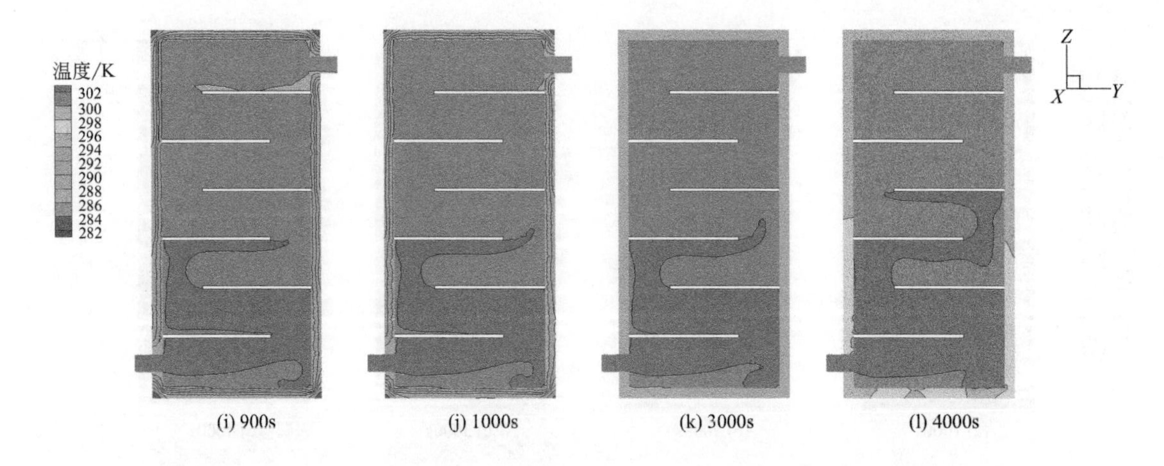

图 5-17 各时刻下 PCM 蓄能单元的水温分布云图（三）

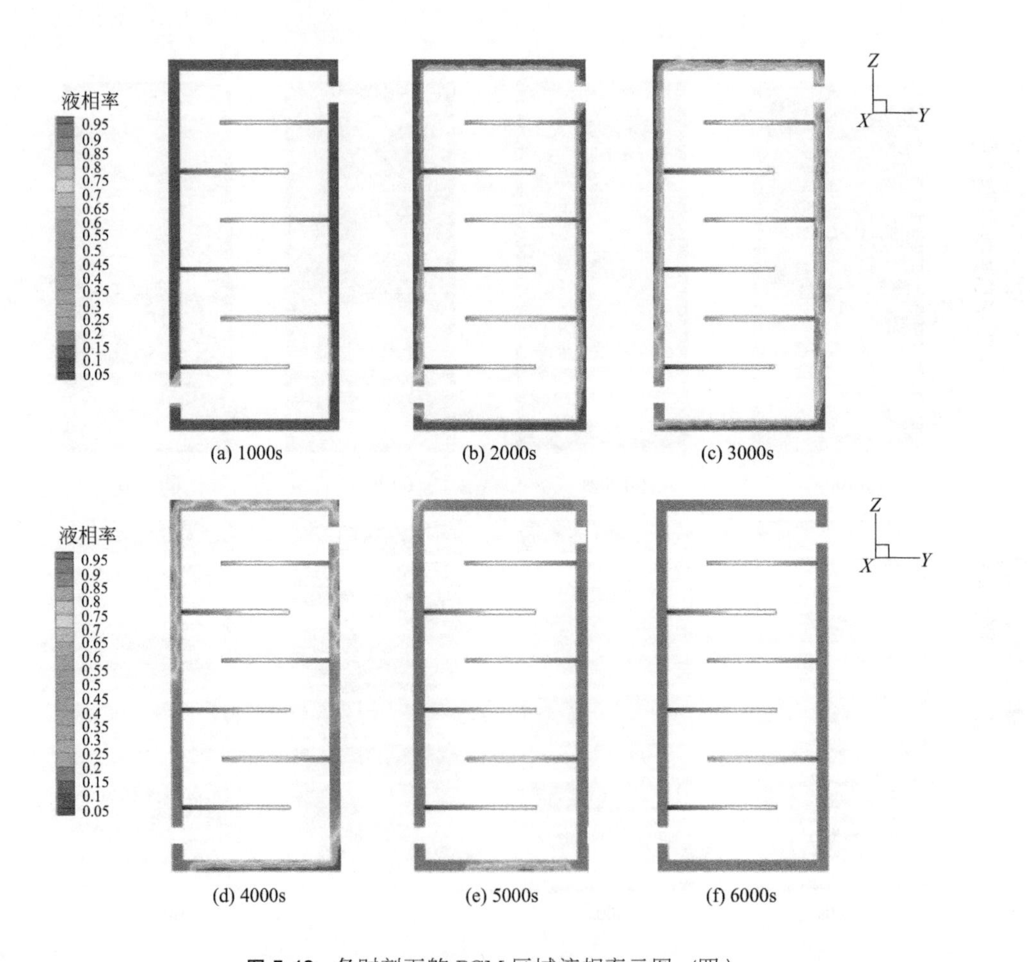

图 5-18 各时刻下的 PCM 区域液相率云图（四）

看，箱体内水的体积与 PCM 体积相比较大，加热水所需热量较多。因此，应进一步优化箱体结构。

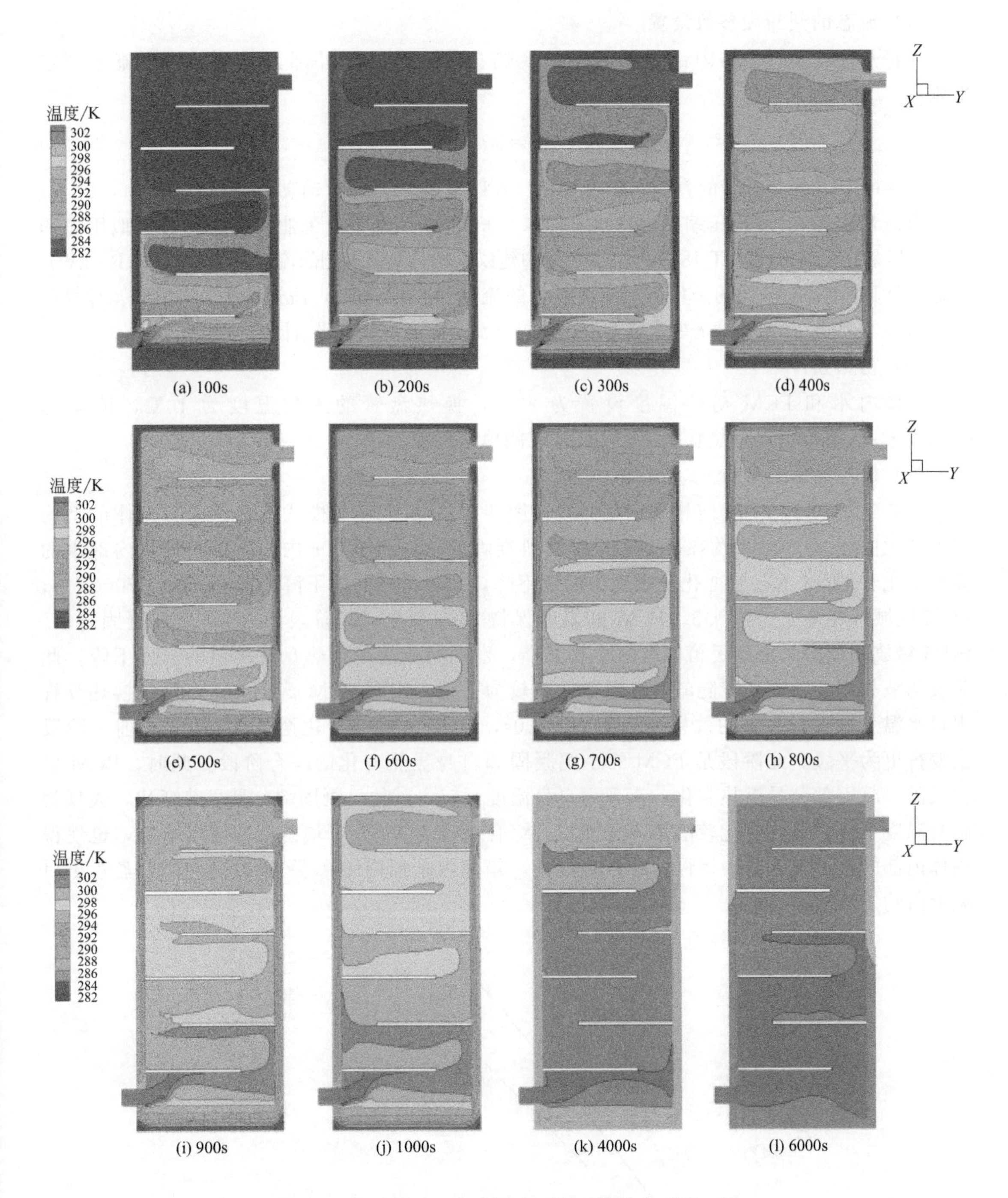

图 5-19 各时刻下 PCM 蓄能单元的水温分布云图（四）

5.2.4 释热模式模拟

释热模式下，箱体内部的高温水和 PCM 为换热盘管提供热量，加热蒸发器（图 5-1 中套管式换热器 b）的回水。本书研究在常规流量和温度的条件下，PCM 蓄能箱组的释热性能。

（1）流态的判断和参数设置

在释热模式下，箱体内部水不流动，换热盘管内的水由外部力驱动。根据流态判定准则：

$$Re = vd/\upsilon \tag{5-26}$$

式中的 d 为换热盘管的直径，即 0.01m。入口水温 10℃，运动黏度为 $1.306\times10^{-6}\text{m}^2/\text{s}$。流速由流量决定，《蒸气压缩循环冷水（热泵）机组 第 1 部分：工业及商业用及类似用途的冷水（热泵）机组》(GB/T 18430.1—2007) 中建议水源热泵蒸发侧的流量为 $0.134\text{m}^3/(\text{h}\cdot\text{kW})$。考虑 6 个 PCM 蓄能单元的条件下，换热盘管的流量为 0.025kg/s，流速即为 0.32m/s。计算得 $Re=2450>2300$。因此仍然需要在黏性模型中打开湍流模型。其他设置同 5.2.3 节。

（2）初始条件

箱体内水和 PCM 初始温度设置为 25℃，换热盘管的入口温度为 10℃，流量为 0.025kg/s。模拟正常释热状态下的 PCM 蓄能单元性能。

（3）模拟结果及分析

图 5-20 所示为 PCM 液相率变化曲线。图 5-21 所示为释热模式下箱体内各流体的平均温度变化曲线。PCM 大约在 1700s 开始剧烈凝固放热。前 1700s 内，主要是箱体内部水的显热变化和 PCM 的显热变化，表现为温度下降，二者呈相同的下降趋势。1700～7000s 内，PCM 区域液相率变为约 0.5，PCM 的温度保持 21℃不变，此阶段为 PCM 大幅凝固阶段，PCM 释放相变潜热来延缓箱体内的水温下降，也同时延缓了换热盘管出口的温度下降。此阶段的液相率变化曲线较陡峭，水温变化则较为平缓。表明 PCM 蓄能单元对延缓换热盘管出口水温变化具有一定的效果。7000～19700s，PCM 液相率变化至 1，且曲线较前一阶段也变得更为平缓。此阶段是 PCM 的小幅凝固和自身显热变化的综合阶段。此时，PCM 仍在凝固，凝固部分是潜热变化，表现为自身温度恒定。其他已凝固部分是显热变化，表现为自身温度下降，显热变化较潜热变化强烈，综合表现为 PCM 平均温度的缓慢下降，也使得箱体内部的水温下降更为缓慢。在该阶段内，箱体内水温由 18℃降至 14℃，换热盘管出口温度由约 16℃降至 13℃。

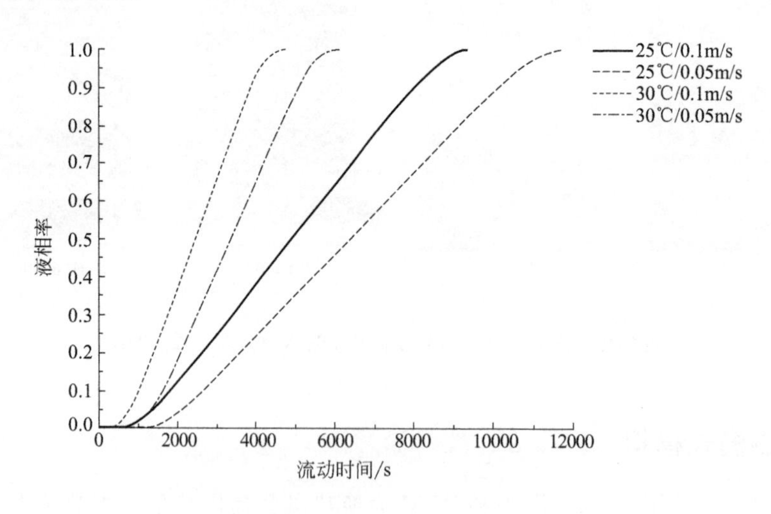

图 5-20 PCM 液相率变化曲线

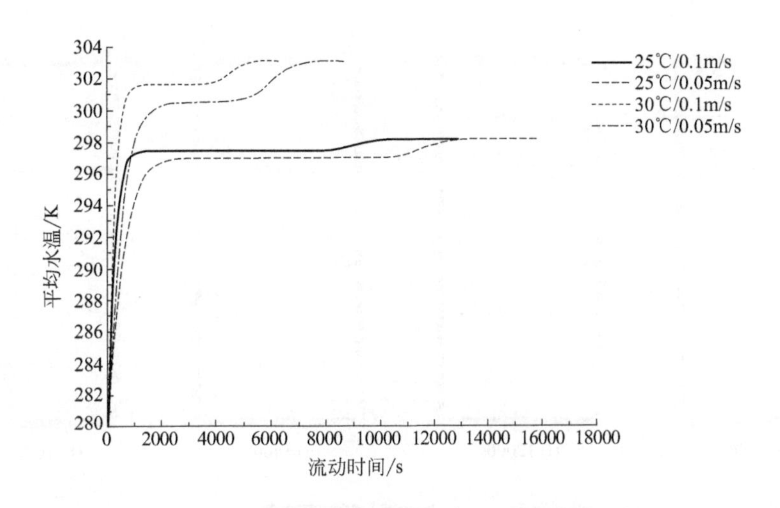

图 5-21 箱体内流体平均温度变化曲线

另外可以看出，前 1700s 内换热盘管出口温度下降严重，前期显热释放占的比重较大，箱体结构还需优化。从水温变化曲线中部缓慢下降阶段来看，PCM 的相变潜热有限，无法维持水温在一段时间内保持不变；或者说，箱体内水体所占体积太大，仅有的 PCM 产生的相变潜热不足以维持现有的水体温度恒定，仅能延缓其下降速度，使得系统运行不太稳定。因此，仍需要根据 PCM 相变潜热的大小来进一步优化箱体结构，合理控制箱体内的水和 PCM 的体积比。

图 5-22 是释热模式下 PCM 区域的液相率变化云图。图 5-23 是释热模式下 PCM 蓄能单元的水温分布云图。凝固由内至外，由下至上，缓慢发生。箱体顶部和底部的水温差异来自温差引起的水的密度变化，但是由于箱体整体的体积不大，因此，除了顶部，其他部位凝固也较为均匀。PCM 内部的凝固速率取决于自身导热性，可以看出，在 18000s 时，箱体顶部的 PCM 仍然未凝固，可见其导热性较差。但这对于释热而言，在保证释热效果的同时，有利于延长释热时间。

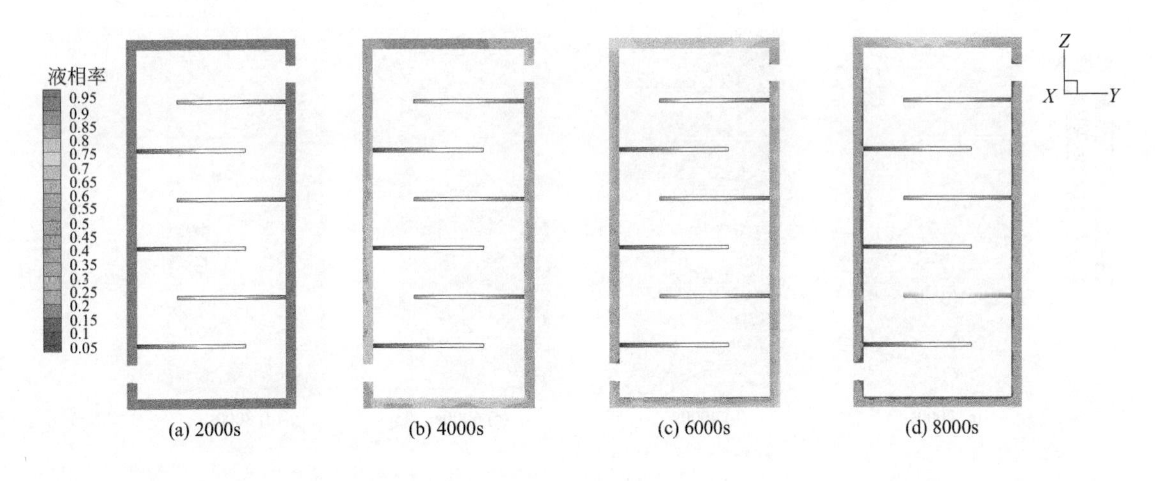

图 5-22

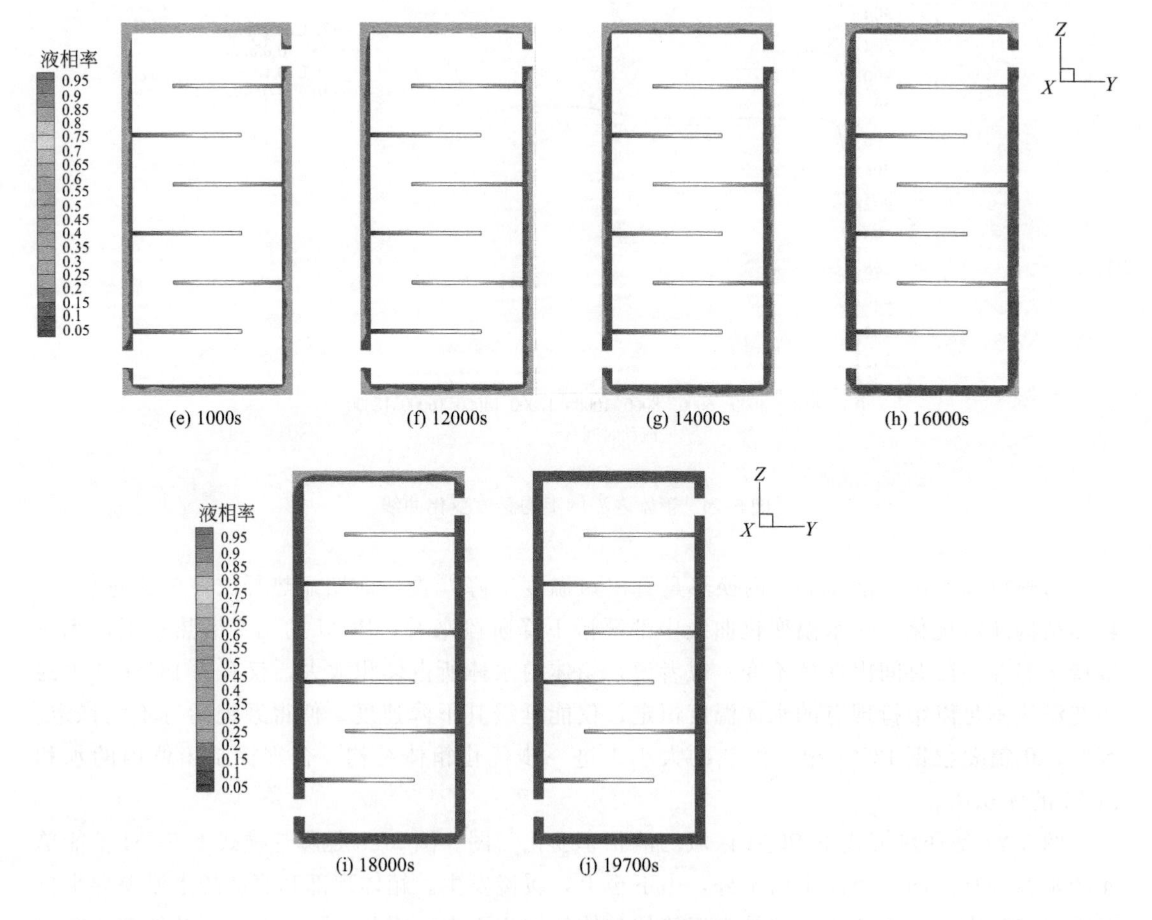

图 5-22　各时刻 PCM 区域液相率云图

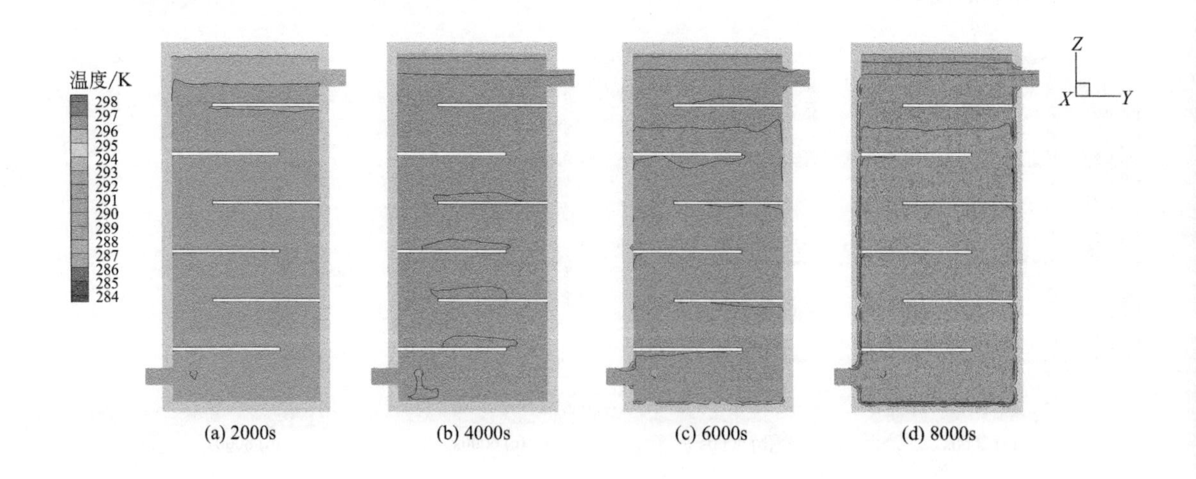

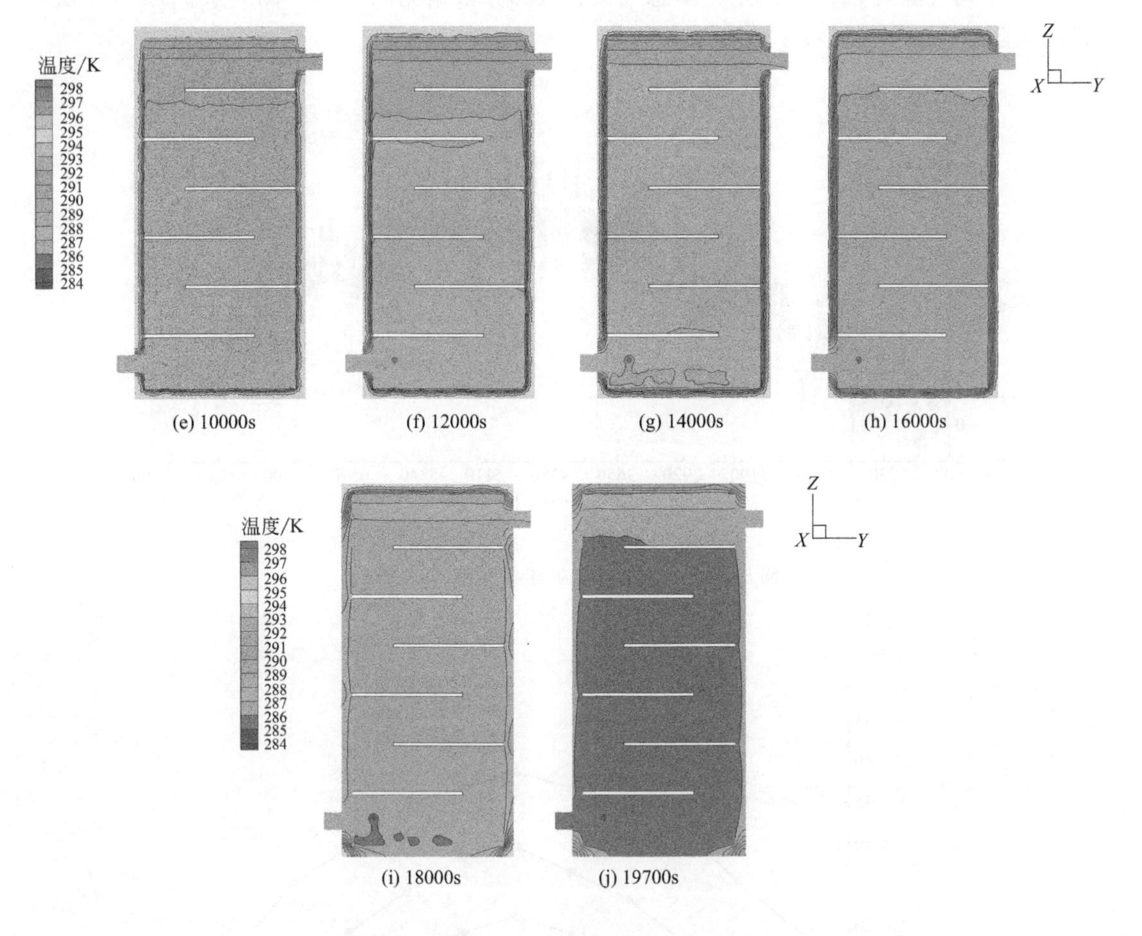

图 5-23 各时刻下 PCM 蓄能单元的水温分布云图

5.3 蓄能式 SC-ASHP 系统仿真

前述通过计算和模拟确定了系统关键部件的匹配设计，特别是对 PCM 蓄能装置进行结构设计和性能分析。以武汉市一普通实验房间为研究对象，分别研究在有 PCM 和无 PCM 的条件下，SC-ASHP 系统在供暖期内的性能表现与节能性。

本章的研究对象侧重系统的综合表现，尤其是太阳能集热系统和热泵低温地板辐射采暖系统的性能。

5.3.1 气象参数

本次模拟采用的是武汉市典型年气象数据（TMY2），利用气象数据软件生成。武汉市属于夏热冬冷地区，北亚热带季风性（湿润）气候，具有常年雨量丰沛、热量充足、雨热同季、光热同季、冬冷夏热、四季分明等特点。年平均气温为 17.7℃；一月最冷，最高气温 15.7℃，最低气温－4.1℃，平均气温为 4.1℃；7 月最热，最高气温 38.7℃，最低气温

21.2℃，平均气温为29.6℃。全年动态气象参数部分数据见图5-24～图5-26。12月至次年2月的太阳能总辐射见图5-3和图5-4。

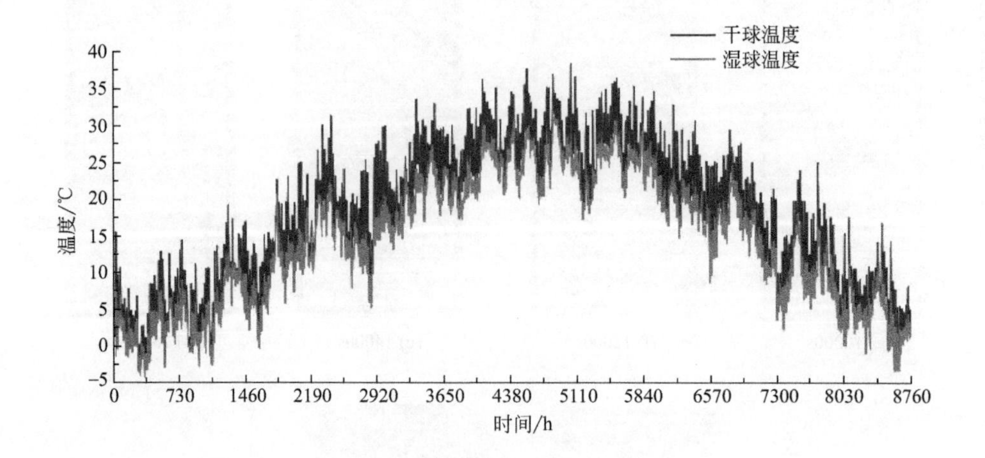

图5-24 全年室外干湿球温度变化曲线图

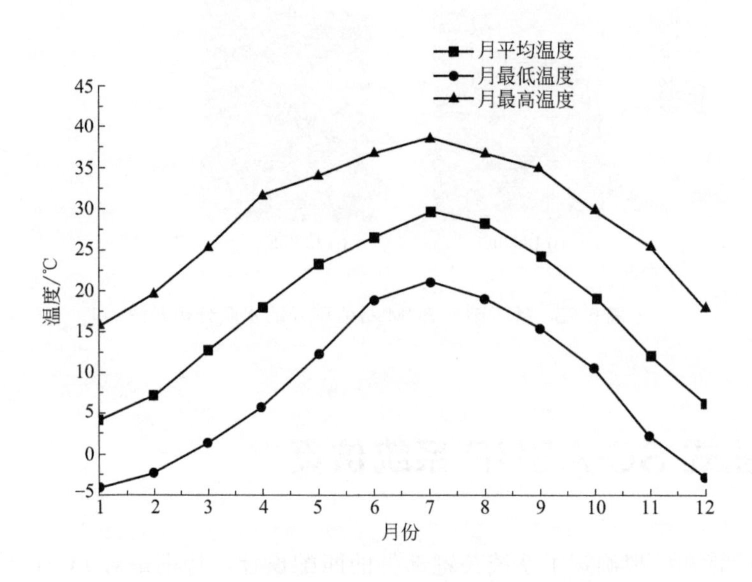

图5-25 每月最高温度、最低温度和平均温度

5.3.2 数学模型

除了前面介绍的集热器数学模型、相变传热的数学模型，还需要对系统其他部件进行数学建模，为本章的模拟提供理论基础。

(1) 空气源热泵的数学模型

空气源热泵的数学模型主要分两部分介绍，即空气热交换器和压缩机。

① 空气热交换器的数学模型　实际的空气热交换器的数学模型较为复杂，这里作出如下简化假设：

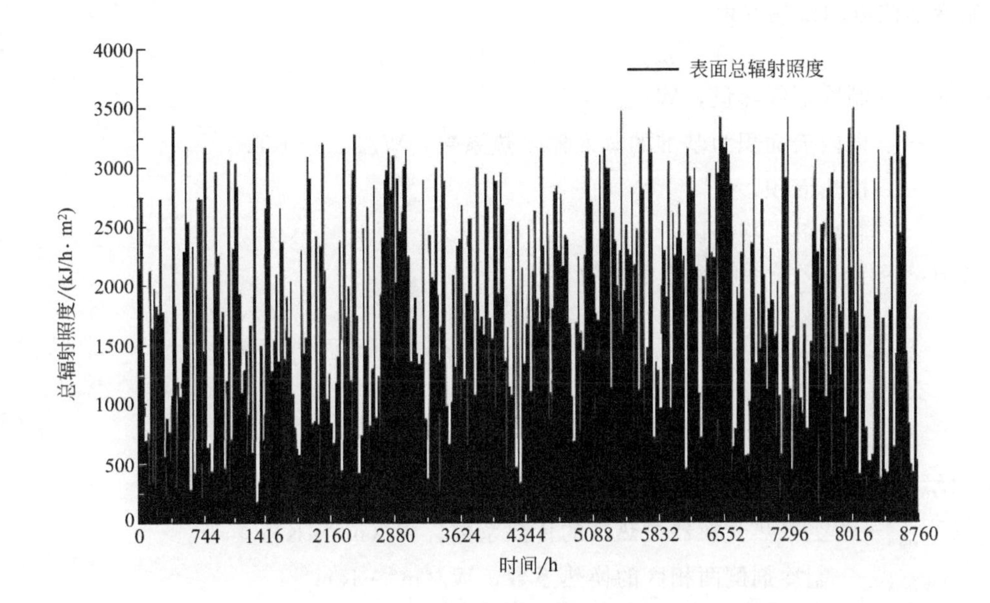

图 5-26　40°倾角平面的太阳辐射照度全年变化曲线图

a. 忽略制冷剂流经空气热交换器换热盘管时的沿程压力变化；

b. 换热内、外截面的面积沿管长方向保持不变；

c. 忽略管壁厚度对传热的影响；

d. 空气视为一维流动；

e. 忽略制冷剂吸收空气热量过程中空气侧的析湿量。

空气侧换热方程：

$$Q_a = m_a(h_{a1} - h_{a2}) = \alpha_0 A_0 (T_{am} - T_w) \tag{5-27}$$

式中　Q_a——空气侧的换热量，W；

m_a——空气的质量流量，kg/s；

α_0——空气侧的换热系数，W/(m²·K)；

A_0——换热盘管的有效传热面积，m²；

T_{am}——空气的平均温度，K；

T_w——管壁温度，K。

其中，空气侧的换热系数使用李妖等用实验得出的综合关联式：

$$\alpha_0 = 0.982 \frac{\lambda_a}{d_3} Re^{0.424} \left(\frac{s}{d_3}\right)^{-0.0887} \left(\frac{Ns_2}{d_3}\right)^{-0.1590} \tag{5-28}$$

式中　λ_a——空气的热导率，W/(m·K)；

d_3——翅根直径，m；

Re——空气的雷诺数；

s——翅片间距，m；

s_2——沿空气流动方向的管间距，m；

N——管排数。

制冷剂侧流动换热方程：

$$Q_r = m_r(h_{r2} - h_{r1}) = U_{gva} A_i (T_{am} - T_{rm}) \tag{5-29}$$

式中 Q_r——制冷剂吸热量，W；

U_{gva}——以内表面积为基准的蒸发器换热系数，W/(m^2·K)；

A_i——换热面积，m^2；

T_{rm}——制冷剂平均温度，K。

其中，空气热交换器的换热系数为

$$U_{tp,eva} = \left(\frac{1}{\alpha_{tp,eva}} + \frac{d_i}{2\lambda_{tube}} \ln \frac{d_o}{d_i} + \frac{1}{\alpha_{os} \cdot \eta_{fin}} \times \frac{A_i}{A_o}\right)^{-1} \tag{5-30}$$

$$U_{sh,eva} = \left(\frac{1}{\alpha_{sh,eva}} + \frac{d_i}{2\lambda_{tube}} \ln \frac{d_o}{d_i} + \frac{1}{\alpha_{os} \cdot \eta_{fin}} \times \frac{A_i}{A_o}\right)^{-1} \tag{5-31}$$

式中 $U_{tp,eva}$——空气热交换器两相区的传热系数，W/(m^2·K)；

$U_{sh,eva}$——空气热交换器过热区的传热系数，W/(m^2·K)；

$\alpha_{tp,eva}$——制冷剂侧两相区的换热系数，W/(m^2·K)；

$\alpha_{sh,eva}$——制冷剂侧过热区换热系数，W/(m^2·K)；

d_i——换热管内径，m；

d_o——换热管外径，m；

λ_{tube}——金属管壁的热导率，W/(m·K)；

η_{fin}——翅片效率。

其中，制冷剂处于两相区时，$\alpha_{tp,eva}$ 按照下述关联式计算：

$$\alpha_{tp,eva}(x) = \frac{3.0}{X_{tt}^{\frac{2}{3}}} \alpha_{1,e} \tag{5-32}$$

$$X_{tt} = \left(\frac{\mu_1}{\mu_v}\right)^{0.1} \left(\frac{\rho_v}{\rho_1}\right)^{0.5} \left(\frac{1-x}{x}\right)^{0.9} \tag{5-33}$$

式中 $\alpha_{1,e}$——制冷剂纯液相时的换热系数，W/(m^2·K)；

X_{tt}——Martinelli 数；

μ_1——饱和液态制冷剂的黏度，Pa·s；

μ_v——饱和气态制冷剂的黏度，Pa·s；

ρ_1——饱和液态制冷剂的密度，kg/m^3；

ρ_v——饱和气态制冷剂的密度，kg/m^3。

制冷剂处于过热区时，$\alpha_{sh,eva}$ 可按照下述关联式计算：

$$\alpha_{sh,eva} = \frac{Nu \cdot \lambda}{d_i} \tag{5-34}$$

$$Nu = 0.023 Re^{0.8} Pr^{0.4} \tag{5-35}$$

$$Re = \frac{Gr d_i}{\mu} \tag{5-36}$$

式中 λ——制冷剂的热导率，W/(m·K)；

Gr——制冷剂的质流密度，kg/(s·m^2)。

② 压缩机的数学模型　压缩机的主要参数包括制冷剂的质量流量、压缩机的理论功率、

压缩机的排气温度。

制冷剂的质量流量：

$$m_{com}=\lambda \frac{q_{th}}{v_i}=\lambda \frac{nV_d}{60v_i} \tag{5-37}$$

$$\lambda=0.94-0.085\left[\left(\frac{P_c}{P_e}\right)^{\frac{1}{k}}-1\right] \tag{5-38}$$

$$k=\frac{\ln\left(\frac{p_2}{p_1}\right)}{\ln\left(\frac{v_2}{v_1}\right)} \tag{5-39}$$

式中　m_{com}——制冷剂的质量流量，kg/s；

λ——压缩机输气系数；

q_{th}——压缩机理论容积输气量，m^3/s；

v_i——压缩机的吸气比体积，m^3/kg；

V_d——压缩机的理论排气量，m^3/r；

n——压缩机转速，r/min；

P_c——冷凝压力，Pa；

P_e——蒸发压力，Pa；

k——压缩过程的多变指数；

p_1——吸气压力，Pa；

p_2——排气压力，Pa；

v_1——吸气比体积，m^3/kg；

v_2——排气比体积，m^3/kg。

压缩机的理论功率：

$$W_{th}=V_d\lambda P_e\frac{k}{k-1}\left[\left(\frac{P_c}{P_e}\right)^{\frac{k-1}{k}}-1\right] \tag{5-40}$$

式中　W_{th}——压缩机的理论功率，W。

$$W_{com}=\frac{W_{th}}{\eta_i} \tag{5-41}$$

式中　W_{com}——压缩机的输入功率，W；

η_i——电机效率。

压缩机的排气温度：

$$T_2=T_1\left(\frac{P_c}{P_e}\right)^{\frac{k-1}{k}} \tag{5-42}$$

式中　T_2——压缩机的排气温度，K；

T_1——压缩机的吸气温度，K。

(2) 水源热泵的数学模型

蓄能式 SC-ASHP 系统在制热时，其本质相当于一水源热泵系统。水源热泵的 COP 值会随着热泵热源侧的进水温度变化而变化，进水温度则受天气和太阳能集热系统的影响。水源热泵 COP：

$$COP=\frac{Q_{heating}}{P_{heating}} \tag{5-43}$$

式中 $Q_{heating}$——热泵的供热量，kW；

$P_{heating}$——供热工况下的消耗功率，kW。

水源热泵热源侧和负荷侧的出水温度计算公式为

$$T_{source,out}=T_{source,in}-\frac{Q_{absorbed}}{m_{source}c_{source}} \tag{5-44}$$

$$T_{load,out}=T_{load,in}-\frac{Q_{heating}}{m_{load}c_{load}} \tag{5-45}$$

式中 $T_{source,in}$，$T_{load,in}$——水源热泵机组热源侧和负荷侧的进水温度，℃；

c_{source}，c_{load}——水源热泵机组热源侧和负荷侧水的比热容，kJ/(kg·K)；

m_{source}，m_{load}——水源热泵机组热源侧和负荷侧水的质量流量，kg/s。

(3) 房间热负荷的数学模型

本书研究对象为冬季采暖末端地暖盘管。对于包含盘管的房间，其内部能量变化的微分方程为

$$C_{AP}\frac{dT_R}{dt}=\gamma\varepsilon C_{min}(T_i-T_R)+Q_{gain}-UA(T_i-T_R)+Q_{aux}+Q_{sens} \tag{5-46}$$

式中 C_{AP}——有效热容，kJ/K；

T_R——室内平均温度，℃；

γ——控制信号，流量大于 0 时，$\gamma=1$，其他情况时，$\gamma=0$；

ε——盘管的换热效率；

C_{min}——流体最小热容，kJ/K；

T_i——房间入口流体温度，℃；

Q_{gain}——围护结构的负荷变增量；

Q_{aux}——瞬时辅助加热量，kW；

Q_{sens}——房间显热负荷，kW。

5.3.3 仿真模型

(1) 系统信息流程图

对于一个完整的系统而言，当各部分的数学模型建立后，还需要建立整个系统的信息流程图。信息流程图相当于一个系统的框架结构图示，通过使研究对象抽象化，便于我们从流程图中了解各部件间流进与流出的关系，从而更快、更准确地建立系统仿真模型。

本系统所用的部件主要包括气象数据、太阳能集热系统、PCM 蓄能箱组、水箱（包括蓄热水箱和生活热水箱）、热泵机组（水源热泵）、建筑物、控制信号及在线输出设备等。制热时，太阳能集热器供应生活热水，生活热水箱中同时为 PCM 蓄能箱组供应低温热水，为水源热泵热源侧供热，热泵机组为建筑物供暖。系统中的各个模块之间的能量交换由传热介质的质量流量、流速及过程中的换热量等参数连接起来。基于上述考虑设计的系统信息流程图如图 5-27 所示。

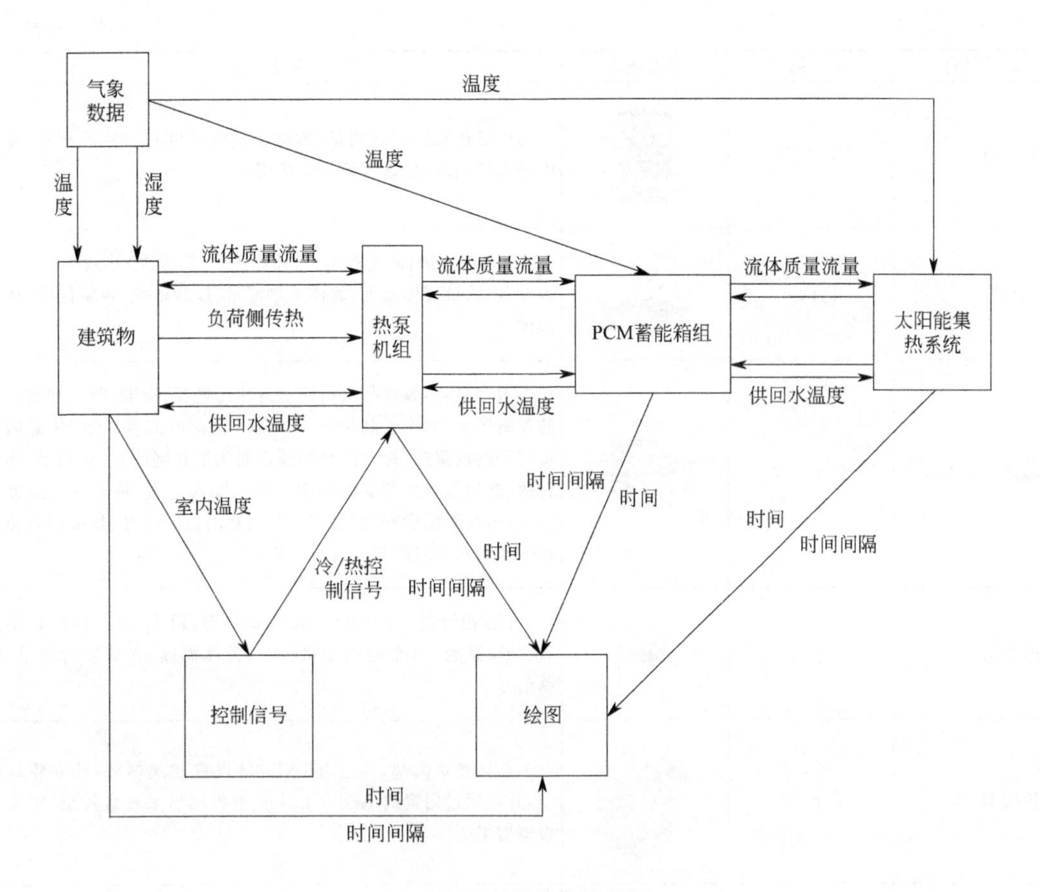

图 5-27 系统信息流程图

(2) 模型部件

本系统仿真模型一共涉及 13 类基本部件，部件类型和基本参数介绍见表 5-7。

表 5-7 系统仿真中的主要部件和主要参数

部件名称	Type 编号	部件图形	主要参数
气象参数	Type 15-2		从外部典型年标准气象数据(TMY2)中读取,主要参数包括:太阳倾角和方位角、太阳辐射量、空气温度、自来水温度等
真空管型集热器	Type 71		参数变量:集热器面积、流体比热容、效率方程、太阳能入射角修正系数等。输入变量:集热器入口温度及流量、空气温度、倾斜面上的总辐射、水平总辐射、太阳能入射角和集热器安装倾角、方位角等
生活热水箱	Type 534-NoHX		参数变量:数据文件逻辑单元数、水箱节点数、内置加热盘管数、混合热流数量等。输入变量:入口 1、2 的流量和温度、各节点损失温度、各节点的辅助加热量等
分流阀	Type 11b		2 个参数变量:分流阀模式、允许振荡数。4 个输入变量:入口温度、流量、热源测温度、设定温度。该分流阀能根据热源侧的温度控制分流流量,保证合流后的温度为设定值
合流三通阀	Type 11h		1 个参数变量:合流模式。4 个输入变量:入口 1 的温度和流量、入口 2 的温度和流量

续表

部件名称	Type 编号	部件图形	主要参数
蓄热水箱	Type 534		与生活热水箱不同的是，蓄热水箱内部设有一蛇形盘管，盘管内是系统循环水，盘管外是生活用水
电加热器	Type 6		4 个参数变量：最大功率、流体比热容、热损失、热效率。5 个输入变量：入口流体温度、流体质量流量、控制函数、设定温度、环境温度
水源热泵模型	Type 927		参数变量：热源侧与负荷侧的流体比热容、密度、制冷和制热时的逻辑单元、制冷和制热时热源侧和负荷侧的温度数、热源侧和负荷侧的流量数、每台热泵的额定制热量和制冷量、耗功量、热泵台数、热源侧与负荷侧的额定流量。输入变量：热源侧的温度和流量、负荷侧温度和流量、制冷和制热的控制信号、热泵同时使用系数和同时开启的热泵台数
定速水泵	Type 3b		5 个参数变量：最大流量、流体比热容、最大功率、热能转换系数、功率系数。3 个输入变量：入口流体温度、入口质量流量、控制信号
建筑模型	Type 56		多热区建筑模型，通过 TRNBuild 设置建筑参数，建立建筑模型，并可通过内置的 Active Layer（地板辐射采暖盘管层）定义地板辐射采暖
阶梯函数	Type 14h		参数变量：初始时间值、初始函数值等，依据阶梯函数功能控制各时间内的信号
温差控制器	Type 2b		2 个参数变量：振荡次数、切断上限值。输入变量：高温和低温输入温度、监测温度、控制输入函数、上限和下限温差
温度控制器	Type 2-AquastatH		2 个参数变量：振荡次数、切断上限值。输入变量：高温和低温输入温度、监测温度、控制输入函数、上限和下限温差

（3）建筑模型和负荷计算

建筑模型选择为武汉市一小型单体实验建筑，建筑基本尺寸为长×宽×高=5m×9m×3.5m。建筑内部没有隔墙分隔热区，四面均为外墙，下表面有地板辐射供暖盘管。南外墙有一面 1.8m×2.1m 的外窗，窗台高 0.9m，东外墙有一面 1.5m×1.8m 的外窗，窗台高 0.9m。建筑无任何遮阳措施。实验建筑模型如图 5-28 所示。

房间和围护结构基本参数见表 5-8。建筑围护结构参数参考武汉市多数建筑的实际值进行设置，冬季室内设计参数参考《民用建筑供暖通风与空气调节设计规范　附条文说明 [另册] 》（GB 50736—2012）中的推荐值进行设置，温度为（20±2)℃，相对湿度为 60%。房间内的人员、灯光、计算机均不带智能控制，处于常开状态。房间的新风量折算为换气次数，设置为 1 次/h。

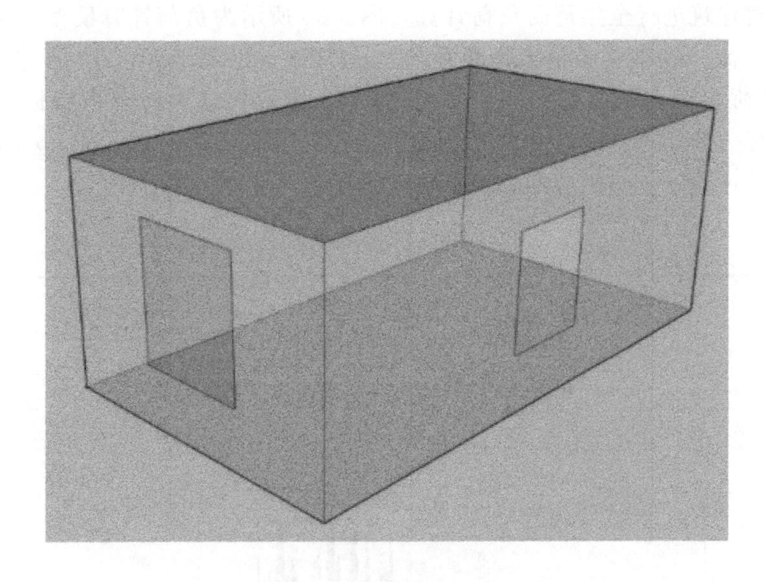

图 5-28 实验建筑模型

表 5-8 房间和围护结构基本参数

参数	取值	参数	取值
冬季室内设计参数	$t_n=20℃$，$\varphi=60\%$	外墙传热系数	1.587W/(m^2·K)
换气次数	1次/h	窗户传热系数	2.83 W/(m^2·K)
人员(轻度劳动)	4人	屋面传热系数	0.750 W/(m^2·K)
灯光得热	13W/m^2	地面传热系数	0.800 W/(m^2·K)
计算机	230W，一台		

模拟软件对于地板辐射采暖盘管层（Active Layer）的设置有一些数学模型的限制。如图 5-29 所示，与盘管相邻的材料层厚度必须大于或等于 0.3 倍的盘管间距，盘管下部保温层的厚度热阻需大于或等于 0.825m^2·K/W。本书研究任务不是布管方式、结构对地板辐射供暖的影响。因此，模拟过程中将这些参数设置为定量。设定盘管间距为 150mm，管径为 20mm；热导率为 0.35W/(m·K)，地面层的总传热系数为 0.800W/(m^2·K)。冷却吊顶盘管的设置采用软件默认设置，盘管间距设置为 200mm，管径为 20mm，模拟中设置盘管的入口温度和入口流量为 Input 类型，即由外部输入。

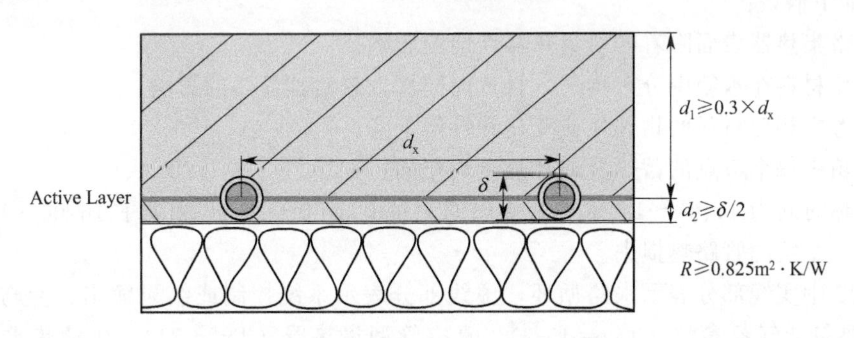

图 5-29 Active Layer 模型示意图

利用软件对建筑进行全年逐时负荷计算，图 5-30 所示为负荷计算模型，图 5-31 所示为建筑全年逐时负荷。该建筑的最大冷负荷为 4.475kW，出现于 8 月 19 日（全年以小时数计）；最大热负荷为 3.992kW，出现于 1 月 13 日。建筑的最大冷负荷指标为 $99.4W/m^2$，最大热负荷指标为 $88.7W/m^2$，和工程经验值相符。因此，利用 2hp（1hp=745.7kW）容量的热泵对建筑进行冷、热供应能满足系统设计需求。

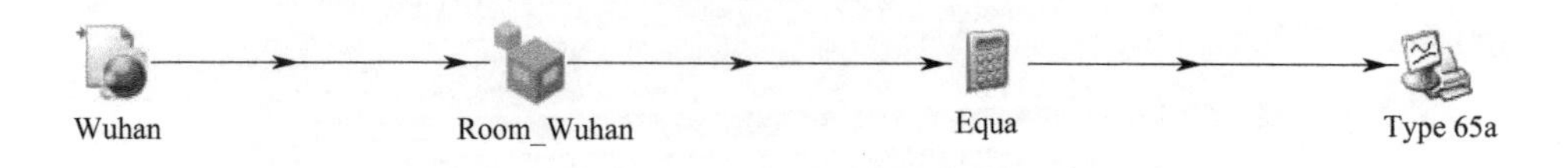

图 5-30 TRNSYS 逐时负荷计算模型

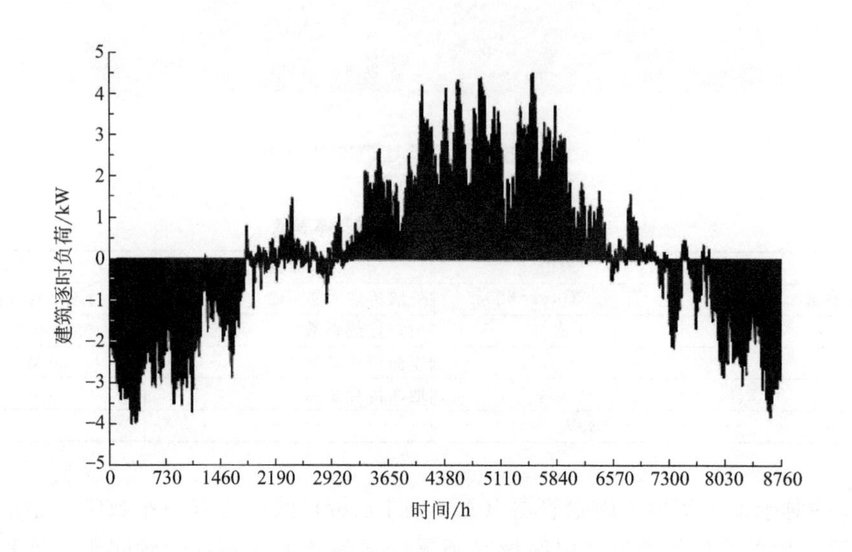

图 5-31 建筑全年逐时负荷

5.3.4 蓄能式 SC-ASHP 系统仿真模型及参数

根据前述的信息流程图建立图 5-32 所示的系统仿真模型图。为了方便比较和分析，还需要作出如下假设：

① 忽略集热器表面附着物对集热器性能的影响；

② 相变材料在水箱中分布均匀，且各向同性，忽略其显热的影响；

③ 不考虑相变材料的物理性质变化和性能下降；

④ 水箱中每个节点的蓄热量或释热量均相同；

⑤ 蓄热时间为 11:00～15:00，释热时间为早上 8:00～10:00 和下午 16:00～18:00；

⑥ 忽略系统的管路热损失。

图 5-32 中实线部分表示水路循环，虚线部分表示系统控制或结果输出。参与系统循环的部件主要包括气象参数（Type 15-2）、真空管型集热器（Type 71）、生活热水箱（Type 534-NoHX）、分流阀（Type 11b）、合流三通阀（Type 11h）、定速水泵（Type 3b）、蓄热水箱（Type 534）、电加热器（Type 6）、水源热泵模型（Type 927）、建筑模型（Type 56），

控制部件有温度控制器（Type 2-AquastatH）、温差控制器（Type 2b）、阶梯函数（Type 14h），阶梯函数配合计算器实现时间和温度的组合控制。除此之外，还包括一些在线输出部件用来输出系统的运行参数。图 5-32 中还包括两组积分运算，分别用来计算太阳能辐射能和热泵及水泵耗能。

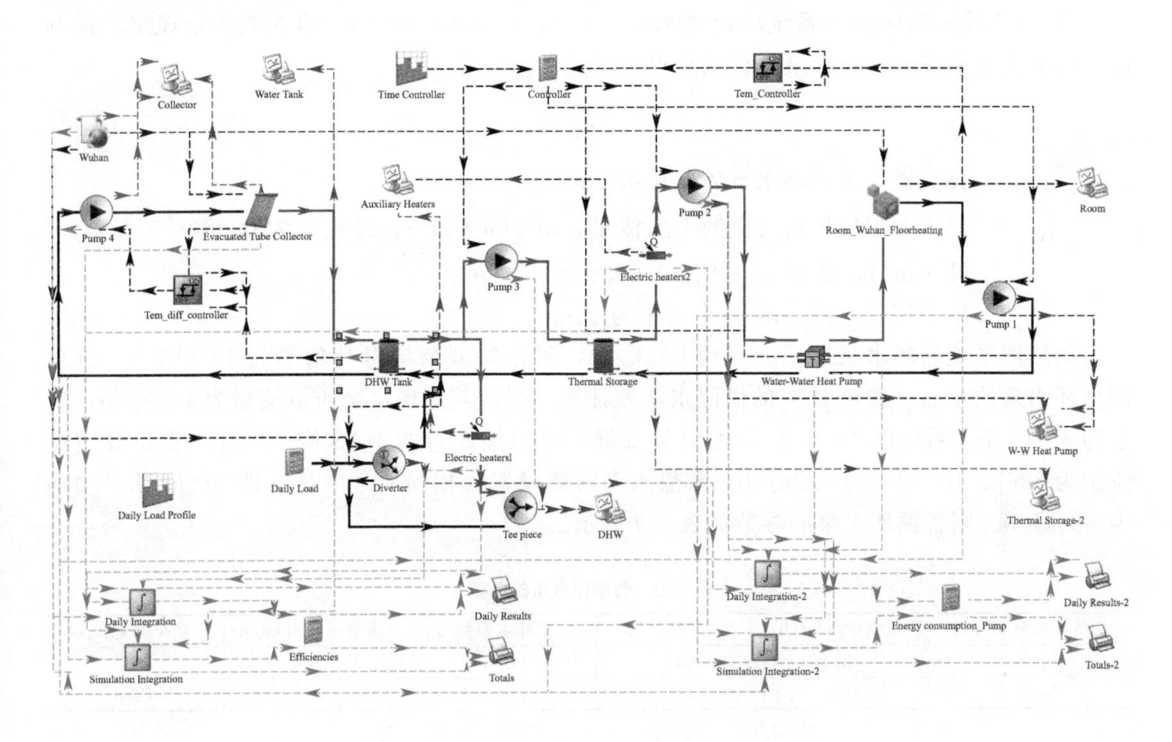

图 5-32　蓄能式 SC-ASHP 系统仿真模型图

（1）仿真部件参数

① 真空管型集热器　根据 5.1.4 节计算的结果，集热器总面积为 $15m^2$，选择 3 个 $5m^2$ 的真空管型集热器串联。测试工况下的每平方米集热器流量为 $3kg/(h \cdot m^2)$，集热效率为 0.7。

② 生活热水箱　生活热水箱的总体积为 $0.6m^3$，高度为 1.8m，设置为 6 个温度层，每个温度层为 0.3m，各层内温度一致。生活热水箱共有 3 对进出口，分别连接集热循环系统（对应图 5-33 中 inlet 1、outlet 1）、生活热水（inlet 2、outlet 2）、板式换热器高温侧（inlet 3、outlet 3），每对进口和出口的流量一一对应。各节点的热损失系数为 $2.5kJ/(h \cdot m^2 \cdot K)$。对于集热侧，水箱出口在底部（Node 6），入口则在顶部（Node 1），能最大限度地利用太阳能。对于负荷侧，生活热水的温度越高越好，且考虑冬季补水温度低，设置其出口在顶部（Node 1），入口则在水箱底部（Node 6）。对于供应蓄热水箱的出口，应尽可能利用生活热水箱的低温热源，将其出口设置在第三节点（Node 3），入口同样在水箱底部（Node 6）。生活热水箱的进出口示意图如图 5-33

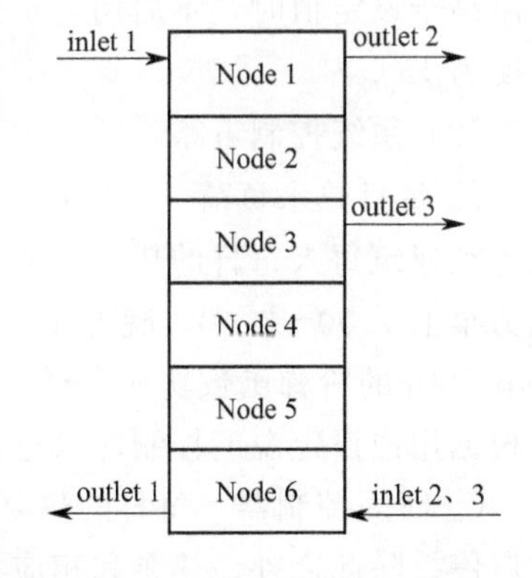

图 5-33　生活热水箱进出口示意图

所示。

③ 循环水泵 该系统共设有 4 个循环水泵（简称水泵），其编号与 5.1 节（图 5-1）对应。本仿真模型采用的是简易定频泵模型，仅需设置流量和功率。循环水泵热转换系数（动能转换为流体热能）为 0.05，功率系数为 0.5。

《民用建筑太阳能热水系统应用技术标准》（GB 50364—2018）第 5.4.6 条规定，强制循环的集热器系统的循环水泵体积流量可按下式计算：

$$q_{x}=q_{gz}A_{j} \tag{5-47}$$

式中 q_{x}——集热器系统循环水泵体积流量，m^3/h；

q_{gz}——单位面积集热器对应的工质流量，$m^3/(h \cdot m^2)$，经验值为 $0.054 \sim 0.072 m^3/(h \cdot m^2)$，这里取中间值 $0.063m^3/(h \cdot m^2)$；

A_{j}——集热器总面积，m^2，本书中为 $15m^2$。

集热器系统循环水泵质量流量为 945kg/h，根据选型结果得其功率为 1276kJ/h。负荷侧循环水泵质量流量按照 10℃的供回水温差计算，得出其循环水泵质量流量为 482kg/h，功率为 651kJ/h。系统供热时，负荷侧质量流量为热源侧流量的 1.25 倍。因此，得出其质量流量为 386kg/h，功率为 522kJ/h。蓄热水箱两侧设置为相同质量流量，即 386kg/h，功率为 522kJ/h。则各循环水泵的参数如表 5-9 所示。

表 5-9 各循环水泵的参数

循环水泵编号	质量流量/(kg/h)	功率/(kJ/h)	循环水泵编号	质量流量/(kg/h)	功率/(kJ/h)
Pump 1	482	651	Pump 3	386	522
Pump 2	386	522	Pump 4	945	1276

④ 水源热泵模型 按照压缩机选型参数设置，额定制热量为 5600W，输入功率为 1710W，额定 COP 为 3.27。

⑤ 蓄热水箱 设置数量为 6 个，单个 $0.1m^3$，高度为 0.5m。内置总长约为 2m 的蛇形盘管，利用盘管供应机组热源测。各节点的热损失系数为 $2.5kJ/(h \cdot m^2 \cdot K)$。

⑥ 电加热器 系统共设置两个电加热器：一个用来加热生活热水，功率为 2.5kW；另一个用来加热热泵机组热源侧的入口水流，功率为 5kW。电加热器自带控制功能，当入口水温高于设定值时，不启用电加热器。设定生活热水的出口温度值为 45℃，热源侧的出口温度为 15℃。

（2）系统控制策略

① 每日热水负荷 《民用建筑太阳能热水系统应用技术标准》（GB 50364—2018）中规定各类建筑每人每日的热水定额大致为 20～60L/(p·d)，这里取 40L/(p·d)，用水时间设置为早上 7:00～9:00、晚上 19:00～21:00，用水人数为 3 人，且各时间段用量相等。利用 Type 14h 的阶梯函数功能实现。用水温度设定为 45℃，分流阀（Type 11b）带有智能控制，可根据用户设定温度控制冷水进入水箱和合流三通阀的流量。

② 时间控制器 每日的热泵运行时间设置为早上 8：00 至下午 18：00，水泵和热泵同时启停。除此之外，热泵和相应循环水泵还受室温控制。

③ 温差控制器 温差控制器用来控制真空管型集热器和生活热水箱之间循环水泵的启停。当集热器出口温度比入口温度高 10℃时，循环水泵循环；直到集热器出口温度和入口

温度差值小于 2℃时，循环水泵关闭。该控制器还监测水箱顶部供水温度，当该值达到 100℃时关闭循环水泵，切断循环。

温度控制器根据室内房间的温度高低来输出控制信号，与时间控制器共同控制机组热源侧、负荷侧、热泵机组以及板式换热器两侧循环水泵的启停。利用软件中计算器的 AND 函数功能。只有当二者都满足时，才能输出 1 信号，启动设备，反之则为 0。设计工况下，房间的采暖温度为 20℃；当房间温度高于 22℃时，循环水泵和机组停止运行。当房间温度低于 18℃时，循环水泵和机组启动，直到房间温度高于 22℃。

(3) 仿真结果及分析

模拟可输出全年 8760h 的逐时模拟数据，并可自由选择各个时间段内的数据进行显示和分析。单日的研究结果不具一般性，但是可细致地反映这一典型日内的系统运行参数。通过对比气象数据中一月的室外干球温度和 40°倾角平面上的太阳辐射照度，选择以 1 月 12 日作为典型日（264～288h）；同时，为了研究两种系统在采暖季内的性能和节能性，还应分别计算系统在各个月内的能量变化。

该日的室外干球温度和集热器倾角平面内的太阳辐射照度如图 5-34 所示。典型日内太阳辐射照度适中，最大值出现在下午 14:00，约 500W/m^2。该日的室外干球温度很低，最高温度为 0.95℃，最低气温为－4℃，在下午 14:00 时，气温约为 0℃。计算得典型日的最大热负荷约为 3.8kW。

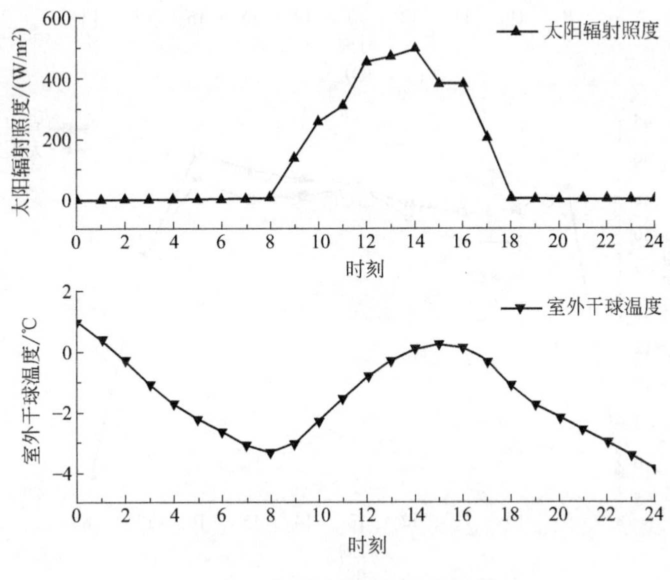

图 5-34 典型日的逐时气象数据

(4) 典型日

为了排除初始值设置造成的影响，设定模拟周期为一周（即为 168～336h）；后将计算结果进行处理，选取 264～288h 时间段内的系统逐时运行参数，对比如下。

① 集热器出入口温度 图 5-35 是典型日内，集热器出入口温度随时间变化曲线图。从集热器入口温度变化来看，系统初始运行时刻，有 PCM 存在时的集热器入口温度比无 PCM 存在时要高。这是因为有 PCM 的情况下，蓄热水箱中的水温下降缓慢，返回至生活热水箱的底部水温会比无 PCM 工况下高。而在正午至下午时刻，PCM 蓄热，导致蓄热水箱内水

温较无 PCM 的低，进而引起集热器入口水温偏低。集热器出口温度随入口温度变化而变化。因此，两幅图的趋势变化相近。有 PCM 时，曲线变化平缓，没有明显的峰值和谷值；而没有 PCM 时，曲线是先低后高，说明 PCM 的存在具有明显的“削峰填谷”的作用，能将午间的富裕能量“转移”至早上使用，在保证系统午间高效运行的同时弥补早上因太阳能不足而引起的系统能耗增加。这也正是蓄能系统的设计目标，即解决太阳能系统与建筑之间的能量供需时间不匹配的问题。另外，在典型日内，室外气温非常低，致使夜间集热器出口温度降至零下，应采取适当的防冻措施。

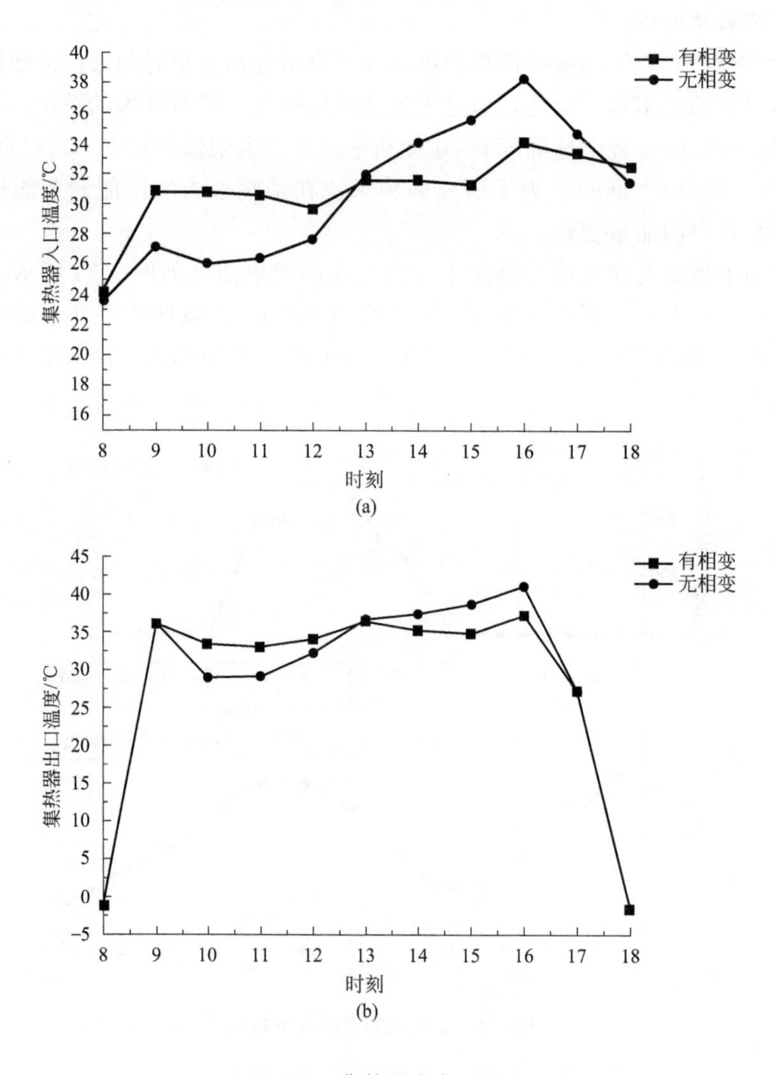

图 5-35 集热器出入口温度

② 换热盘管出口温度 图 5-36 是典型日内，换热盘管出口温度随时间变化曲线图。从图 5-36 中可以看出，初始时刻，热泵运行，对于没有 PCM 的普通蓄热水箱，其换热盘管出口温度骤降，而存有 PCM 的蓄热水箱则能减缓温度下降速度。这是由于前一天的蓄热量并未释放，当热泵启动后，水温降至 21℃下，内部开始进行潜热放热，进而减缓内部水温下降并减缓换热盘管的水温下降。系统运行初始时刻存在放热不足的情况，这是由于 PCM 热导率小，水温的变化不能立刻反映给 PCM。正午时刻，两种情况下的水温均

升高，无相变的水温升高较快；而在有相变的情况下，水温升高较慢，且最高温度比无相变时低。这是由于随着太阳辐射照度增加，PCM 蓄热会减缓水箱升温速度。在两种工况下，换热盘管出口温度的峰值受太阳辐射照度影响较大。当富裕的太阳能可满足系统蓄热量时，二者峰值会保持一致；而富裕的太阳能与蓄热量的差值越小，二者峰值之差就会越大。因此在实际运行中，蓄热时应保证系统的正常运行，不能以牺牲系统性能为代价，否则会得不偿失。

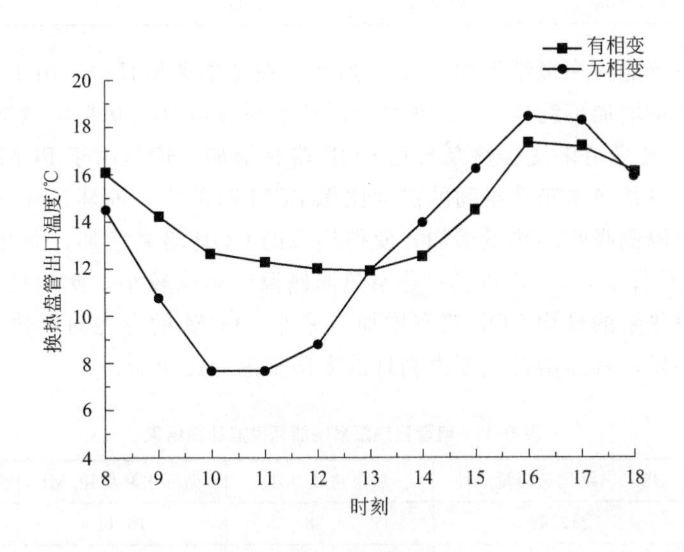

图 5-36　换热盘管出口温度

太阳能保证率和集热效率是能有效反映太阳能集热系统运行状况是否良好的参数。《民用建筑太阳能热水系统应用技术标准》（GB 50364—2018）中有述，太阳能保证率是指太阳能集热系统中太阳能提供的热量占太阳能集热系统总负荷的百分率，集热效率是指集热器表面截取的太阳能和集热器获取的有用能之比。可分别按下式计算：

$$F_{sol}=1-\frac{Q_{aux}}{Q_{dhw}+Q_{hs}} \tag{5-48}$$

$$E_{tacoll}=\frac{Q_{useful}}{AI_{coll}} \tag{5-49}$$

式中　F_{sol}——太阳能保证率；

Q_{aux}——辐热消耗的能量，kJ；

Q_{dhw}——供应生活热水的能量，kJ；

Q_{hs}——PCM 蓄能箱组获得的能量，kJ；

E_{tacoll}——集热效率；

Q_{useful}——集热器获取的有用能，kJ；

A——集热器总面积，依据上文计算，集热器面积为 $15m^2$；

I_{coll}——集热器单位面积获取的太阳能，kJ/m^2。

典型日内的模拟结果如表 5-10 所示。在冬季典型日中，太阳辐射照度适中，系统集热效率和太阳能保证率都很高。PCM 的存在对系统总负荷影响较小，主要原因是系统总负荷主要由生活热水负荷和建筑负荷决定，即主要由系统需求侧决定。

表 5-10 典型日集热系统模拟计算结果

工况	集热器表面的总太阳辐射能/MJ	集热器吸能系统总负荷/MJ	能耗/MJ	集热效率/%	太阳能保证率/%
有 PCM	67.403	129.054	21.421	0.77	82.70
无 PCM	167.403	112.321	38.801	0.67	62.01

典型日热泵系统能耗模拟结果如表 5-11 所示。在冬季典型日中，由于 PCM 的存在，热泵供应给建筑的热量增加了约 4.3%，热泵和循环水泵在该日的功耗略微增加，分别增加了 2.21%和 2.03%。最终结果使得热泵日均 COP 略有增加。这是由于 PCM 的存在延缓了蓄热水箱的温降，使得蓄热水箱在早间的温度比无 PCM 时的大，而建筑在早间的负荷一般比正午大，系统从热源侧吸收的热量增加，使得热泵的 COP 略微增加；而在正午太阳辐射能满足 PCM 蓄热的条件下，PCM 蓄热对热泵热源侧温度影响较小，此刻对热泵 COP 影响较小，综合作用使得热泵的日均 COP 略有增加。另外，PCM 的存在对于热泵 COP 的影响是二者综合作用的结果，具体增益主要由当日的太阳辐射照度决定。

表 5-11 典型日热泵系统能耗模拟计算结果

工况	热泵供给建筑热量/MJ	热泵功耗/MJ	循环水泵功耗/MJ	热泵 COP
有 PCM	212.40	75.88	16.11	2.80
无 PCM	203.66	74.24	15.79	2.74

统计典型日内的总耗电量，无 PCM 工况的总耗电量为 128.83MJ，有 PCM 工况的总耗电量为 113.41MJ，节省电量 15.42MJ，节电率为 11.97%，说明蓄能式 SC-ASHP 系统在武汉地区冬季典型日气象条件下比普通的 SC-ASHP 系统要略微节能。

（5）采暖季

对仿真模型设置不同的模拟周期，分别得到系统在 12 月至次年 2 月的模拟结果，如表 5-12 和表 5-13 所示。

表 5-12 采暖季各月的模拟计算结果（一）

月份	工况	集热器表面的太阳能辐射量/MJ	集热器吸收的有用能/MJ	供应生活热水的能量/MJ	生活热水电辅热量/MJ	供应热泵的热量/MJ	热泵热源侧电辅热量/MJ	集热效率	太阳能保证率
12	有 PCM	4179.03	2212.33	261.96	194.93	1583.11	395.31	0.53	68.01%
	无 PCM	4179.03	1978.42	293.11	164.78	1241.31	629.66	0.47	48.19%
1	有 PCM	4062.77	2541.20	206.43	281.40	2117.01	560.91	0.63	63.75%
	无 PCM	4062.77	2273.32	272.43	215.41	1674.19	827.07	0.56	45.69%
2	有 PCM	3578.26	2058.47	338.19	102.41	1248.20	159.21	0.58	83.51%
	无 PCM	3578.26	1864.08	363.23	77.37	965.52	393.42	0.52	64.57%
总计	有 PCM	11820.06	6812.00	806.58	578.74	4948.32	1115.43	0.58	70.56%
	无 PCM	11820.06	6115.82	928.77	457.56	3881.02	1850.15	0.52	51.74%

表 5-13　采暖季各月的模拟计算结果（二）

月份	工况	热泵供给建筑的热量/MJ	热泵功耗/MJ	循环水泵功耗/MJ	热泵 COP
12	有 PCM	3033.73	1007.26	230.82	3.01
	无 PCM	3021.33	1037.32	234.06	2.91
1	有 PCM	4142.55	1427.36	311.85	2.90
	无 PCM	3981.73	1392.59	302.69	2.86
2	有 PCM	2104.54	693.64	172.50	3.03
	无 PCM	2188.03	756.81	181.13	2.89
总计	有 PCM	9280.82	3128.26	715.17	2.97
	无 PCM	9191.09	3186.72	717.88	2.88

表 5-12 所示为集热侧的能量模拟计算结果，表 5-13 所示为热泵及建筑侧的能量模拟计算结果。从这两张表中可以得出以下结论：

① 12 月份的集热器表面的总太阳辐射能最大，但负荷最大在 1 月份，使得 1 月份集热器吸收的有用能最多，平均集热效率最高。

② 2 月份的建筑负荷最小，太阳能供应给热泵的能量最少，而供应给生活热水的能量较其他两个月多，且所需电辅热也最少。这使得 2 月份的太阳能保证率比其他两个月高。

③ 从各个月的对比来看，相对于无 PCM 的系统，PCM 的存在对集热效率、太阳能保证率和热泵 COP 均有增益。从整个采暖季来看，对比无 PCM 的系统，PCM 的使用使得整个系统的集热效率、太阳能保证率和热泵 COP 分别提高 11.54%、36.37% 和 3.13%。主要是由于 PCM 的存在使得集热器的有用能增加，在正午时刻，太阳辐射照度高，使得“多余”的太阳能有位置储存，进入集热器的水温降低，平均集热效率提高。到了下午和第二天早上，PCM 的放热使得系统 COP 略有提升，很好起到“削峰填谷”的作用。

④ 生活热水的负荷主要在早晚，而由于热泵的存在使得这两个时间段内生活热水箱内的温度较低，而且有 PCM 时，水温会更低。因此，有 PCM 时，生活热水的电辅热量需求更大，但是热泵所需电辅热量却变少很多。综合收益仍然为正。另外，生活热水和供暖用水的水箱仍需分开设置；否则，在无控制的情况下，热泵会“抢夺”生活热水的热量，致使生活热水的热量供应不足。

由图 5-37 可以看出在武汉地区，采暖季蓄能式 SC-ASHP 系统比普通的 SC-ASHP 系统节能。系统在 12 月、1 月、2 月的节能量分别为 237.5MJ、156MJ、280.97MJ，节能率分别为 11.50%、5.70%、19.94%。数据表明在负荷最大月，蓄能式 SC-ASHP 系统表现不如其他月份，但仍然比无 PCM 的系统要节能。说明蓄能式 SC-ASHP 系统的节能性受建筑负荷和太阳辐射照度影响较大，本系统的蓄能容量以日为周期进行蓄放热，1 月份连续较低的太阳辐射照度对系统充能和释能影响很大，致使系统在很长一段时间内与普通的 SC-ASHP 系统无异，导致整月的节能率低。另外，生活热水存在的条件下系统的节能增益为负，特别是针对热水负荷时间段是早晚而非中午的情况。但系统的模拟结果是基于长期且稳定的热水负荷条件，实际情况下，用户可根据温度传感器显示的温度值决定是否取用，这样系统的节能率也会提高。

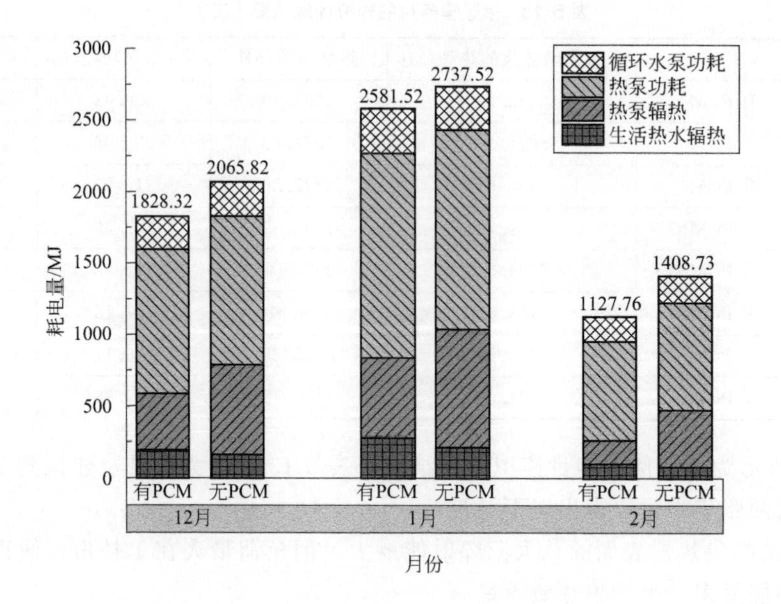

图 5-37 采暖季每个月内各设备的耗电量

基于多环演算暖通空调控制技术

6.1 基于多环演算暖通空调控制技术研究现状及发展趋势

6.1.1 项目的意义和必要性

提高能源利用率是世界共同的话题。在我国社会的能耗组成中，建筑能耗约占总能耗的四分之一，并且所占的比重还在增加，使之成为最主要的用能领域之一。因此，建筑行业的节能减排变得尤为重要。

服务于建筑的暖通空调系统占建筑总能耗的30%～35%。其中，中央空调系统所占的比重较大。因此中央空调系统的节能降耗技术必须有所突破。

首先，要实现中央空调的节能，各个组成部件的技术要实现更新与升级换代。目前。消耗能量的单个部件（例如阀门、动力设备等）的节能潜力已经被很大程度地挖掘。以水泵为例，在现有基础上提升1%的水泵效率都是十分困难的，即使实现了，所产生的节能效益也非常有限。

其次，具体建筑物中要实现中央空调的节能，必须建立中央空调规模与建筑的实际情况匹配的科学方法。这里的匹配主要体现在如下几个层面。

① 建筑实际所需负荷与空调系统提供的总容量之间的匹配。实际建筑的每个房间、区域的空调冷热负荷，随着建筑功能区域的空间格局、季节、人流量、照明的变化而变化，为其提供冷热负荷及新鲜空气的量也会随之变化。

每个房间、分区所需的负荷，最终是由中央空调的房间末端冷热量再处理与分配子系统（简称末端子系统）提供的。设计状况下，理想的末端子系统的每个设备的额定容量（在特定的水量、空气入口条件下，或者是风系统为这个空调对象所采用的送风口布局）都要与房间的要求相匹配（即等于或稍微大于负荷需求）。在运行状况下，房间负荷需求的变化曲线能够被末端子系统所满足。

② 末端子系统的设计负荷、运行负荷与主空气处理和/或用户冷热输配循环子系统（统称中间输配子系统）相匹配。

③ 中间输配子系统设计与等冷热源子系统之间的匹配。以上使用的术语匹配，包含等

于、大于、小于三个数量关系，这些关系可通过定性或定量的工具进行数学映射。这些映射制约着中央空调的节能潜力。

再次，若要实现中央空调的节能，则需优化空调各个系统的本征模型与系统运行管理技术。这里的本征模型，主要着眼于以空调效果与节能为目标的、大系统背景下的各个子系统的表达特征。

目前，传统空调系统设计理论、设备的运行调节、控制手段存在如下局限与不足，并非理想状态：

① 空调系统设计之初，只能在建筑各个区间的用途不变、建筑材料不变的情况下，假设一些人流量、照明量等数据来进行，因此不可能完全真实地精确计算每个空调区间的冷热负荷及新风量；

② 空调的水系统环路、风处理系统、冷热源的搭配等，在设计规范的约束下，凭设计师的经验及投资方的经济能力来划分与组建，有许多先天不足；

③ 空气处理设备、冷热源、风机水泵等样本提供的典型数据，不会正好等于需要的数据，由于缺少变化情况下的选择与计算信息，设计师只能选择安全系数偏大的设备，从而产生设备潜在提供容量的能力偏大的现象，即产能过剩；

④ 运行之中没能准确平衡负荷，使空调系统的供冷（热）量大大超过维持分区设计状态所需的实际负荷；

⑤ 各种调节与控制方法，例如变频、改变水温水量、减少新风量、运用地源热泵等能量优化与控制系统等，也往往从小系统的局部进行考虑，并没有从系统整体运行的角度出发，去协调，从而实现整体的节能；

⑥ 控制系统所检测的参数数据，无法得到及时反馈，造成能量控制系统不能有效工作。例如，室内人员的变动情况，会在很长的时间影响室内温度；室内温度的波动，引起远端可感知水温的变化也要经历较长时间。

因此中央空调系统是大滞后、大惯性的复杂工程，要实现中央空调系统最佳运行状态的节能，必须从中央空调的主机、循环水系统和风系统等进行全局考虑，协调好中央空调系统各个环节的运行，从而使空调系统达到整体节能的效果。

虽然目前控制技术已经趋于成熟，但依然不能很好地应用于集中空调系统的节能控制之中。其根本原因是对整个空调系统的各个环节的研究不透彻，还没有很完善、便于实施的集中空调系统涵盖各个环节的优化节能控制技术。

最后，必须注意的是，中央空调系统中有很多设备，设备之间通过一定的关系联系着，而且可能一直处于变化之中，很难仅仅凭借经验的方法去实现中央空调系统全局的节能。

因此，面对如此大的空调能耗，想要进一步地节省能量消耗，就必须从系统整体的设计、节能控制方面出发，寻找整个空调系统的各个环节的联系规律，从而找到一种优化控制的指导方法，才能对中央空调这种复杂的系统，获得良好的控制与节能效果。

6.1.2 国内外研究现状和发展趋势

（1）节能措施、方案与设备的状况

中央空调系统是一个设备较多、系统复杂的综合系统。中央空调系统常见的节能措施、方案与设备如下。

① 建筑围护结构的节能措施。建筑围护结构节能主要表现在建筑的平面、朝向、窗户结构和材料、遮阳方式等方面上。围护结构是影响空调负荷最主要的因素，也是空调系统节能的基础。

② 夜间电力的应用和移峰蓄热的节能措施。从 20 世纪 60 年代发展起来的水蓄冷技术到 20 世纪 80 年代开始兴起的冰蓄冷技术等，都对空调的节能起到一定的作用。还有建筑结构蓄热（冷）。

③ 天然能源直接利用的节能方法。利用地球的可再生能源，如太阳能、井水、河水等地下水，以及蒸发冷却技术都可以在空调系统达到节能的目的。

④ 利用节能原理实现的新的空调方案。20 世纪初，在空调系统中有许多节能方案，如变风量技术、变水量技术、热回收技术、空气源热泵技术等。还有热电冷三联供技术、水源热泵和地源热泵技术、余热回收技术、冰蓄冷技术等。现在许多先进的节能技术也是以此为基础发展起来的。

⑤ 空调装置输送系统的节能方案。例如大温差系统，以及加大循环水的温差、减少水系统的流量以减少输送能耗等。

另外，随着科学技术的不断发展，新的运行技术与设备出现在空调节能领域中，能够实现设备级的大幅度节能，例如：楼宇设备自动控制技术和建筑一体化技术；中央空调系统中的水泵和风机通过变频器对流量进行变频控制等。

中央空调系统的节能措施、方案与设备有很多，均能够一定程度上节约系统的能耗。

（2）中央空调设备模型与系统模型的研究状况

中央空调系统是一个很复杂的系统，由很多设备和部件组成。这些设备和部件也是按照中央空调制冷或制热的原理、建筑环境舒适性或工艺性的要求有机集成在一起的；针对同一个目标，可以采取多种不同的集成方案。随着建筑规模的增加，系统的体量与复杂程度都增加得很大。从系统论的角度考虑，可以轻易发现，从单个设备去实现空调系统的节能是不现实的，甚至会得到相反的效果。建立中央空调设备模型一般有以下三种方法。

第一种为分析方法。这种方法，一般是从某个角度出发，对模型进行详细的物理分析，分析设备的能量进出方式、每个参数对设备模型仿真结果的影响，并找出它们之间准确的数学表达式。这种方法虽然可以准确地描述设备能耗模型，但是实际操作难度很大。

第二种方法是建立系统中设备利用灰色系统、黑色系统或白箱系统的理论，用历史数据或者实测数据进行统计和辨识分析，从而建立设备的黑箱能耗模型，预测模型的空调效果与运行能耗。但利用这种方法建立的模型，不能反映设备的物理特性，提供的参数信息较少，预测的准确性可能不是很高。

第三种方法就是结合前面的两种方法建立设备模型。根据第一种方法建立准确的设备能耗模型，在此基础上进行简化处理，找出影响设备能耗的主要参数，分析它们之间的主要关系，再利用历史数据或者实测数据，对设备的能耗进行预测，最终得出中央空调系统设备能耗的表达式。此方法综合了第一种方法和第二种方法的优点，不管是对复杂的设备模型，还是对简单的设备模型，都能够很好地适用。因此，在实际研究过程中，第三种建模方法应用较为广泛。截至目前，对于空调的系统能耗模型，国内外有很多学者进行了很多的研究工作，分别为设备能耗系统建立了一系列的数学模型。

在国外，Thielman 专门对空调系统的冷水机组控制策略进行了研究，根据冷冻水和冷却水的温度，对冷水机组的启停时间和顺序给出了一定的控制策略。

Enterline对空调系统的组成部分进行了详细研究，特别是对制冷机组和水的研究，通过一定方法分析了它们的能耗、能耗的变化趋势及能耗与变量之间的关系。但为简化模型，很多重要的部件没有考虑在内。Johnson研究了空调系统的两种水系统的控制方法，根据实测数据并计算，给出了优化控制的图表，然后通过编程将优化控制的信息传递给控制器，实现了对冷水系统的优化控制。Braun采用不同的方法对某飞机场的空调系统分别从部件和系统两个方面进行了优化，重点研究了“递归最小二乘”参数辨识法。

S. H. Wang采用遗传算法对空调系统进行了优化控制，并且对能耗进行了预测，得到了比较好的预期效果。Yao对空调系统进行了研究，并采用了优化控制技术，最终得出节约10%左右的能耗。Chang采用Lagrangian算法分析和研究了冷水机组的控制策略，并对多台机组的冷负荷分配方法也进行了一定研究。控制算法也从简单的挡位切换，发展到比例控制、PD控制、PID控制、比较高级的自适应控制、神经网络及模糊控制。

国内有的学者对空调水系统的能耗进行了分析和建模。孟华研究了中央空调水系统，建立了基于物理特性的水系统数学模型，并且进行了在线辨识，通过遗传算法求得控制变量的最优解。董宝春等对变流量系统进行了分析，通过一个变频器对多台水泵进行控制，减少了变频器的个数，降低了初投资，减少了系统输送能耗，达到了节能的目的。殷平分析比较了在不同的冷冻水出口温度和冷冻水进出口温差的情况下，空调系统的制冷量和能耗；但是，只分析了冷水机组的能耗，没有考虑冷却水的能耗变化。姚国梁对空调的控制系统进行了研究，提出水泵的功率与流量的三次方成正比的说法是不完全正确的，只有在相似工况中，水泵功率才与流量三次方呈正比关系，在变压差系统中降低水泵能耗的方法是将压差的控制点设置在最不利环路上。

一般中央空调系统主要由风系统、水系统、自控系统组成，并且系统中有很多部件，被控参数一般是室内温湿度。而影响室内温湿度的因素有很多，如室外温湿度、冷冻水阀、加热器和加湿器的开度等。由于中央空调系统结构很复杂、参数众多，因此很难用精确的数学模型来描述中央空调系统的控制系统，很难开发出比较精确的控制模型。本书主要采用第三种设备能耗模型建立方法，通过理论和实验相结合，利用历史数据辨识分析以后，建立设备的能耗模型。这种建模方法使得模型不是那么复杂，通俗易懂，可操作性强，并且有一定的准确性及精度要求。最后采用一定的控制方法，根据建立的各个设备能耗模型，使中央空调系统运行能耗最小。

6.1.3 项目的主要研究对象与内容

（1）项目的研究对象

本项目将空调系统按形成过程、工作原理分为许多个相互耦合、前后相互作用和变化的多环系统，研究建筑环境、建筑结构、空调系统间的相互作用的规律，研究环路中大到全局、小到一个阀门的行为对空调系统总能耗的贡献，为空调系统设计结果提供诊断工具，为空调系统节能运行提供系统集成的控制策略。

非理想多环演算技术是本研究的核心，是一种基于建筑与空调系统整体的行为预测与控制技术，它有别于传统的基于局部监测与单个点对点控制的技术。“多环”指的是，建筑与空调系统是由许多功能环路与系统群构成，如内外环境扰动环路、建筑格局和建材热湿传递与空气渗透响应环路、空调水（制冷剂）系统输配环路与水系统群、空气输配环路与空气输配系统群、冷热源环路、楼控系统控制环路与楼控系统群等。

（2）本项目的研究内容

研究在非理想状态下，多环空调系统离散状态下的行为规律，探索空调系统总能耗、部件最优运行时间分配、设备与系统的性能、运行状态（部分运行/完全运行/停止/切入其他环路）对总体目标的影响强度，探索这种变化引起的上下游系统（部件、设备）连锁反应的范围及其对后续的系统行为产生持续影响的模式，提供空调系统设计与能耗预测诊断的工具，研究示范工程的实施方案。

还研究非理想条件下，多环空调系统某状态下某行为的能耗的核心理论和主要调控手段，包括空调负荷预测与校准、热湿交换设备离散模型、冷热源容量能耗模型、输配动力设备、管网动态模型等。

本项目的研究内容还包括：基于运行历史数据的诊断与校验核心理论与手段的研究，空调系统能耗控制手段与策略的研究，系统软件模型的设计研究，程序的设计、编写及示范工程应用。

（3）项目拟解决的关键技术

① 性能强的模式识别算法，用以预测负荷、判别每一个系统成员的能耗及其在不同格局的系统中的能耗影响因子。

移动平均法是一种简单平滑预测技术，它是根据时间序列资料、逐项推移，依次计算包含一定项数的序时平均值，以反映长期趋势的方法。因此，当时间序列的数值由于受周期变动和随机波动的影响，起伏较大，不易显示出事件的发展趋势时，使用移动平均法可以消除这些因素的影响，显示出事件的发展方向与趋势（即趋势线），然后依趋势线分析、预测序列的长期趋势。

由于移动平均法可以平滑数据，消除周期变动和不规则变动的影响，使得长期趋势显示出来，因而可以用于预测。

准确的空调负荷预测是实现空调系统节能运行控制的前提条件。虽然目前已经建立了许多预测模型，但由于实际存在许多不可预测的因素，这些模型在实际应用过程中会出现预测精度时高时低的不稳定现象。在实际中，由于运行条件和工艺的改变，可能会导致早期所积累的大量数据不能很好地反映系统近期的负荷特性，这样利用早期的数据模型进行预测，势必不会有很好的预测效果。因此，只有利用近期历史数据进行负荷预测，才能增加负荷的预测精度。然而，近期历史数据量比较小。因此，如何选取小样本以及在小样本情况下进行负荷预测，以适应系统的变化，是本项目重点研究的一个问题。

② 离散非理想条件下，空调系统各单元部件在环路中的动态耦合规律和控制策略，是系统全局优化控制模型有效性的关键。由于集中空调是一个非常复杂的系统，具有形式多样及严重的非线性、时滞性和非稳态性的特点，而且暖通空调系统各个设备间及子系统间耦合性强，设备参数波动频率低，信号影响延迟时间长，设备模型变化大。因此，要想将传统自控设备控制算法升级，将之从基于单点（多点）反馈模式提升为基于系统参数及系统拓扑结构的，具有前馈、后馈及反馈的系统多环节能控制模式，必须从根本上探究并得到空调系统各单元部件之间的动态耦合规律和控制策略。本研究的关键是，要求能够从现场实时数据、历史数据、系统模型预演得出的数据中找到针对某台设备、某组设备、某个子系统乃至全系统的最适当的控制指令，进行预设定调整、预补偿、超驰等许多系统动作，使系统最稳定的

同时，引导各设备以最低能耗、最理想状态运行。

6.2 多环演算暖通空调系统的模型建立

6.2.1 建筑与空调系统的参数与整体模型

为了研究在非理想状态下多环空调系统离散状态下的行为规律，首先建立建筑与空调系统的整体模型，获得建筑与空调系统之间交换的能量流、质量流的流经途径、方向、种类、数量关系等内容，并进一步探索保证建筑与空调系统之间匹配的控制系统的种类、控制参数、控制参数源、控制器的特征等。

本研究以建筑系统的特征、空调系统的功能、控制单元的控制对象为划分原则，将建筑与空调系统的模型划分为三个大类：建筑、空调系统、控制系统。

此外，应根据能量流与质量流的来源、变化场所、流经途径，将建筑进一步划分为外部环境、功能与用途、功能空间分区之间的联系、建筑构造。又将外部环境分为地理位置与气象条件、单体建筑的朝向与倾角两个部分。将功能与用途细分为人员、照明、设备、内部环境等四个部分。还要根据能量流与质量流的来源、变化场所、流经途径，将空调系统分为末端子系统、空气资源分配子系统、空气资源处理子系统、冷热源分配子系统、冷热源制造子系统。

根据控制对象的类型、控制的场所、控制参数的来源，将控制系统细分为末端控制器、AHU 控制器、风机控制器、水泵控制器、冷热源控制器、冷热源制造系统水泵控制器等 6 大类。整个模型如图 6-1 所示，图中已经概略表示能量流、质量流、检测参数流、控制动作流的来龙去脉。图中的热湿环境，指的是建筑内部的不同空间内的空气参数。建筑与空调系统之间的相互作用，是通过室内热湿环境耦合起来的。

6.2.2 模型的表达

国内外已有许多学者研究了建筑模型，并提出了有效表达方法。本研究借助 OpenStudio 建模平台，来表达自己的建筑模型。

（1）以 OpenStudio 表现的建筑模型架构

OpenStudio 是在美国能源部可再生能源实验室领导下开发的集成 EnergyPlus 和 Radiance 的建筑能耗模拟软件。OpenStudio 使用 EnergyPlus 模拟建筑的能耗，也可以将 OpenStudio 视为 EnergyPlus 的一种可视化用户界面。OpenStudio 既能进行能耗分析，也可以进行采光分析。建筑模型系统是使用 SketchUp 建立三维几何模型。

① 建筑材料　建筑材料是建筑的基础，也是热工计算的必备数据。建筑热工计算中，根据材料的用途、冷热负荷的得热形式、传播、储存，可将建筑材料分为图 6-2 所表述的体系。图 6-2 中，不蓄热材料主要用来建造建筑涂层等很薄的构造层。从热工的角度而言，其体量很小，造成的温度波的延迟可以忽略，在热平衡方程中，其蓄热量为 0。

② 由建筑材料构建的建筑围护构造　用 OpenStudio 概念建立的围护结构构造如图 6-3 所示。

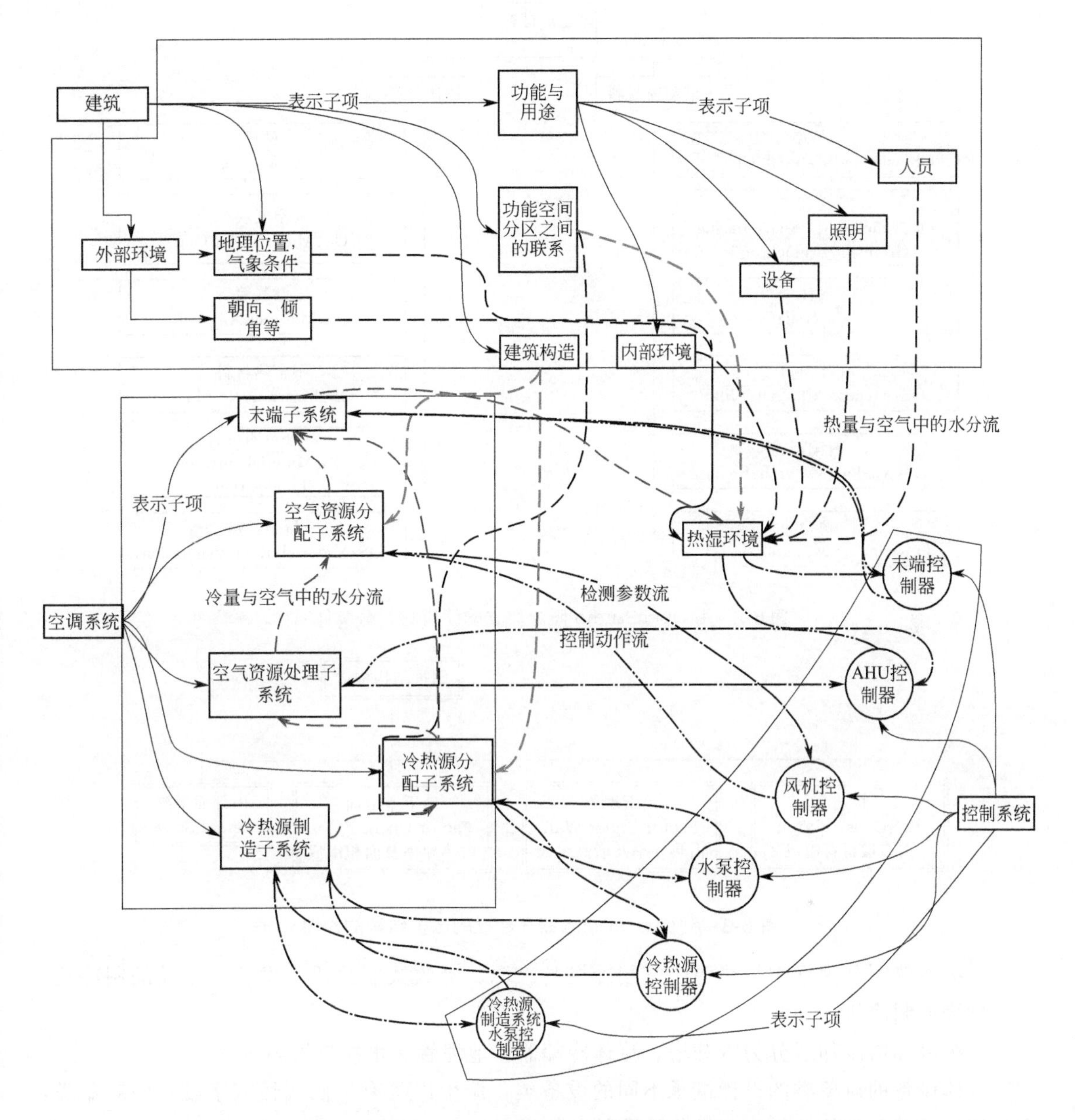

图 6-1 建筑与空调系统的分类及能量流、质量流、控制流、检测流总体模型

(2) 空调系统的表达

① 空调设备的表达 空调设备的种类有很多。根据热工性能的相似度，本研究将暖通空调设备分为末端空调器、采暖设备、空调末端、风机水泵、表冷器和盘管、蒸发式冷却器、热回收器、空调集中式送风系统及其设备、系统连接件、太阳能集热器、冷热源、冷却塔冷却器、热水箱及储水箱等多个大类。又进一步将某些类型的设备进行二级分类。

二级采暖设备种类有对流辐射板、散热器、低温（高温）辐射散热器、通风壁、通风壁组。二级空调末端分为普通风口、变风量末端、诱导器、冷梁、双风管末端。

二级表冷器与盘管分为普通表冷器、普通加热盘管、直膨式冷水盘管、直膨式热水盘管、水-空气热泵冷水盘管、水-空气热泵热水盘管、热水盘管、盘管组成的盘管系统。

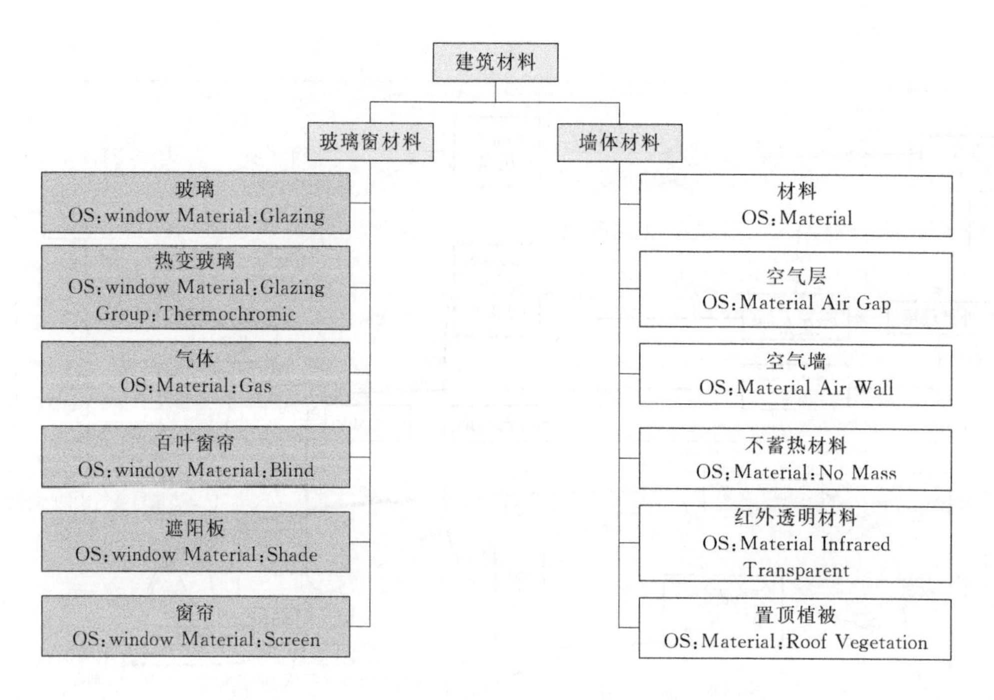

图 6-2 用 OpenStudio 概念建立的建筑材料分类体系

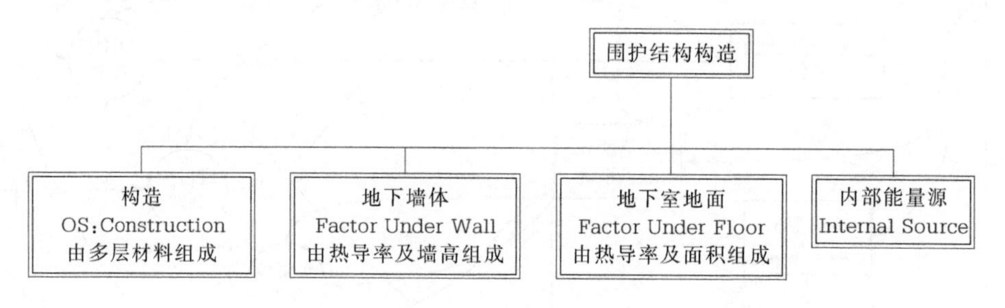

图 6-3 用 OpenStudio 概念建立的围护结构的构造

二级冷热源分为锅炉与热源、电制冷机与冷源、吸收式制冷机、发动机驱动的制冷机、透平燃烧的制冷机。

二级冷却塔冷却器分为冷却塔、流体冷却器、地埋管、水换热器等。

具体设备的对象类的设计继承不同的设备类，派生出具有不同属性（字段）的对象类，它们通过重载基类的方法，来操作不同的具体设备。

② 暖通空调系统的表达　暖通空调系统分为送风系统、排风系统、用户循环的水系统、制冷机房循环的冷热水系统、制冷机房循环的冷却水系统和生活热水系统。本研究采用相似的方式，按用途、位置、介质将空调系统的类别数据用集合表示如下。

THVAC System Type＝｛集中进行热湿处理的风系统（编号 00），房间末端用户风系统（编号 01），主风管到房间末端的送风分配路径（编号 02），房间末端到主回风管道的回风路径（编号 03），新风系统（编号 18），空调冷冻水供应系统（编号 24），空调冷冻水使用系统（编号 25），空调冷却水供应系统（编号 34），空调冷却水使用系统（编号 35），生活热水供应系统（编号 44），生活热水使用系统（编号 45）｝。为了方便以后使用，本研究规定：空调系统中的冷水与热水系统（包括设备）是分开的，即使同一台设备冷热两用，表示在系统的图上，也要放置两个设备，一冷一热。部分系统原理图用作者在研究中编制的软件画出，举例：如图 6-4 所示，空调冷冻水供应系统（编号 24）；图 6-5，空调冷冻水使用系统（编号 25）；图 6-6，空调风系统（00＋18＋02＋03）。

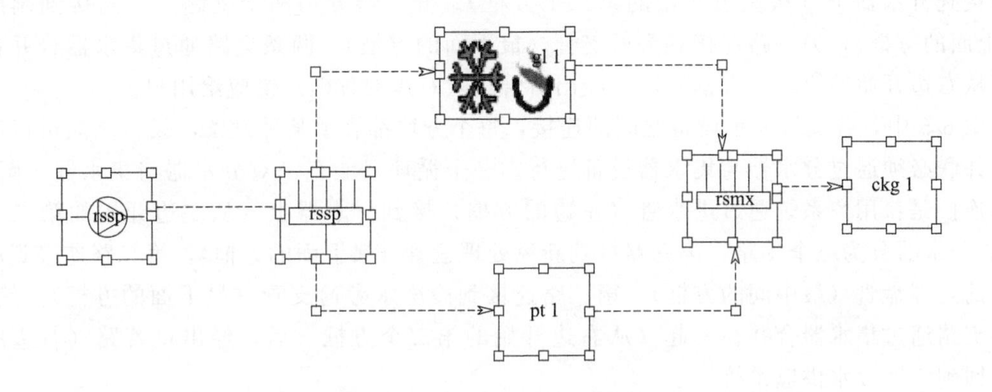

图 6-4　空调冷冻水供应系统的表示

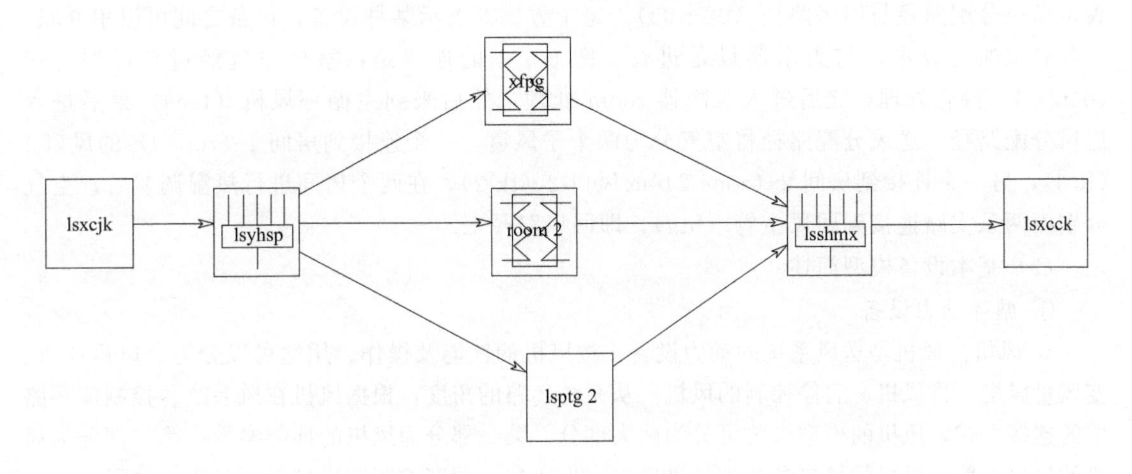

图 6-5　空调冷冻水使用系统的连接

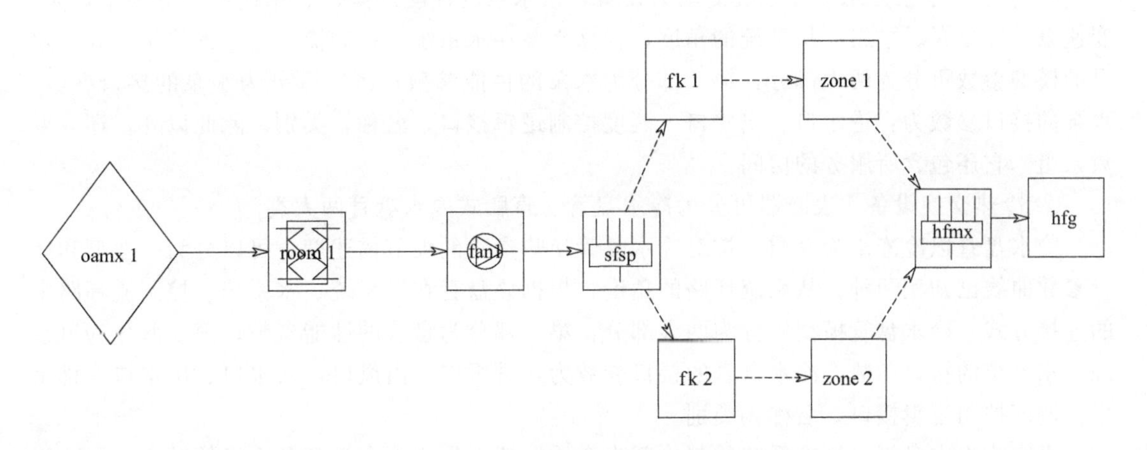

图 6-6　空调风系统的连接

图 6-4 中，虚线表示设备之间的连接，每一个方块都表示某种设备，设备之间可以串并

联。并联必须通过分水器与集水器来进行。一个循环只能有一对分水器与集水器。水泵必须放在进水管的开始处。图 6-4 中的连接是：供应系统的进水首先经过水泵（左边的方框），然后接到分水器上（从左边开始的第二个方框）。分水器分为两个支路，一路接到制冷机（最上面的方框），另一路连接到旁通支管（最下面的方框）。两条支路通过集水器合并在一起（从右边开始的第二个方框）后，经出口管路（右边的方框）供应给用户。

图 6-5 中，各实线表示设备之间的连接，每个方块都表示某种设备，设备之间可以串并联。并联必须通过分水器与集水器设备进行。一个循环只能有一对分水器与集水器。图 6-5 中的连接是：用户系统通过进水管（左边的方框）接到分水器上（从左边开始的第二个方框）；分水器分为三个支路，第一路接到新风处理盘管（最上面的方框），第二路连接到房间内部的处理盘管（最中间的方框），第三路连接到冷冻水旁通支管（最下面的方框）。然后，三条支路通过集水器合并在一起（从右边开始的第二个方框）后，经出口管路（右边的方框）回到空调冷水供应系统。

图 6-6 中，细线表示新风系统（18），粗线表示集中进行热湿处理的风系统（00），虚线表示送风分配路径与回风路径（02＋03）。每个方块都表示某种设备，设备之间可以串并联。并联必须通过分水器与集水器设备进行。图 6-6 中的连接是：室外空气经过新风混合箱（oamx 1）混合处理，之后进入表冷器 room 处理，然后来到主循环风机（fan），最后进入送风分配路径。送风分配路径将空气分为两个子风道，一个连接到房间 1（zone l）的风口 1（fk l），另一个连接到房间 2（zone 2）的风口 2（fk 2），在两个房间进行热湿调节后，空气分别由两条支路连接到回风主管（hfg），即回风路径上。

（3）基本设备模型简述

① 循环动力设备

a. 风机。风机是送风系统的动力设备，按风机的性能及操作、用途可以分为定风量风机、变风量风机、排风机、启停控制的风机。从系统环路的角度，根据风机在风系统、控制流环路中的连接方式，风机的模型参数可分为两大部分：第一部分为风机的性能参数；第二部分为风机的接口参数。风机的接口参数为：进风口、出风口，调度控制逻辑接口，名称，类别。

b. 水泵。水泵是水循环系统的动力设备，按水泵的性能及操作、用途可以分为单速泵、变速泵、冷凝泵、泵组。从系统的角度，根据水泵在水系统、控制流环路中的连接方式，水泵的模型参数可分为两大部分：第一部分为水泵的性能参数；第二部分为水泵的接口参数。水泵的接口参数为：进水口、出水口，调度控制逻辑接口，名称，类别。除此以外，还有变数泵组，它还包含所服务的房间。

② 冷热交换设备　表冷器可分为冷水盘管、直膨式冷水盘管两大类。

冷水盘管以冷冻水为介质。按对冷水盘管换热参数的细节描述度，可以分为一般型和运行参数曲线已知型两种。从系统环路的角度，根据该盘管在风系统、水系统、控制流环路中的连接方式，冷水盘管模型可分为两大部分：第一部分为盘管的性能参数；第二部分为风系统、水系统的接口参数。冷水盘管的接口参数为：进风口、出风口，入水口、出水口、排水口，调度控制逻辑接口，名称，类别。

直膨式冷水盘管以制冷系统的制冷剂为介质。按直膨式冷水盘管制冷机的转速、制冷剂流量、湿度是否控制，可以分为单速直膨式、双速直膨式、两端湿度控制式、VRV 直膨式。从系统的角度，根据该盘管在风系统、水系统、控制流环路中的连接方式，直膨式冷水盘管的模型参数可分为两大部分：第一部分为盘管的性能参数；第二部分为风系统、水系统的接口参数。直膨式冷水盘管的接口参数为：进风口、出风口，上水箱、排水盘，调度控制逻辑接口，名称，类别。

③ 组合设备　采用四管制风机盘管。这是空调房间冷热处理末端之一，由空气混合箱、循环风机、冷热盘管组成，通过适当控制，可以完成冷风、热风的供应，以及新风的配送。从系统的角度，根据该设备在风系统、水系统、控制流环路中的连接，该设备模型参数可分为两大部分：第一部分为性能参数；第二部分为主设备、子设备对外的接口参数。

采用窗式空调器。窗式空调器由空气混合箱、循环风机、冷热盘管组成，通过适当控制，可以完成冷风、热风的供应，以及新风的配送。从系统的角度，根据该设备在风系统、水系统、控制流环路中的连接，其模型参数可分为两大部分：第一部分为性能参数；第二部分为对外的接口参数。

采用直膨式除湿机。直膨式除湿机通过直膨式制冷系统排除室内或系统中的湿负荷。

采用能量回收装置。对研究所侧重的连接形式而言，能量回收装置主要包括进风机和排风机。

采用单元式通风机。单元式通风机由新回风接口、循环风机、冷热盘管组成，通过适当控制，可以完成通风，冷风、热风的供应，以及新风的配送。从系统环路的角度，根据在风系统、水系统、控制流环路中的连接，单元式通风机的模型参数可分为两大部分：第一部分为设备的热工参数；第二部分为设备在系统中的连接接口。

采用单元式加热器。本装置由循环风机、加热盘管组成，通过适当控制，可以完成热风的供应。从系统环路的角度，根据在风系统、水系统、控制流环路中的连接，单元式加热器的模型可分为两大部分：第一部分为设备的热工参数；第二部分为设备在系统中的连接接口。

采用新风换气机。本装置由进风接口、进风机、排风机组成，通过适当控制，可以根据预定的计划对特定的区域进行新风换气。从系统环路的角度，根据在风系统、控制流环路中的连接，新风换气机的模型参数可分为两大部分：第一部分为设备及其运行参数；第二部分为设备在系统中的连接接口。

采用 VRV 末端空调器。本设备是多联机的室内机部分，由进风混合箱、循环风机、冷热盘管组成，通过适当控制，可以完成冷风、热风的供应。从系统环路的角度，根据在风系统、水系统、控制流环路中的连接，VRV 末端空调器的模型参数可分为两大部分：第一部分为设备及其热工参数；第二部分为设备在系统中的连接接口。

采用变流量低温辐射板。本设备由高温水接口及低温水接口组成，通过适当控制，可以实现流量可变的低温辐射供暖和供冷。从系统环路的角度，根据在水系统、控制流环路中的连接，变流量低温辐射板的模型参数可分为两大部分；第一部分为设备及其热工参数；第二部分为设备在系统中的连接接口。

采用变风量再热末端。变风量再热末端可以精确控制房间的热工参数，并实现节能。本设备由变风量风阀控制器及再热盘管组成，通过适当控制，可以实现风量可变的、送风温度可变的空调方式。从系统环路的角度，根据在风系统、水系统、控制流环路中的连接，变风量再热末端的模型参数可分为两大部分：第一部分为设备及其热工参数；第二部分为设备在系统中的连接接口。

采用风机变风量再热末端。风机变风量再热末端可以精确控制房间的热工参数，并实现节能。本设备由变风量风机、再热盘管组成，通过适当控制，可以实现风量可变的、送风温度可变的空调方式。从系统环路的角度，根据在风系统、水系统、控制流环路中的连接，风机变风量再热末端的模型参数可分为两大部分：第一部分为设备及其热工参数；第二部分为设备在系统中的连接接口。

采用变风量冷热盘管再热末端。变风量冷热盘管再热末端可以精确控制房间的热工参数，并实现节能。本设备由风接口及再热盘管组成，通过适当控制，可以实现送风温度可变的空调方式。从系统环路的角度，根据在风系统、水系统、控制流环路中的连接，变风量冷热盘管再热末端的模型参数可分为两大部分：第一部分为设备及其热工参数；第二部分为设备在系统中的连接接口。

采用串联式再热诱导器。串联式再热诱导器是一种利用一次低温或高温空气高速卷吸周围的高温或低温空气，将其混合后送入空调房间的设备。它可以降低空调一次风系统的规模与投资，与低温送风系统配合使用，效果更好。本设备由空气混合箱、串联风机及再热盘管组成，通过适当控制，可以实现送风温度可变的空调方式。从系统环路的角度，根据在风系统、水系统、控制流环路中的连接，串联式再热诱导器的模型参数可分为两大部分：第一部分为设备及其热工参数；第二部分为设备在系统中的连接接口。

采用直膨式表冷器。直膨式（DX）表冷器的内部参数及数量并不相同。对水系统、风系统及控制环路的接口而言，有三种表冷器，分别是单速 DX 盘管、双速 DX 盘管、两段湿度控制的 DX 盘管。

采用空气加热器。空气加热器根据加热源可分为热水式、蒸气式、电热式、燃气式等几类，它们的内部参数及数量并不相同。

采用蒸发式冷却器。蒸发式冷却器根据冷却结构和控制对象，共有直接蒸发式、间接蒸发式、湿度控制式、特殊间接蒸发式等几个大类，它们的内部参数及数量并不相同。

采用能量回收换热器。能量回收换热器分为气-气式换热器和吸附式换热器两种，它们的内部参数及数量并不相同。

采用单元式整体设备。单元式整体设备包括热炉风系统、热风系统、冷热炉风系统、冷热风系统、气-气热泵、水-气热泵等。它们的内部参数及数量并不相同。

采用冷热源设备。空调的冷热源设备种类繁多，包括太阳能设备、电制冷机、吸收式制冷机、其他动力驱动的制冷机、区域冷热源等多种。

采用冷却塔。空调的冷却塔依据风速，分为变速冷却塔、单速冷却塔、双速冷却塔三种。

采用流体冷却器。流体冷却器根据结构及冷却风速，分为单速流体冷却器、双速流体冷却器、单速蒸发冷却器、双速蒸发冷却器四种。

采用水-水换热器。可以用板式换热器、冷冻水-冷却水换热器、水侧能量回收换热器来实现不同的目的。其中，冷冻水-冷却水换热器可以将冷冻水系统和冷却水系统的冷热量做一个交换，并且可以实现其他制冷机及冷冻水、冷却水的循环。

采用热水箱及蓄冷水箱。热水箱根据水箱中温度分布可以分为混合水箱和温度分层水箱，根据加热源可以分为电热器、热泵。蓄冷水箱根据温度分布情况，同样分为混合水箱和温度分层水箱。

6.3 空调系统能耗的表达

6.3.1 空调系统的能耗

空调系统的能耗分为耗电量、耗水量和耗气量。其中，耗电量来自制冷机、锅炉水泵、循环水泵、电加热器、各种风机等。按照前面系统分类，耗电量及耗水量（耗气量）来自集中进行热湿处理的风系统（编号 00）、房间末端用户风系统（编号 01）、主风管到房间末端的送风分配路径（编号 02）、房间末端到主回风管道的回风路径（编号 03）、新风系统（编号 18）、空调冷冻水供应系统（编号 24）、空调冷冻水使用系统（编号 25）、空调冷却水供应系统（编号 34）、空调冷却水使用系统（编号 35）、生活热水供应系统（编号 44）、生活热水使用系统（编号 45）。以 P 表示耗电量，设上述系统分别有多个，则上述系统都可能有水泵、风机、制冷机、加热器等耗电设备和耗气设备，每类设备的相应消耗如下。

① 某建筑空调系统总耗电量：

$$P=\sum_{i=1}^{m}P_{00}+\sum_{i=1}^{n}P_{01}+\sum_{i=1}^{l}P_{02}+\sum_{i=1}^{g}P_{03}+\sum_{i=1}^{m_1}P_{18}+\sum_{i=1}^{n_1}P_{24}+\sum_{i=1}^{l_1}P_{25}+\sum_{i=1}^{g_1}P_{34}+\sum_{i=1}^{m_2}P_{35}$$

② 总耗水（气、燃料）量：

$$S=\sum_{i=1}^{m}S_{00}+\sum_{i=1}^{n}S_{01}+\sum_{i=1}^{l}S_{02}+\sum_{i=1}^{g}S_{03}+\sum_{i=1}^{m_1}S_{18}+\sum_{i=1}^{n_1}S_{24}+\sum_{i=1}^{l_1}S_{25}+\sum_{i=1}^{g_1}S_{34}+\sum_{i=1}^{m_2}S_{35}$$

（1）吸收式制冷机

① 负荷率

$$\mathrm{PLR}=\frac{Q_{\mathrm{CL}}}{Q_{\mathrm{N}}} \tag{6-1}$$

式中 Q_{CL}——实际冷负荷；

Q_{N}——名义冷负荷。

② 溶液泵功耗

$$\mathrm{PWR}_{\mathrm{pump}}=f_{\mathrm{pump}}(\mathrm{PLR})\times P_{\mathrm{pump,N}}\times T_{\mathrm{R}} \tag{6-2}$$

式中 f_{pump}（PLR）——溶液泵部分负荷修正系数；

PLR——负荷率；

$P_{\mathrm{pump,N}}$——溶液泵额定功率；

T_{R}——计算时段内的运行率。

③ 蒸气或热水用量

$$G_{\mathrm{steam}}=f_{\mathrm{gen}}(\mathrm{PLR})\times G_{\mathrm{steam,N}}\times T_{\mathrm{R}} \tag{6-3}$$

式中 f_{gen}（PLR）——发生器负荷修正系数；

PLR——负荷率；

$G_{\mathrm{steam,N}}$——额定蒸气量；

T_{R}——计算时段内的运行率。

（2）间接吸收式制冷机

① 负荷率

$$PLR=\frac{Q_{CL}}{Q_N} \tag{6-4}$$

式中 Q_{CL}——实际冷负荷；

Q_N——名义冷负荷。

② 溶液泵功耗

$$PWR_{pump}=f_{pump}(PLR)\times P_{pump,N}\times T_R \tag{6-5}$$

式中 f_{pump} (PLR) ——溶液泵部分负荷修正系数；

PLR——负荷率；

$P_{pump,N}$——溶液泵额定功率；

T_R——计算时段内的运行率。

③ 蒸气或热水用量

$$G_{steam}=f_{gen}(PLR)\times C_{cond}(T_{cond})\times C_{evp}(T_{evp})\times G_{steam,N}\times T_R \tag{6-6}$$

式中 f_{gen} (PLR) ——发生器负荷修正系数；

PLR——负荷率；

C_{cond}——冷凝系统修正系数；

T_{cond}——冷凝器入口水温；

C_{evp}——蒸发器系统修正系数；

T_{evp}——蒸发器入口水温。

（3）透平燃烧式制冷机

① 负荷率

$$RL=\frac{E_L}{C_N} \tag{6-7}$$

式中 E_L——实际冷负荷；

C_N——额定燃料使用量。

② 燃料消耗量

$$FEI=f_{load}(RL)\times C_{t,env}(t_{env}-t_{env,dsgn})\times P_{load}\times T_R \tag{6-8}$$

式中 $f_{load}(RL)$ ——燃料耗量修正系数；

RL——负荷率；

$C_{t,env}(t_{env}-t_{env,dsgn})$ ——燃料耗量温度修正系数；

t_{env}——环境温度；

$t_{env,dsgn}$——环境设计温度；

P_{load}——负载；

T_R——计算时段内的运行率。

（4）离心式电制冷机

① 负荷率

$$PLR=\frac{Q_{CL}}{Q_N} \tag{6-9}$$

式中 Q_{CL}——实际冷负荷；

Q_N——名义冷负荷。

② 耗电量

$$PWR = C_{pwr}(PLR) \times C_{LDR}(PLR) \times C_{CR}(PLR) \times P_N \tag{6-10}$$

式中 C_{pwr}（PLR）——功率系数；

PLR——负荷率；

C_{LDR}（PLR）——冷负荷修正系数；

C_{CR}（PLR）——制冷量修正系数；

P_N——制冷机额定功率。

（5）EIR 制冷机

① 负荷率

$$PLR = \frac{Q_{CL}}{Q_N} \tag{6-11}$$

式中 Q_{CL}——实际冷负荷；

Q_N——名义冷负荷。

② 耗电量

$$PWR = C_{EIRT}(t_{out,evp}, t_{in,cond}) \times C_{EIR}(PLR) \times P_N \times T_R \tag{6-12}$$

式中 C_{EIRT}（$t_{out,evp}$，$t_{in,cond}$）——水温修正系数；

$t_{out,evp}$——蒸发器出水口水温；

$t_{in,cond}$——冷凝器进口水温；

C_{EIR}（PLR）——冷负荷修正系数；

P_N——制冷机额定功率；

T_R——计算时段内的运行率。

（6）循环水泵

① 负荷率

$$PLR = \frac{V_{CL}}{V_N} \tag{6-13}$$

式中 V_{CL}——实际流量；

V_N——名义流量。

② 耗电量

$$PWR = C_{pump}(PLR) \times P_N \tag{6-14}$$

式中 C_{pump}（PLR）——水泵负荷修正系数；

PLR——负荷率；

P_N——水泵的额定功率。

（7）循环风机

① 负荷率

$$PLR = \frac{V_{CL}}{V_N} \tag{6-15}$$

式中 V_{CL}——实际流量；

V_N——名义流量。

② 耗电量

$$PWR=C_{RTF}(PLR,SPLR)\times C_{\Delta p}(PLR)\times C_{eff}(PLR)\times C_{\rho,t}(t,t_{dsgn})\times P_N \quad (6\text{-}16)$$

式中 C_{RTF}（PLR，SPLR）——部分负荷修正系数；

SPLR——显热修正系数；

$C_{\Delta p}$（PLR）——管道阻力修正系数；

C_{eff}（PLR）——运行效率修正系数；

$C_{\rho,t}$（t，t_{dsgn}）——密度修正系数；

t_{dsgn}——设计状态的空气温度；

P_N——水泵的额定功率。

6.3.2 空调系统能耗求解的一些约束

空调系统的总能耗与负荷率、室内外温度、控制模式有关。因此，对负荷率、室内外温度、控制模式等进行如下假设。

① 负荷率是最根本、最重要的影响因素。

② 负荷率的值介于 0 和 1 之间。

③ 如果负荷率大于 1，则表示系统配置偏小，需要在设计中改正，使得负荷率小于等于 1.0。

④ 控制模式分为两位控制、表格控制、计算曲线控制、程序控制。

6.3.3 理想空调系统及其能耗

（1）理想空调系统的特征

本研究所提出的理想空调系统具有如下含义。

① 每个空调区域的温度、相对湿度、污染物浓度的实时值已知。

② 每台风机的流量压力曲线、流量效率曲线已知。包括变风量末端、风机盘管中的风机。

③ 每台水泵的流量压力曲线、流量效率曲线已知。包括排除空气冷凝水的水泵。

④ 每台利用水来处理空气的热湿处理设备的水量-冷量（热量）变化关系已知，风量-冷量（热量）变化关系已知，水温温度-冷量（热量）变化关系已知，空气进口温湿度-冷量（热量）变化关系已知。

⑤ 每台利用制冷机处理空气的设备，其空气进口温湿度-冷量（热量）变化关系已知，风量-冷量（热量）变化关系已知。

⑥ 前面描述的制冷机、锅炉的曲线全部已知。

⑦ 管道的阻力分布已知且不变。

⑧ 所有的系统恰好能够满足所对应的需求。

⑨ 设备没有容量的衰减。

⑩ 水管、风管没有漏水、漏风，没有结垢、积尘。

⑪ 所有的检测是准确的、及时的。

⑫ 建筑的使用方法是恒定的，即建筑没有改变用途、没有不受约束的开窗等行为。

（2）理想空调系统的能耗

本研究中，将理想空调系统的理论能耗作为特定建筑能量评价的标准，其能耗值为最小能耗，现做定义如下。

① 实际空调系统的系统节电率

$$ESP=\frac{P_{c,sys}-P_{ideal,sys}}{P_{ideal,sys}}\times 100\% \tag{6-17}$$

式中 ESP——节电率；

$P_{c,sys}$——实际耗电量；

$P_{ideal,sys}$——理想系统耗电量。

② 实际空调系统燃料资源节约率定义如下

$$ESP=\frac{P_{c,sys}-P_{ideal,sys}}{P_{ideal,sys}}\times 100\% \tag{6-18}$$

式中 ESP——节约率；

$P_{c,sys}$——实际耗电量；

$P_{ideal,sys}$——理想系统耗电量。

6.3.4 非理想系统的分类与影响

(1) 非理想状态的含义

不符合 6.3.2 节中所描述的假设状态，即为非理想状态。其组合形成非理想状态集。

(2) 房间温湿度未知

空调系统的负荷来自房间。如果房间温湿度未知，那么在建筑内外环境与空调系统的共同作用下，房间的温湿度处于失控状态，有可能低于或高于所需求的状态。以夏季供冷为例，如果房间温湿度高于目标状态，则达不到空调应有的效果；如果房间温湿度低于目标状态，除了达不到空调应有的效果，还增加了运行负荷，即 PLR 失控＞PLR 目标。

(3) 检测与传输延迟的影响规律

延迟会导致空调温度、湿度的波动，有些状态偏离目标，效果差；风系统、水系统温度不均匀，冷热混合。

① 水系统循环中循环水温变化延迟对系统水温的影响　设某一个用冷设备的编号为 i，若水系统循环中的全部用冷设备有 N 个，每个的流量为 m_i（$i=1, 2, \cdots, N$），则第 τ 时刻进入制冷机的水温是

$$t(\tau)=\frac{\sum_{i=1}^{N} m_i(\tau-2\delta_{\tau i})\times t_i(\tau-2\delta_{\tau i})}{\sum_{i=1}^{N} m_i(\tau-2\delta_{\tau i})} \tag{6-19}$$

水量是

$$m(\tau)=\sum_{i=1}^{N} m_i(\tau-2\delta_{\tau i}) \tag{6-20}$$

式中 $m(\tau)$——τ 时刻进入制冷机的流量；

$m_i(\tau-2\delta_{\tau i})$——来自 i 设备的 $\tau-2\delta_{\tau i}$ 时刻流出的流量；

$t_i(\tau-2\delta_{\tau i})$——来自 i 设备的 $\tau-2\delta_{\tau i}$ 时刻流出的水的温度。

② 风温、水温的变化延迟对房间的影响　如果设备位于房间而系统进水温度不变，则

房间的温湿度只受到进风量和进水量的影响。如果水量不变，则房间温度会出现波动，具体表现如下。

a. 当水量受到通断控制时，则房间温度围绕设定点上下变化，冷负荷围绕理论负荷上下波动，一段时间内的总耗能量与波动负荷的时间积分相等。系统会多出一个调节阀动作能耗。

b. 当水量受连续模拟型号控制时，房间温度恒定在设定点，根据出口水温的变化，调节水量，引起水泵流量的改变，房间温湿度不变。定流量时，制冷机进口水温变化；变流量时，制冷机进口流量变化，水温也变化。

c. 风量的影响与水量的影响类似。当风量变化时，也会引起水温的变化，改变制冷机的进口水温。

（4）设备控制不完整的能耗变化

空调系统中，按受控的级别，可以将不受控设备分为三种。第一种是完全不受控制的设备，如新风全热回收机、定风量新风柜、定风量风机与水泵等。第二种是受局部信号控制，而不能根据全局信号进行控制的设备。如通常的制冷机，其内部的制冷系统有完整的检测与控制信号，能锁定出水温度，但一般难以根据全局信号来控制设备的动作。第三种是既受局部信号控制，又受全局信号控制的设备。例如受上位机控制的制冷机，根据室外空气温度而改变自身温度设定点的末端变风量设备等。

设备完全不受控时，其风机会一直处于满负荷状态，水量处于满水量，使得其服务对象的参数发生偏离，导致整个服务区间的运行负荷增加，增加制冷机或锅炉的能耗。

制冷机或锅炉等设备增加的能耗，可以表达为

$$\Delta P_{\mathrm{fan}}=\left[\frac{f(\mathrm{PLR}_{\mathrm{real}})}{f(\mathrm{PLR}_{\mathrm{ideal}})}-1\right]P_{\mathrm{fan,ideal}} \tag{6-21}$$

式中　角标 real——实际的值；

角标 ideal——理想的值；

f——对应设备的性能函数；

PLR——部分负荷系数。

对理想调节而言，未控设备风机本身多耗费的能量可以表示为

$$\Delta P_{\mathrm{fan}}=\left[\frac{f(\mathrm{PLF}_{\mathrm{real}})}{f(\mathrm{PLF}_{\mathrm{ideal}})}-1\right]P_{\mathrm{fan,ideal}} \tag{6-22}$$

式中　角标 real——实际的值；

角标 ideal——理想的值；

f——对应设备的性能函数；

PLF——风机的部分流量系数。

对理想调节而言，未控设备使得水系统循环泵多耗费的能量可以表示为

$$\Delta P_{\mathrm{pump}}=\left[\frac{f(\mathrm{PLP}_{\mathrm{real}})}{f(\mathrm{PLP}_{\mathrm{ideal}})}-1\right]P_{\mathrm{pump,ideal}} \tag{6-23}$$

式中　角标 real——实际的值；

角标 ideal——理想的值；

f——对应设备的性能函数；

PLP——水泵的部分流量系数。

（5）流量未知的能耗

流量未知分为风量未知和水量未知，包括每一条支管道的流量值。风量未知与水量未知虽然不会影响空调的运行，但是对空调系统的控制策略会产生影响。理论上的风量与水量存在如下关系：

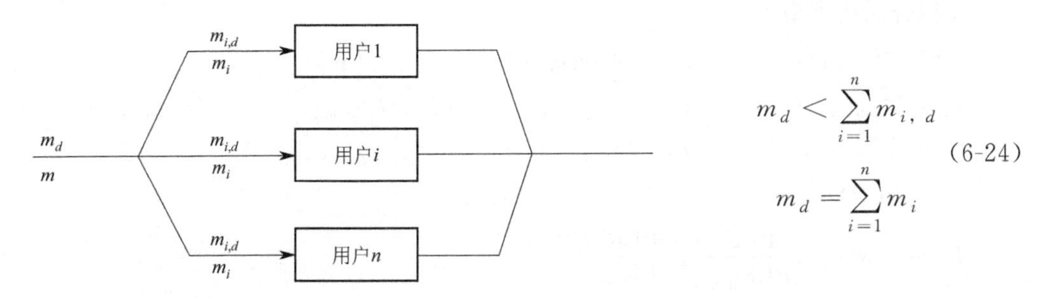

$$
\begin{gathered}
m_d < \sum_{i=1}^{n} m_{i,d} \\
m_d = \sum_{i=1}^{n} m_i
\end{gathered}
\tag{6-24}
$$

下标 i 表示实际流量，d 表示设计流量。实际运行时，因为流量未知，也不能够按需要控制每个用户的流量，导致整个系统的总流量发生偏离，其偏离值只能通过其他措施获取。风量也是一样。

同时，实际运行中每个支路的设备得到的风量或水量受制于管道系统的运行特征，其实际流量会偏离理想流量，偏离程度会导致负荷率变化；反映在系统能耗上时，就是大于理想能耗。

（6）热湿处理过程参数未知的能耗

空调系统是通过各种热湿处理手段组合来达到对空气的热湿处理的。如果无法得出高级别的能量管理系统热湿处理过程的各个阶段的热湿参数，就不能检验当前某对象与其最低能耗组合的吻合程度，从而使得系统失调、能耗增加（冷热抵消、设备开启台数与运行次序不能优化）。

可通过建立模型检测整个系统的最终能耗，反演与辨识特定系统的能耗影响。反演数据可通过模拟数据获得。

（7）管道系统的流量不能调节的能耗

当管道的流量不能调节时，会导致未运行的设备也有流量通过，从而增加能耗；还会导致流量不平衡。

（8）设定策略非理想的能耗

在保证满足功能要求的前提下，如果设备运行与调节计划不在本身的最高效率点上，或者形成的总能耗不在系统最高能耗点上，必然导致总能耗的增加。

6.4 信息的拟合与缺失信息的再生

6.4.1 信息可采集设备的能耗的拟合

设备信息采集后，根据不同的设备、同种设备的不同拟合表达式，采用最小二乘法或其他数学工具来获得相应的系数，形成系数矩阵，并在后期的预测算法中使用。

冷水机组的拟合时将自控系统中所获得的冷水机组的蒸发器和冷凝器的进口水温、出口水温、进口水量、运行时段的功耗记录下来，在水温上下限范围内求解部分负荷系数、水温修正系数，得到功耗曲线。

（1）水冷冷水机组的拟合

A 拟合曲线类型

$$PWR=C_{EIRT}(t_{out,evp},t_{in,cond})\times C_{EIR}(PLR)\times P_N\times T_R$$

$$C_{EIRT}(t_{out,evp},t_{in,cond})=c_0+c_1\times(t_{out,evp})+c_2\times(t_{in,cond})^2+c_3\times(t_{in,cond})+c_4\times(t_{in,cond})^2+c_5\times(t_{in,cond})(t_{out,evp})$$

$$C_{EIR}(PLR)=c_0+c_1\times(PLR)\times c_2\times(PLR)^2$$

$$T_R=\min\left(1.0,\frac{PLR}{PLR_{min}}\right),\frac{PLR}{PLR_{min}} \tag{6-25}$$

B 拟合曲线类型

$$PWR=C_{pwr}(PLR)\times C_{LDR}(PLR)\times P_N \tag{6-26}$$

$$C_{pwr}(PLR)=c_0+c_1\times(PLR)+c_2\times(PLR)^2 \tag{6-27}$$

$$C_{LDR}(t_{in,cond},t_{out,evp})=a_0+a_1\times(a_3\times t_{in,cond}-t_{out,evp})^2=\frac{Q_c}{Q_N} \tag{6-28}$$

（2）风冷冷水机组的拟合

A 拟合曲线类型

$$PWR=C_{EIRT}(t_{out,evp},t_{in,cond})\times C_{EIR}(PLR)\times P_N\times T_R$$

$$C_{EIRT}(t_{out,evp},t_{in,cond})=c_0+c_1\times(t_{out,evp})+c_2\times(t_{in,cond})^2+c_3\times(t_{in,cond})+c_4\times(t_{in,cond})^2+c_5\times(t_{in,cond})(t_{out,evp})$$

$$C_{EIR}(PLR)=c_0+c_1\times(PLR)\times c_2\times(PLR)^2$$

$$T_R=\min\left(1.0,\frac{PLR}{PLR_{min}}\right),\frac{PLR}{PLR_{min}} \tag{6-29}$$

B 拟合曲线类型

$$PWR=C_{pwr}(PLR)\times C_{LOR}(PLR)\times P_N$$

$$C_{pwr}(PLR)=c_0+c_1\times(PLR)+c_2\times(PLR)^2$$

$$C_{LOR}(t_{in,cond},t_{out,evp})=a_0+a_1\times(a_3\times t_{in,cond}-t_{out,evp})^2=\frac{Q_c}{Q_N} \tag{6-30}$$

C 拟合曲线类型

$$G_{steam}=f_{gen}(PLR)\times G_{steam,N}\times T_R$$

$$f_{gen}(PLR)=\frac{c_0}{PLR}+c_1+c_2\times(PLR)$$

$$T_R=\min\left(1.0,\frac{PLR}{PLR_{min}}\right),\frac{PLR}{PLR_{min}} \tag{6-31}$$

（3）水泵的拟合

A 拟合曲线类型

$$PWR=C_{pump}(PLR)\times P_N$$

$$C_{pump}(PLR)=c_0+c_1\times(PLR)+c_2\times(PLR)^2 \tag{6-32}$$

（4）风机的拟合

$$PWR=C_{RTF}(PLR)\times C_{\Delta p}(PLR)\times C_{eff}(PLR)\times C_{\rho,t}(t,t_{dsgn})\times P_N$$

$$C_{RTF}(PLR,SPLR)=\frac{PLR}{c_0+cl\times(SPLR)+cl\times(SPLR)^2}$$

$$C_{\Delta p}(PLR)=c_0+c_1\times(PLR)+c_2\times(PLR)^2$$

$$C_{eff}(PLR)=e_0+e_1\times(PLR)+e_2\times(PLR)^2+e_3\times(PLR)^3 \quad (6\text{-}33)$$

$C_{\rho,t}$（t，t_{dsgn}）$=\dfrac{\rho\ (t)}{\rho\ (t_{dsgn})}$［$\rho(t)$ 为温度 t 时的空气密度，角标 dsgn 即为设计状态）］

6.4.2 缺失信息的再生

缺失信息指的是在运行过程中没有检测的信息。如每个房间的温度，某条风管的流量、温度等。

（1）缺失设备信息

对缺失的设备信息，采用如下方式再生：

① 采用样本的表格数据，进行数据拟合，形成公式；

② 采用样本的表格数据，制成电子表格，采用查表方法，进行插值；

③ 采用样本的性能曲线图，人工读取数据，变成电子表格，再采用①或②来处理；

④ 只有一个数据的设备，采用理论的方法，通过与其相似的参考文献，获得数学模型，将样本数据代入，进行修正后求解。

（2）缺失房间温湿度参数等信息

对缺失的房间温湿度参数等信息，采用如下步骤再生：

① 根据建立在 OpenStudio 中的建筑模型，运行仿真程序，将获得的结果进一步处理为按每个房间表示的建筑围护结构冷负荷（耗热量）与其他冷负荷（耗热量）。

② 根据每个房间的仿真围护耗热量与室外的温湿度、阳光辐射情况建立对应数组 Qstruo。

③ 将对应数组按室外温度范围、阳光辐射级别（阴晴等）分段处理，并与房间温度关联起来，形成房间温湿度数组 Trooms _ struo。

④ 根据房间的内部冷负荷，按仿真中人数、灯光、设备的运行数目等，建立对应的 Qinternal 数组。

⑤ 对 Qinternal 进行组合处理，按内部得热量分段，建立房间温湿度数组 Trooms _ internal。

⑥ 对③、⑤步得到的数组进行分析，得到输入—状态—输出内部电子图表。

（3）缺失管道流量数据

对缺失的管道流量数据，采用如下方法再生：

① 解析管道布局图，获得各个支管道的管道阻力特性系数，该系数随阀门的开度变化。

② 建立管道空间布局矩阵，该矩阵包含了管道之间串并联的信息，并存放管道阻力特性系数。

矩阵定义如下：

$$\text{Array}=\begin{matrix} C_1 \\ \vdots \\ \\ C_i \\ \vdots \\ C_m \end{matrix}\begin{pmatrix} S_{1,1} & S_{1,2} & S_{1,3}\cdots S_{1,j}\cdots S_{1,n} \\ S_{2,1} & & \\ \vdots & & \\ S_{i,1} & & S_{i,j} \\ \vdots & & \\ S_{m,1} & & \qquad S_{m,n} \end{pmatrix}$$

其中，C_1，C_2，C_3，…，C_m等行号，表示管路的一个个闭环。列数表示一段支管（流量不变的支管）。$S_{i,j}$的取值有｛0，管道特性系数｝。j 支管如果在C_i 闭环中且流向与闭环方向一致，特性系数取正值，否则取负值。

③ 建立阀门的管道特性系数表，编程求解管道各支管的流量。

6.5 设备信息、系统、控制、计划的管理程序

本研究分模块分别采纳与编制了相应的计算机程序。

6.5.1 建筑信息模型管理系统

本系统采纳 OpenStudio 作为前台软件，经 OpenStudio 建立的建筑模型保存为 OSM 文件，然后将其转换为 EnergyPlus 的 IDF 格式文件。建筑信息编辑软件（OpenStudio）主界面见图 6-7，方框内的是 OpenStudio 工具栏。

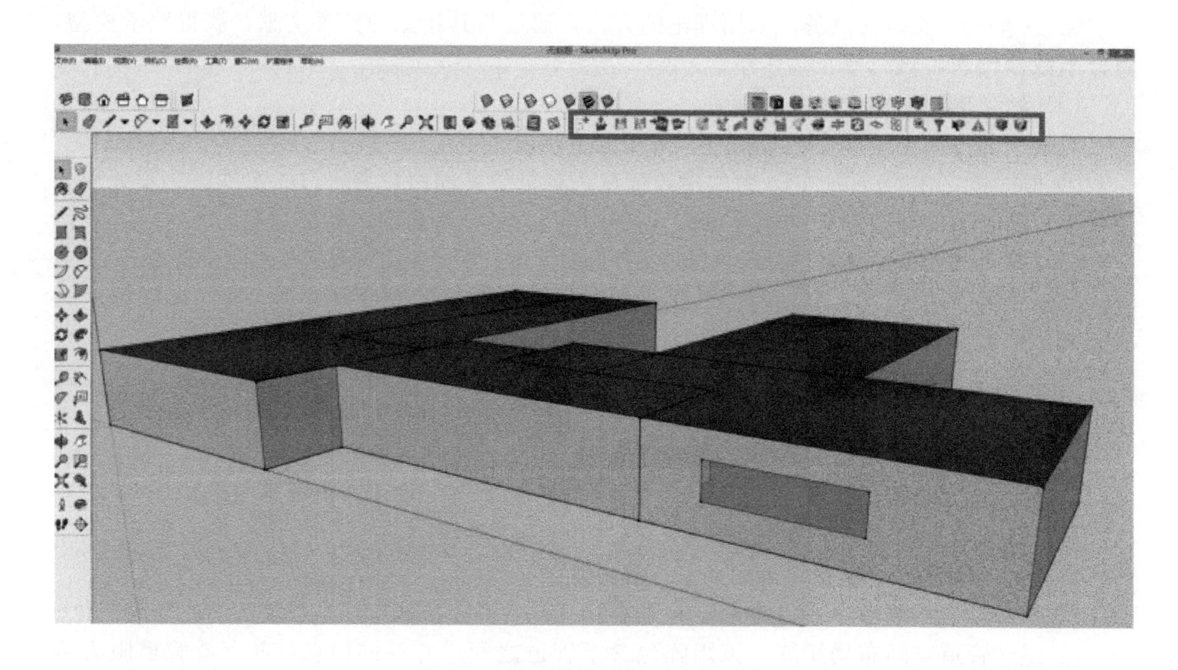

图 6-7 建筑信息编辑软件主界面

OpenStudio 建筑信息建立步骤概要如下：

① 分析建筑设计图纸，获得材料的热工资料。

② 打开 SketchUp，如 SketchUp 2015。

③ 在 SketchUp 中，根据实际建筑尺寸分层建立相应楼层的平面草图。注意，对于建立能耗分析的建筑模型，没有必要将所有内容都在平面草图中绘制出来。正确的做法是，按照空调风系统的分区情况，将许多的房间合并成若干个典型的房间，按 1∶1 的比例绘制平面草图。

④ 利用 OpenStudio 工具栏，将平面草图变成三维几何模型，如图 6-7 所示。

⑤ 在立面上绘制门、窗的草图，然后利用 OpenStudio 工具栏，将门、窗草图变成 OpenStudio 门、窗。

⑥ 按楼层将每个平面对应的三维模型叠加起来，形成完整的三维模型。

⑦ 添加遮阳，指定朝向。

⑧ 按建材信息，建立或修改 OpenStudio 中的 Material，然后建立或修改外墙、门窗、屋顶、地面等建筑元素的 Construction。

⑨ 建立或修改本建筑不同的功能房间所采用的人（People）、灯具（Lights）、设备（E-quipments）、漏风（Infiltration）等负荷计算依据。

⑩ 建立或修改 SurfaceSet、SubSurfaceSet，从中可以选择⑧中建立的不同的围护结构。

⑪ 建立或修改 ConstructionSet，从中可以选择⑩中建立的表面集合。

⑫ 利用 OpenStudio 工具，为建筑的各个房间设置楼层；同时，作出建筑构造集合、每个构成成分（墙、天花板、地面、门、窗）的结构。

⑬ 保存，并将之转化为 IDF 格式的文件。

图 6-8 所示为构造集编辑界面。

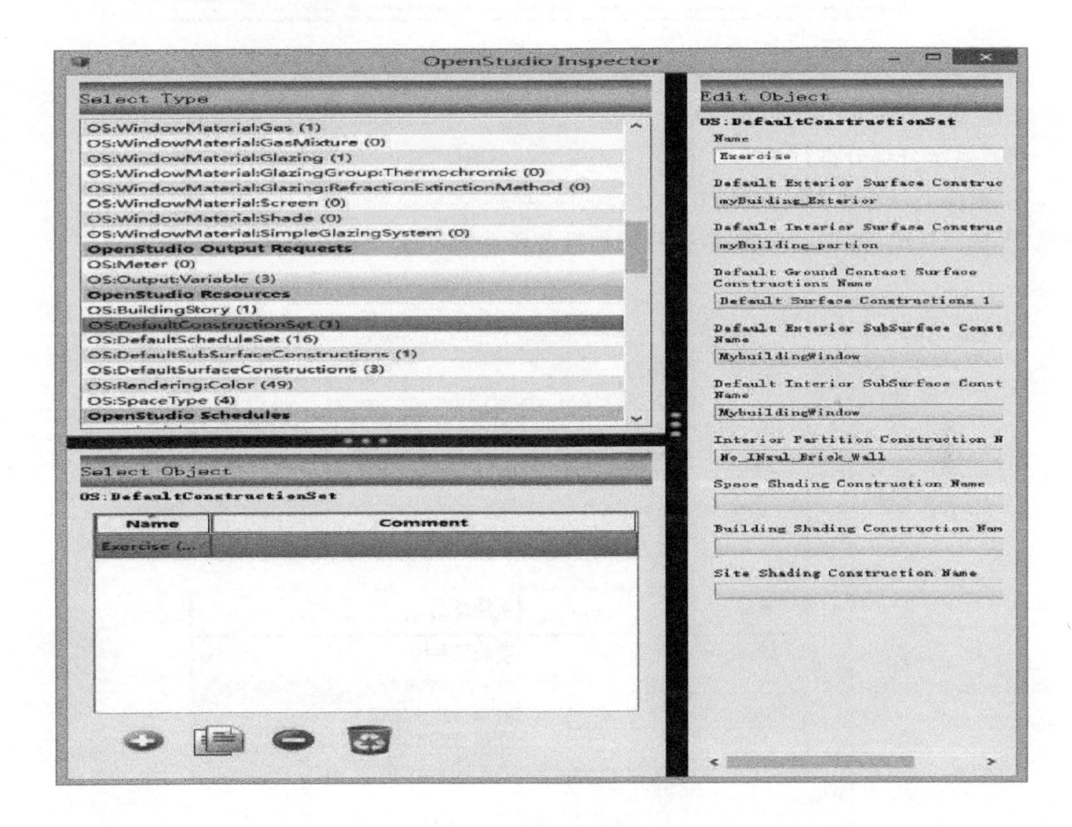

图 6-8　构造集编辑界面

6.5.2　暖通空调设备系统的建立、编辑

本研究编制了一段建立、编辑、保存暖通空调系统的程序，并能够将所编辑的信息保存为 EnergyPlus 的 IDF 格式文件。

暖通空调设备系统编辑软件工作界面如图 6-9 所示。

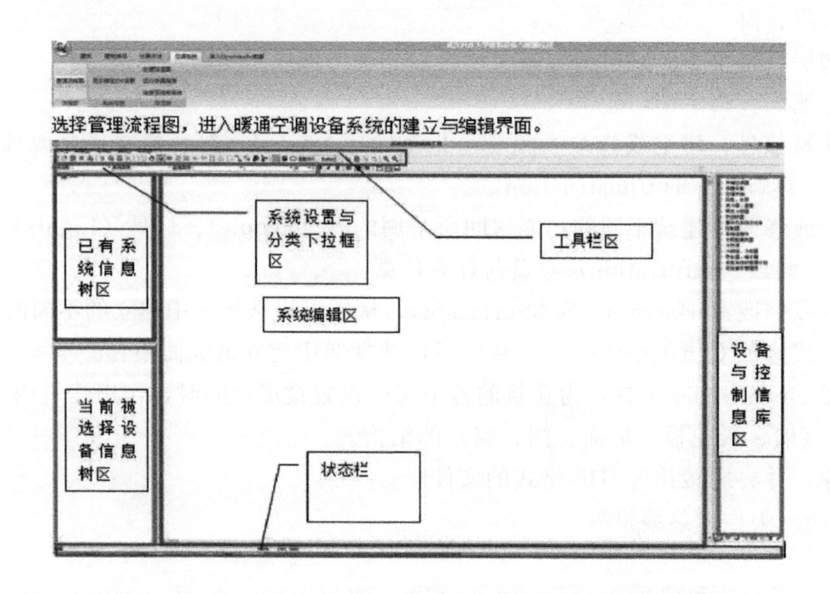

图 6-9　暖通空调设备系统编辑软件工作界面简图

（1）系统分部分进行录入

① 选择上一步建立的系统。

② 在“系统类别”下拉框中选择添加设备所在的位置，见图 6-10。

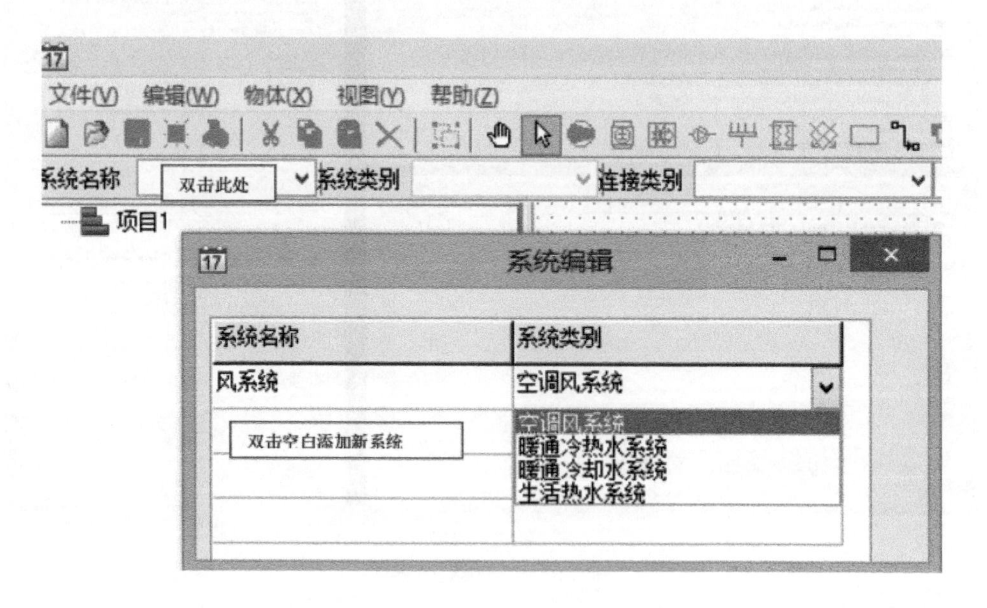

图 6-10　新建系统界面示意图

图 6-11 表明，所要添加的设备，处于名为“风系统”的“空调风系统”中，位置位于“风系统主处理流程”。然后按住鼠标不放，将选择的设备拖入“系统编辑区”，松开鼠标，如图 6-12 所示。

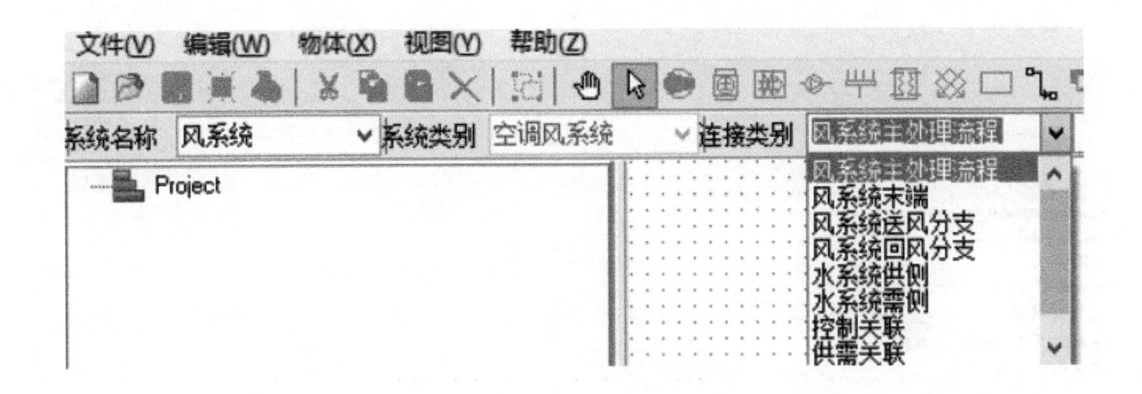

图 6-11 系统选择与设备位置选择界面示意图

图 6-12 新设备加入后的界面

依次加入设备后，如图 6-13 所示。

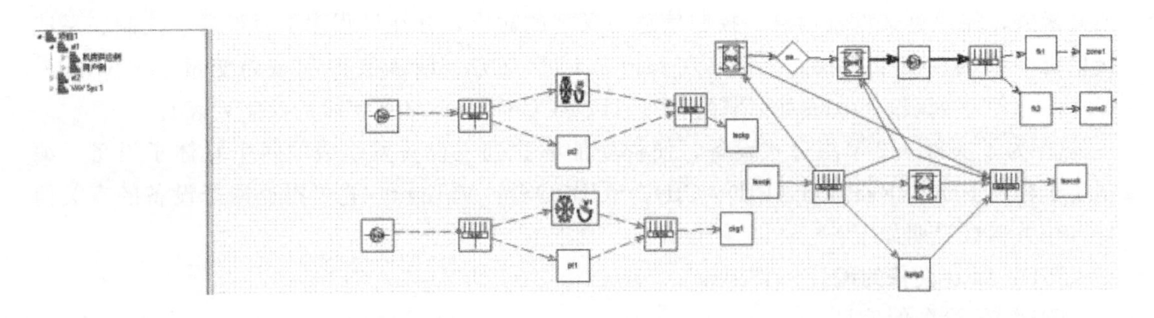

图 6-13 暖通空调系统示意图

(2) 设备型号及信息的修改

选择相应设备，单击鼠标右键，在出现的弹出式菜单中选择“属性与参数”，出现特定设备的编辑窗口，如图 6-14 所示。

将系统保存，并导出为 IDF 格式。

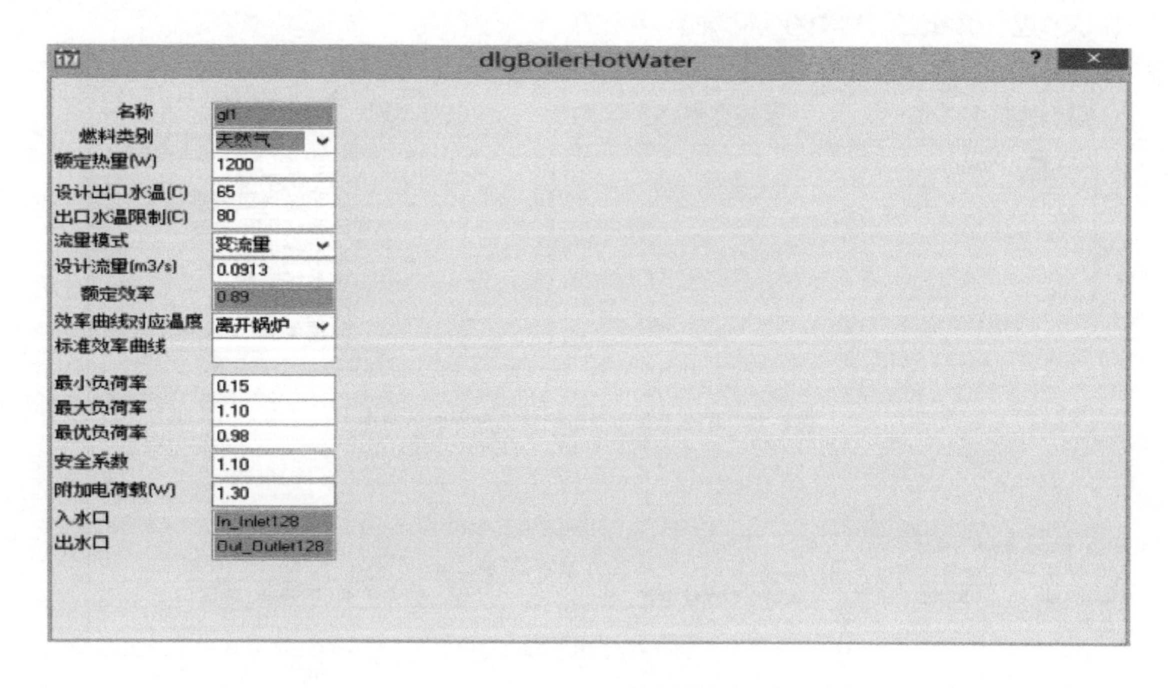

图 6-14　特定设备信息编辑窗口

将系统 IDF 文件与 OpenStudio 导出的 IDF 文件合并。

6.5.3　关于暖通空调设备系统编辑软件的编制技术

暖通空调设备系统编辑软件采用面向对象的设计技术，分模块设计，支持可扩展接口，以获得扩展的设备信息。由于内部语言全部为英文符号，为了便于人机接口的显示，在软件中说明如下。

① 编制了 IDFSymbol：TstringList（titles，fieldNames，fldNames：TstringList）的公共函数，完成英文设备信息、控制信息与汉字的对应，并在该程序中对设备、控制、系统接口统一编码，便于查找。之后，将其开放给第三方。该函数得到全局变量 HVACIDF-Classes（符串列表）、titles（标题列表）、HVACChNames（类字段的汉字列表）。

② 为了实现 5.2 节组合式设备，使程序能够找到主设备所组成的每个具体子设备，编制了子程序 FamilyRealtion（PID，CID，SUBPOS）：Variant，它可以返回子设备的有关信息。相关参数说明如下。

PID：组合设备的编号。

CID：子设备的编号。

SUBPOS：同种类型子设备的位置标识。

返回数组的内容有以下两种。

第一种：[字段序号，字段序号，标识 1，标识 2]；标识 1，标识 2 的取值为 {－1：设备类型，0：设备名称}。

第二种：[字段序号，标识 1]；标识 1 的取值为 {0：设备名称}；子程序名为 LinkRelation（CID）：RLinkStruc。

第二种方法中CID代表组合设备编号。

③ 编辑系统中的关键函数子程序及其调用情况如下。

子程序：createRelInStr（OBJID，varStr：TstringList）用于属性编辑中TLinkProperties. Execute（SimpleGraph. SelectedObjects，srcStr，destStr）的动作。它使用OBJID调用LinkRelation得到Rst，在Str中添加OBJID所有的{空气侧入口位置-名称；水侧入口位置-名称}。

名称获得：chaNames = HVACChNames[OBJID]-> chNames[Rst. AirPath[i] ‖ rst. WaterPath[i]. inpos+1]；举例：12-空气侧入口，14-热水入口。

子程序：createRelOutStr（OBJID，varStr：TstringList）：用于属性编辑中TLinkProperties. Execute（SimpleGraph. SelectedObjects，srcStr，destStr）的动作，然后使用OBJID调用LinkRelation得到Rst，在Str中添加OBJID所有的{空气侧出口位置-名称；水侧出口位置-名称}。

名称获得：chaNames=HVACChNames [OBJID] ->chNames [Rst. AirPath [i] ‖ rst. WaterPath [i] . inpos+1]。

④ 暖通空调系统编辑软件中的信息流及对应的响应函数。

a. 绘图事件及响应函数见表6-1。

表6-1 绘图事件及响应函数

序号	消息名称	响应函数	描述
1	onCanHookLink	SimpleGraphCanHookLink	提供确认窗口，确认是否勾连连接
2	onCanlinkObject	SimpleGraphCanlinkObject	提供确认窗口，确认是否连接对象
3	onCanRemoveObject	SimpleGraphCanRemoveObject	提供确认窗口，确认是否删除对象
4	onCommandModeChange	SimpleGraphCommandModeChange	在状态栏中显示信息
5	onDragDrop	SimpleGraphDragDrop	见图6-15
6	onDragOver	SimpleGraphDragOver	
7	onGraphChange	SimpleGraphGraphChange	在状态栏中显示信息
8	onInfoTip	SimpleGraphInfoTip	见图6-16
9	onMouseMove	SimpleGraphMouseMove	在状态栏中显示鼠标的[x,y]坐标
10	onMouseWheelDown	SimpleGraphMouseWheelDown	缩放画布
11	onMouseWheelUp	SimpleGraphMouseWheelUp	缩放画布
12	onNodeMoveResize	SimpleGraphNodeMoveResize	如果选择单个图形，就在状态栏中显示信息
13	onObjectAfterDraw	SimpleGraphObjectAfterDraw	空白
14	onObjectChange	SimpleGraphObjectChange	见图6-16
15	onObjectDblClick	SimpleGraphDblClick	空白
16	onObjectInitInstance	SimpleGraphObjectInitInstance	设置TGraphNode的布局属性
17	onObjectInsert	SimpleGraphObjectInsert	见图6-18
18	onObjectRemove	SimpleGraphObjectRemove	见流程图6-16
19	onObjectSelect	SimpleGraphObjectSelect	在状态栏中显示
20	onZoomChange	SimpleGraphZoomChange	在状态栏中显示

b. 设备编辑事件及响应函数见表6-2。

表6-2 设备编辑事件及响应函数

序号	消息名称	响应函数	描述
1	WM_COPYDATA	copyData	处理copy的数据

⑤ 部分流程图如图6-15～图6-22所示。

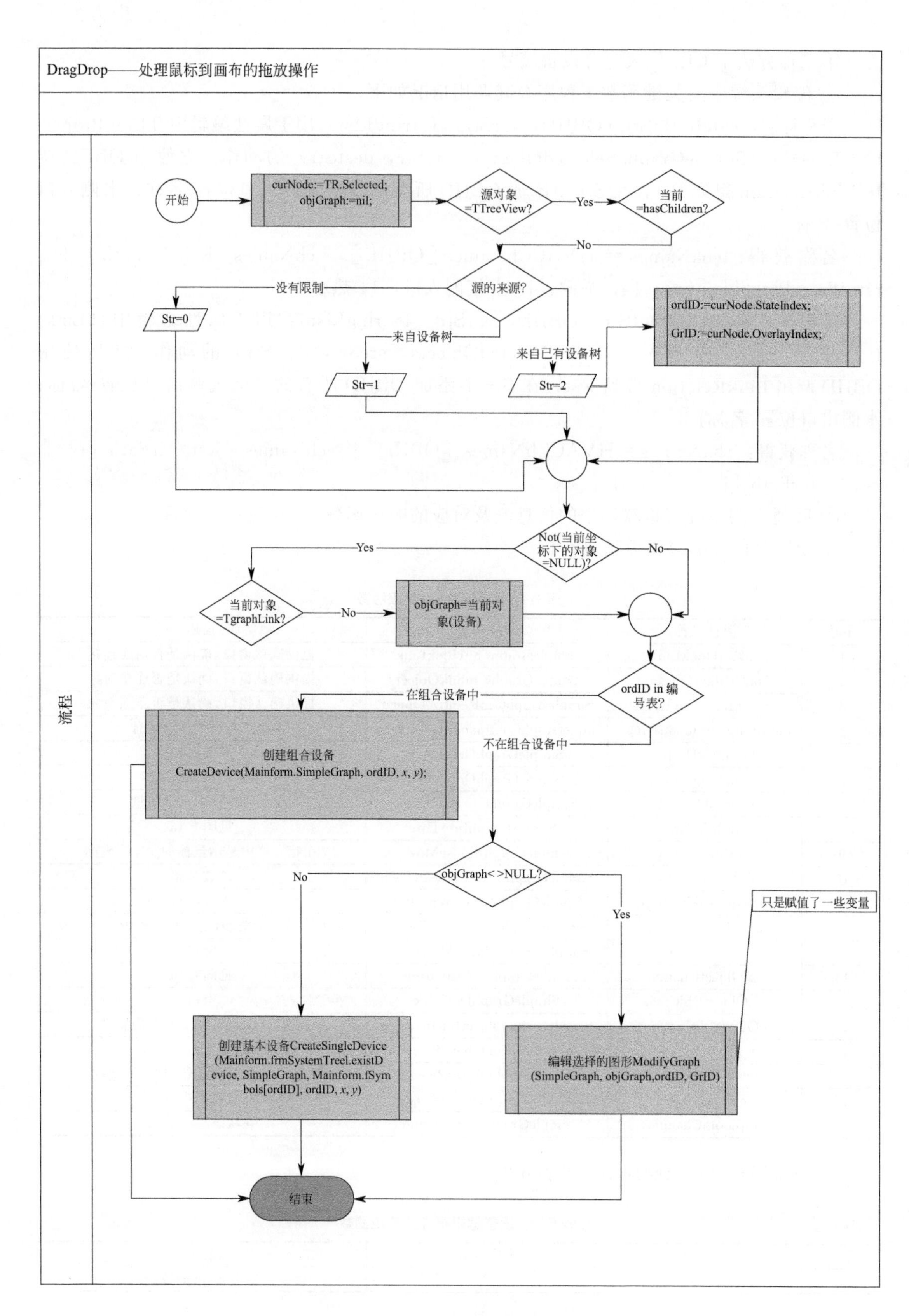

图 6-15 表 6-1 中第 5 项函数的流程图

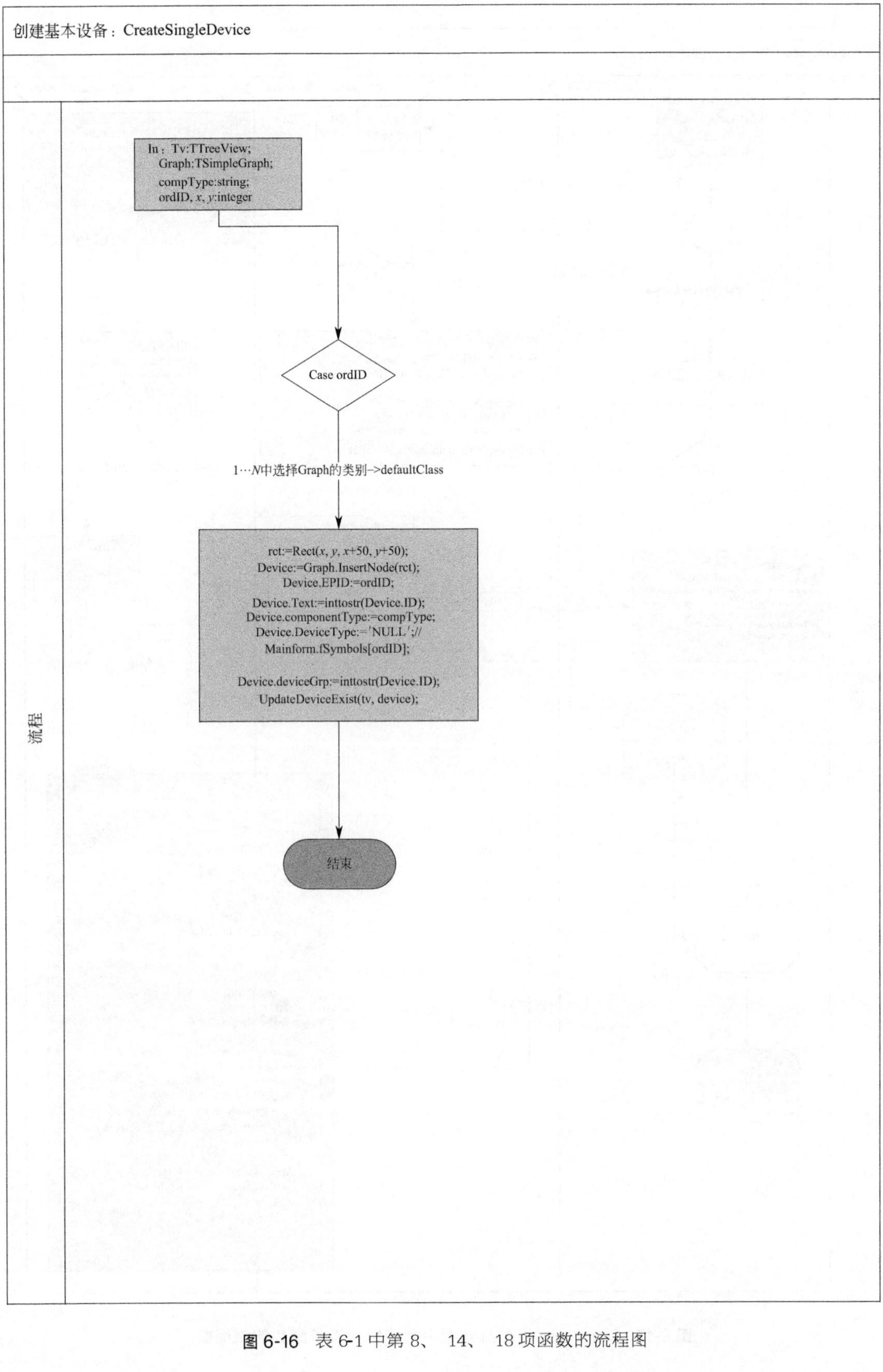

创建基本设备：CreateSingleDevice

流程

In：Tv:TTreeView;
Graph:TSimpleGraph;
compType:string;
ordID, x, y:integer

Case ordID

1…N中选择Graph的类别->defaultClass

rct:=Rect(x, y, x+50, y+50);
Device:=Graph.InsertNode(rct);
Device.EPID:=ordID;
Device.Text:=inttostr(Device.ID);
Device.componentType:=compType;
Device.DeviceType:='NULL';//
Mainform.fSymbols[ordID];

Device.deviceGrp:=inttostr(Device.ID);
UpdateDeviceExist(tv, device);

结束

图 6-16 表 6-1 中第 8、 14、 18 项函数的流程图

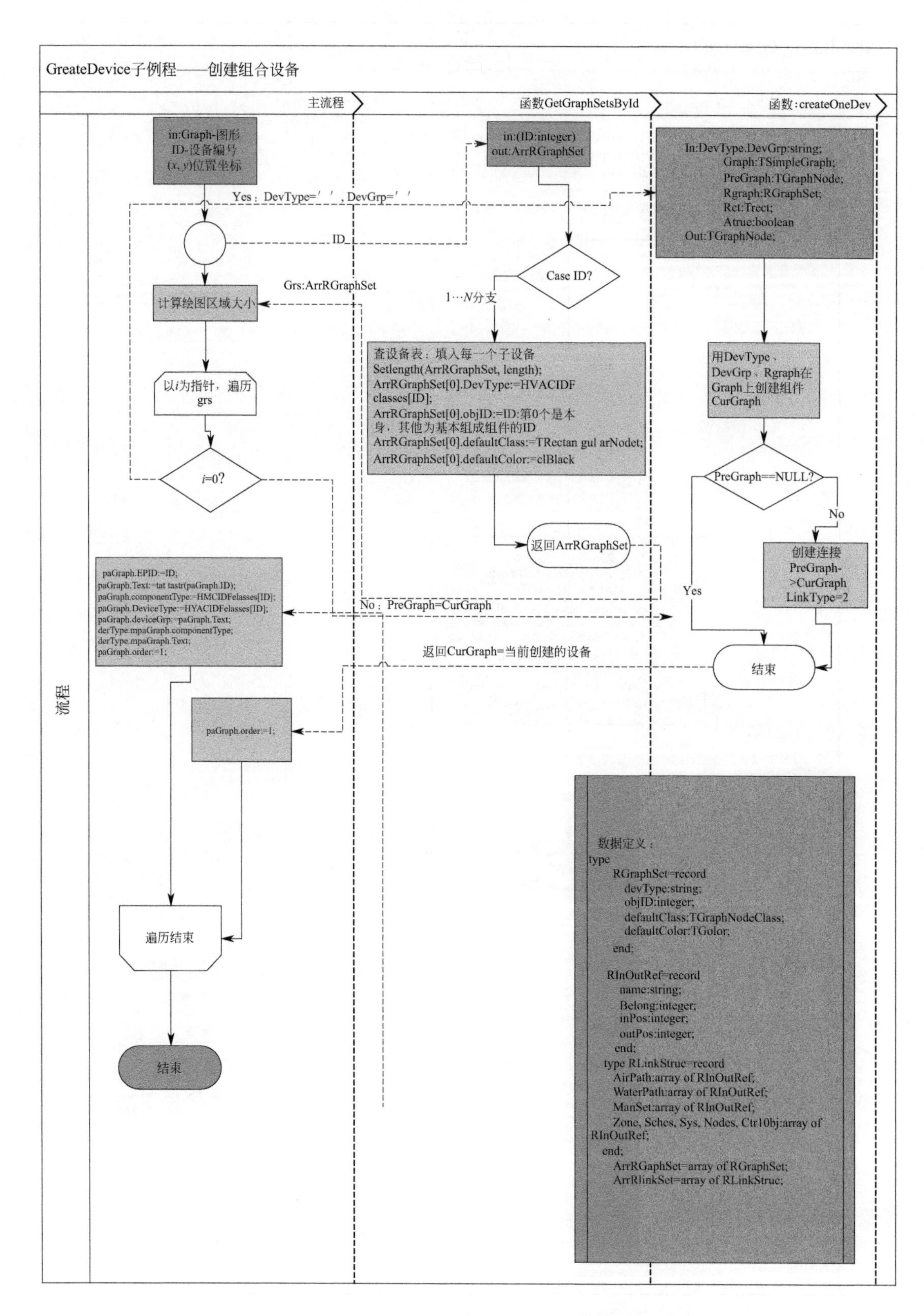

图 6-17 DragDrop 信息流处理中创建组合设备函数的流程图

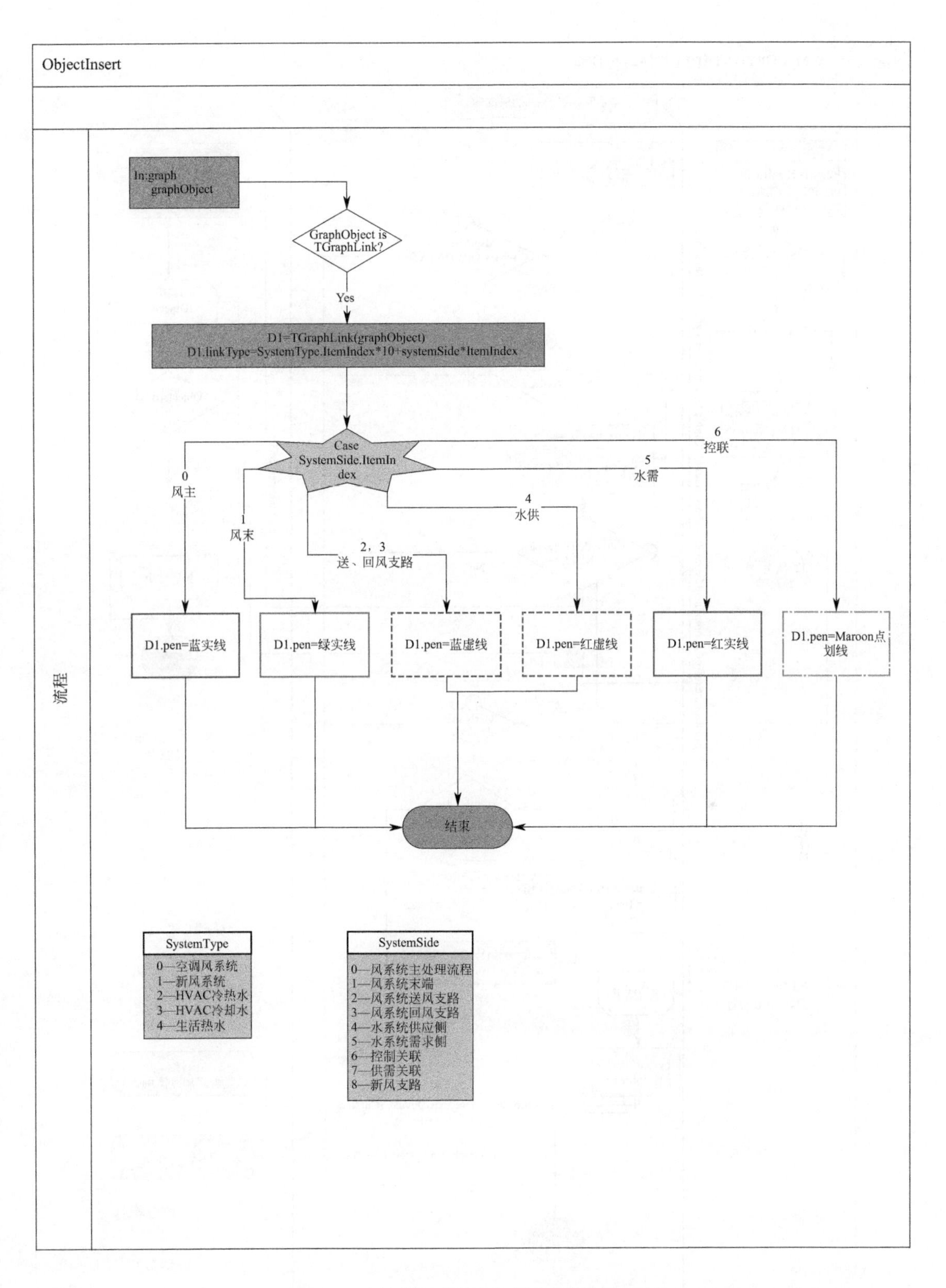

图 6-18　在流程图中插入连接线子例程流程图

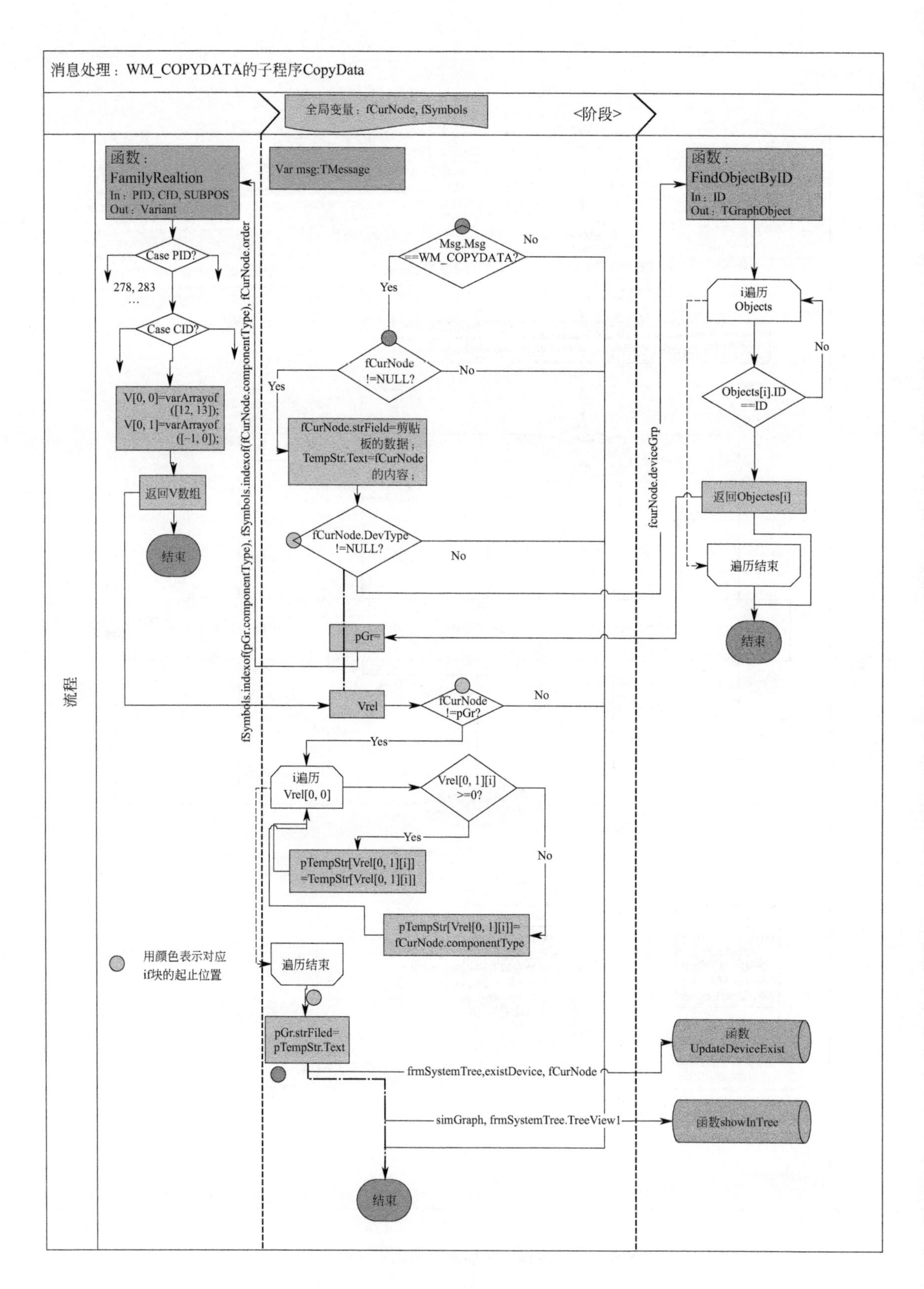

图 6-19 处理设备编辑回应信息的流程图

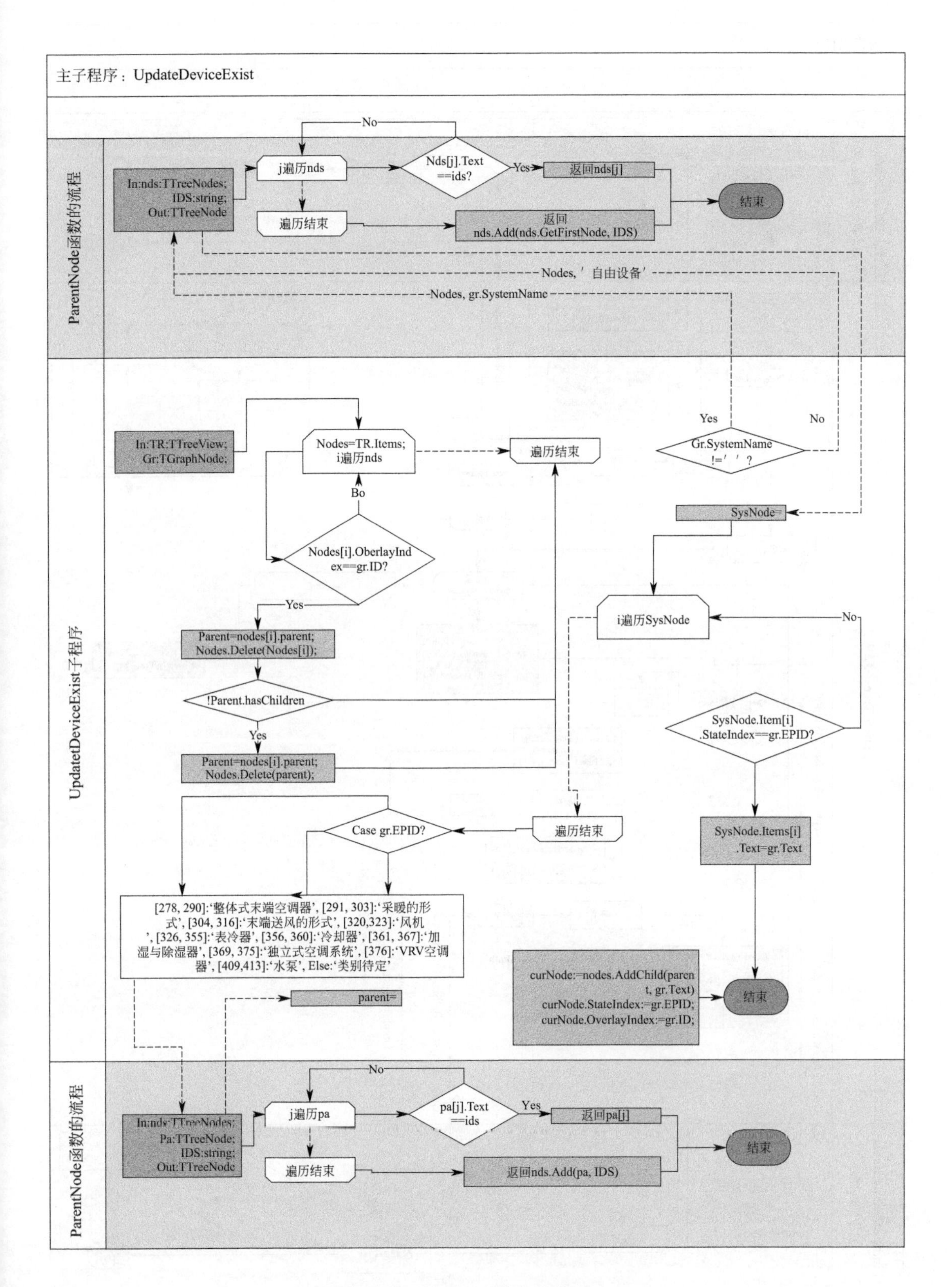

图 6-20 更新系统树区域信息的流程图（一）

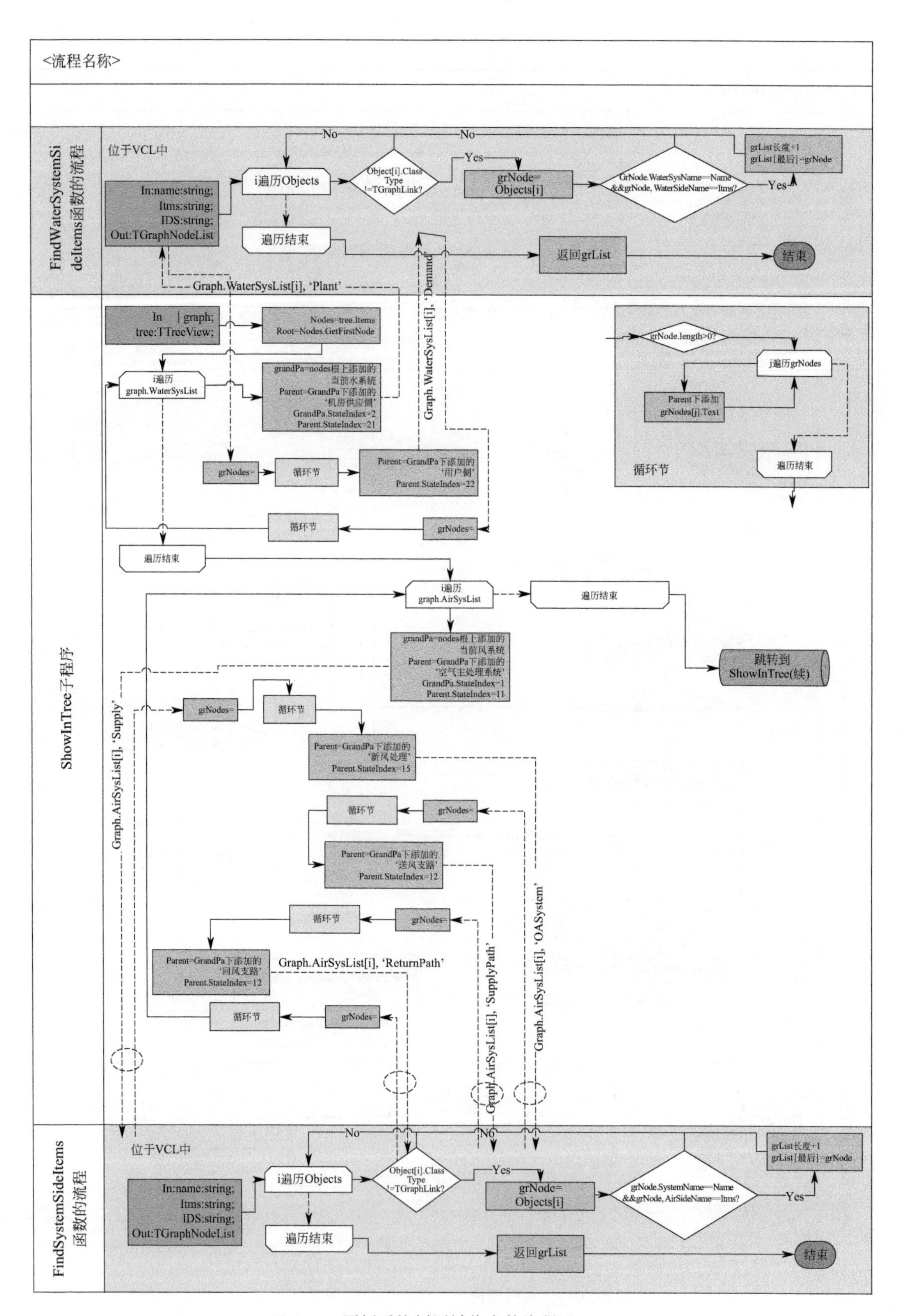

图 6-21　更新系统树区域信息的流程图（二）

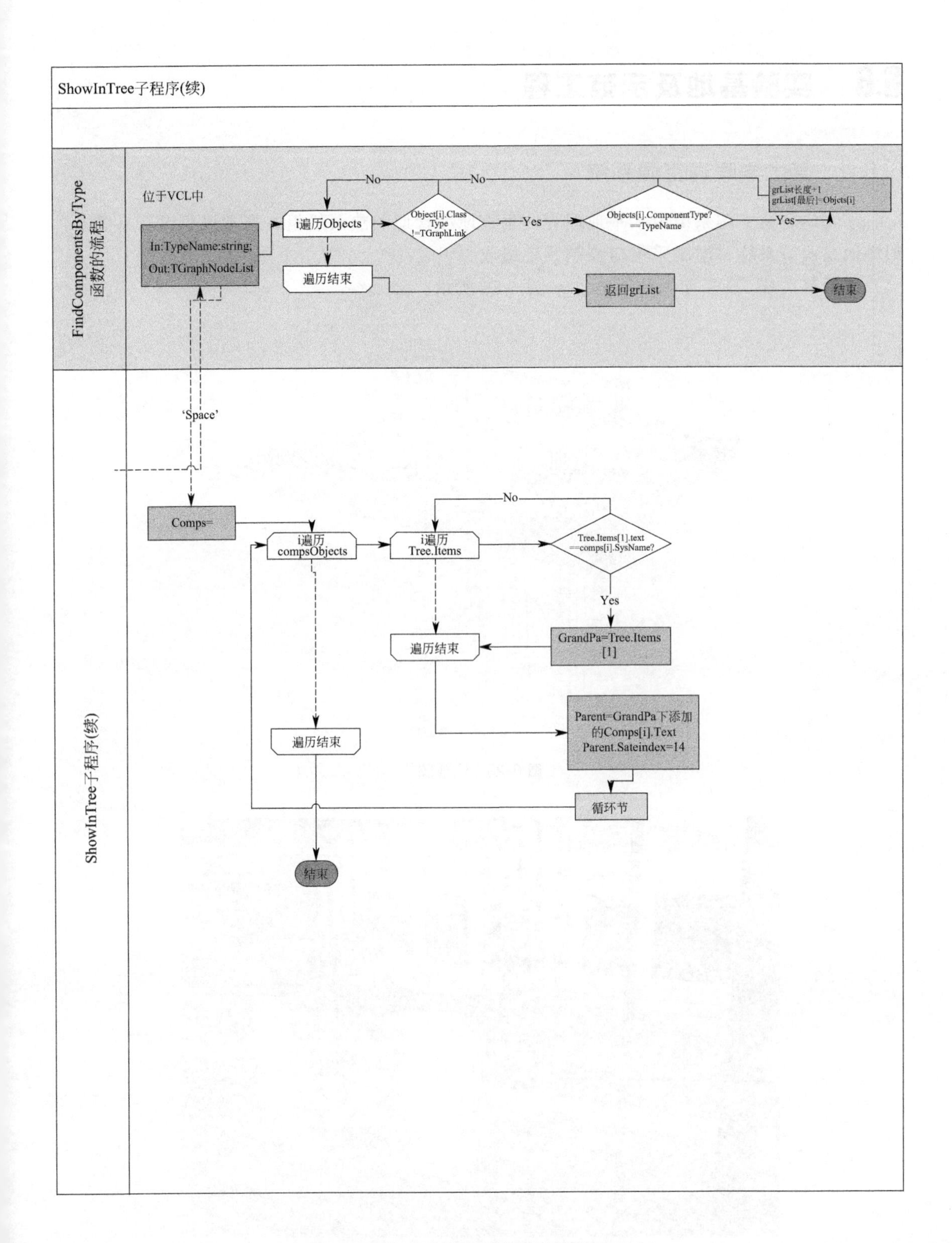

图 6-22 更新系统树区域信息的流程图（三）

6.6 实验基地及示范工程

6.6.1 某大学暖通空调系统

某大学暖通空调系统由水平地埋管、垂直地埋管地源热泵机组、末端风机盘管系统、冷却塔地温调节系统、温度采集与控制系统组成。

该示范系统3D模型图如图6-23～图6-26所示。

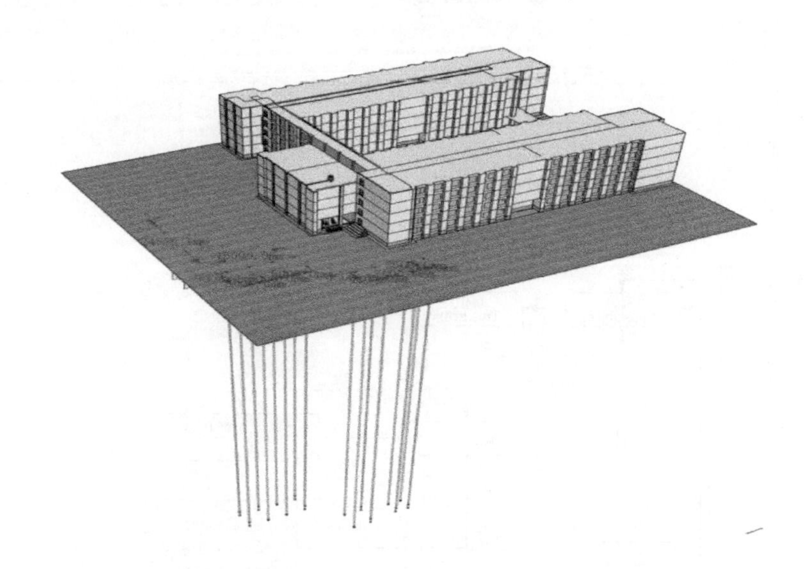

图6-23 总视图

图6-24 中央机房图

图 6-25 末端风机盘管图

6.6.2 某大学综合数字测控空调系统

某大学综合数字测控空调系统组成如下：一台 65kW 的风冷热泵主机；一套风量为 $2000m^3/h$ 的组合式中央处理单元设备（包括一次新风混合段、过滤段、表冷段、湿膜加湿段、二次回风段、风机段、消声段、送风段）；4 台 FP 系列的风机盘管（12 号盘管）；1 台一次回风风柜（2kW 的表冷器，一台型号为 4-72NO3.5A 的通风机）；一套地板送风系统；一套顶板送风系统；一套诱导送风新风系统；一套排气罩排气系统以及 4 套 VAV-BOX（风机型变风量末端装置）组成。控制系统有两种模式：一种是采用 PLC 控制变频器对风机进行变频；另一种是采用 DDC（数字直接控制）系统对风温、水温、风量、水量进行采集和控制。空调系统所有的段，其段前与段间、段后都有齐全的工业级传感器与执行器。DDC 系统采用的是霍尼韦尔公司和 Delta 公司的产品。

6.6.3 示范项目

（1）某设计院办公楼空调系统

某设计院综合楼地上 29 层，地下 2 层，总建筑面积 $54832m^2$，建筑主体高度 99m，为一类高层建筑。

其中央空调面积约为 $32790m^2$。根据计算，建筑空调夏季冷负荷约为 3990kW。项目实施过程如下。

第一步，基本方案的确定。

① 通用方案　根据冷负荷的特点，夏季拟采用 3 台 1350kW 的冷水机组，冷冻水泵采用 3 台变频泵。冷水塔采用 3 台低噪声横流式冷却塔，冷却水循环泵采用 3 台定频定流量水泵。

② 水源热泵外加冰蓄冷方案　根据冷负荷的特点，夏季拟采用 3 台 1350kW 的三工况水源热泵机组，冷冻水泵采用 3 台变频泵。冷却水系统采用 8 口冷水井、3 口抽水井、5 口回灌井，水温选择为 18℃，冷却水循环泵采用 3 台变频水泵。

第二步，比较数据的处理。

① 模拟负荷的产生

a. 基本负荷序列的产生。根据综合部分效率系数的约定，本比较将生成 100 个负荷点，其中 10%点数的负荷等于峰值负荷的 10.1%，46.1%点数的负荷等于峰值负荷的 50%，41.5%点数的负荷等于峰值负荷的 75%，剩余点数的负荷等于峰值负荷。

b. 基本负荷序列的扩展。根据软件模拟的需要，上述负荷序列只出现在每天的 9：00～21：00，其他时间为 0；同时，每一个模拟步会细分成 N 个子步。因此，要将每个基本序列中的负荷重复 N 次。

c. 负荷生成程序。本研究编制了一个小程序来完成上述负荷文件的生成过程。运行后，生成的负荷文件名为 Data. Txto，程序界面如图 6-26 所示。

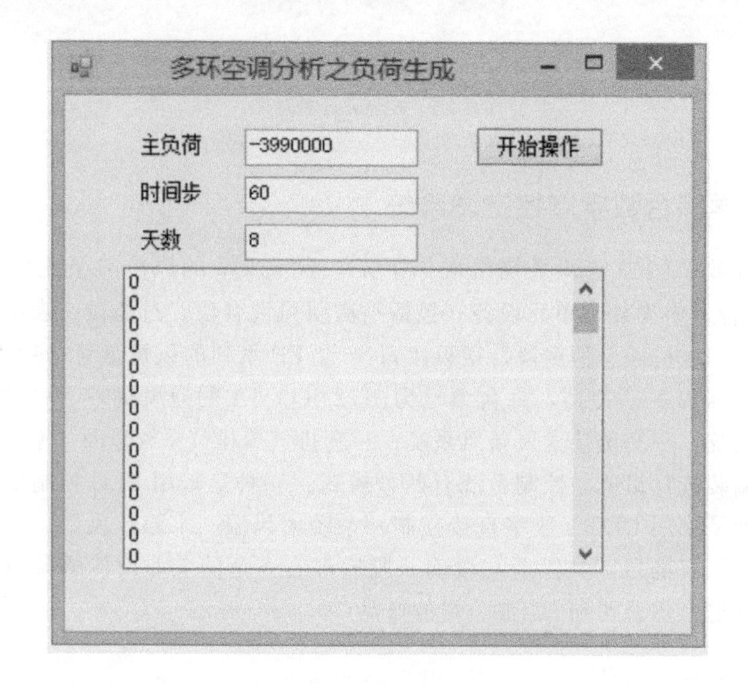

图 6-26　程序界面图（一）

② 分析比较用系统流程图的设计　为了便于比较，本研究假设本方案所有的末端系统是同样的配置，工作能耗也是一样的；同时，假设该市已实施分时电价。水泵可以合并成一台水泵来模拟，水井也可以合并成一口井来模拟；同时，假设一台冷水机组对应一台蓄冰槽。据此，设定两种方案。

③ 模拟过程。把两种方案流程图录入本系统。

④ 模拟结果。运用本研究平台进行仿真，仿真平台如图 6-27 所示。

运行结果如下。

a. 方案 1 的仿真结果。通过模拟仿真发现 1# 主机总耗电量在 25%的负荷时等于

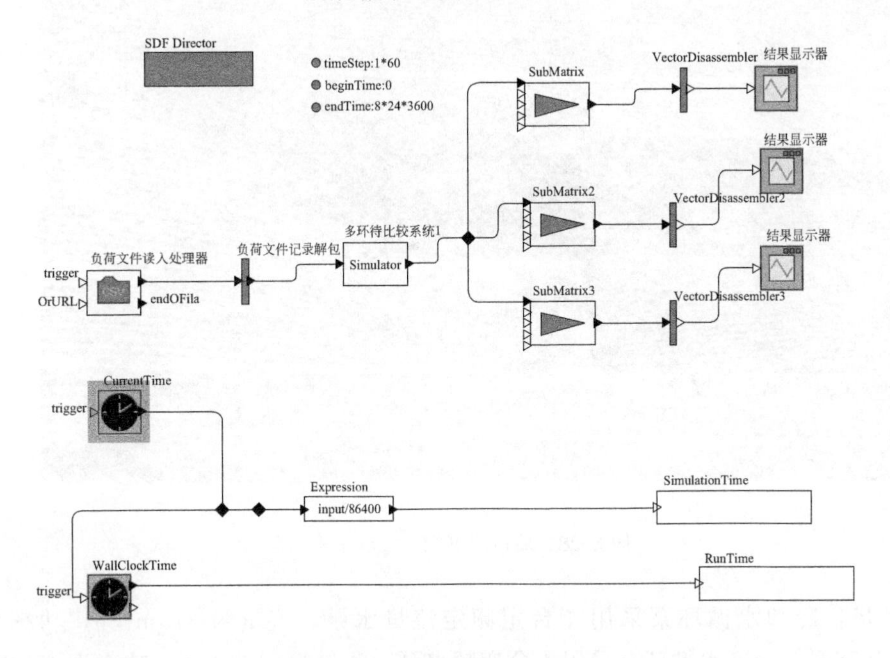

图 6-27　仿真平台界面（一）

80kW，50%负荷时等于 145kW，75%负荷时等于 184kW，100%负荷时等于 220kW；2# 主机总耗电量在 25%的负荷时等于 60kW，50%负荷时等于 145kW，75%负荷时等于 184kW，100%负荷时等于 220kW；3# 主机总耗电量在 25%的负荷时等于 0kW，50%负荷时等于 0kW，75%负荷时等于 84kW，100%负荷时等于 220kW。水泵的总耗电量为 135kW。故整个系统在 25%的负荷时，耗电量等于 275kW；在 50%的负荷时，耗电量等于 425kW；在 75%的负荷时，耗电量等于 487kW；在 100%的负荷时，耗电量等于 795kW。

b. 方案 2 的仿真结果。通过仿真发现，在运行期间，1# 主机并不是全时刻运行的，运行后的峰值为 274kW；而 2# 及 3# 主机在蓄冰槽蓄冰 4h 的前提下，很少开机，二者开机时加在一起的耗电量只有 60kW。循环水泵总耗电量为 95kW。因此，整个系统的耗电量是 429kW。

结论：采用冰蓄冷＋水源热泵后，系统效率大幅提高；方案 2 的耗电量为方案 1 的一半多一点，而且还未考虑峰谷电价带来的节约费用。

（2）某省图书馆新馆空调系统

某省图书馆新馆占地 100.5 亩（1 亩＝666.67m^2），总投资 7.8 亿元，是我国成立以来该省最大的文化基础设施建设工程之一。其地下二层，地上八层，总建筑面积 100523m^2。建筑总高度 41.4m。设计阅览室 6279 个。根据计算，建筑空调夏季冷负荷约为 8050kW，如图 6-28 所示。项目实施过程如下。

第一步基本方案的确定。

① 通用方案　根据冷负荷的特点，夏季拟采用 4 台 1450kW 的冷水机组，机组负荷侧流量 270m^3/h，源侧流量 330m^3/h，输入功率 270kW 。冷水塔采用 4 台低噪声 2050kW 双

图 6-28　某省图书馆

速闭式横流冷却塔，冷却水循环泵采用 4 台定频定流量水泵，流量为 375m^3/h，功率为 55kW，效率大于 78%。冷冻水循环泵采用 4 台变频水泵，流量为 310m^3/h，功率为 45kW，效率大于 79%。

② 地源热泵外加冰蓄冷方案　根据冷负荷的特点，夏季拟采用 4 台 1450kW 的三工况土壤源热泵机组，机组负荷侧流量为 270m^3/h，源侧流量为 330m^3/h，输入功率为 270kW。冷却水系统采用垂直双 U 形地埋管换热系统，外加冷却塔进行地温场温度的平衡。地埋管水循环系统地温场采用武汉科技大学实验基地的实测数据，选择为 20℃，冷却水循环泵采用 4 台定频定流量水泵，流量为 375m^3/h，功率为 55kW，效率大于 78%。冷冻水循环泵采用 4 台变频水泵，流量为 310m^3/h，功率为 45kW，效率大于 79%。蓄冰槽采用 3236kW·h 的蓄冰盘管，共 9 台；蓄冰时间为 0：00～7：00。

第二步比较数据的处理。

① 模拟负荷的产生

a. 基本负荷序列的产生。根据综合部分效率系数的约定，本比较将生成 100 个负荷点，其中 10%点数的负荷等于峰值负荷的 10.1%，46.1%点数的负荷等于峰值负荷的 50%，41.5%点数的负荷等于峰值负荷的 75%，剩余点数的负荷等于峰值负荷。

b. 基本负荷序列的扩展。根据软件模拟的需要，上述的负荷序列只出现在每天 9：00～21：00，其他时间为 0；同时，每一个模拟步骤会细分成 60 个子步骤。因此，要将每个基本序列中的负荷重复 60 次。

c. 负荷生成程序。本研究编制了一个小程序来完成上述负荷文件的生成过程。运行后，生成的负荷文件名为 DataLib. Txto，程序界面如图 6-29 所示。

② 分析比较用系统流程图的设计　为了便于比较，本研究假设本方案所有的末端系统是同样的配置，工作能耗也是一样的；同时，假设武汉市已实施分时电价。水泵可以合并成一台水泵来模拟；同时，假设一台冷水机组对应一台蓄冰槽，单个蓄冰盘管的热

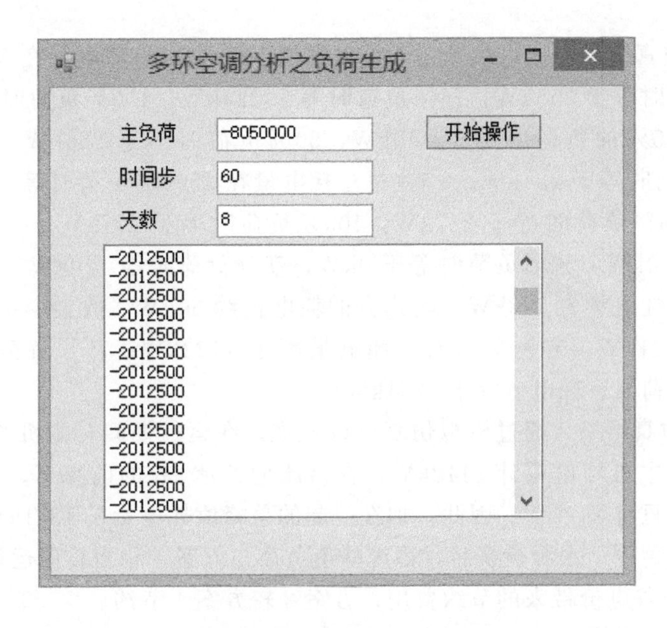

图 6-29 程序界面图（二）

量为 7281kW·h。

③ 模拟结果 运用本研究平台进行仿真。仿真平台界面如图 6-30 所示。

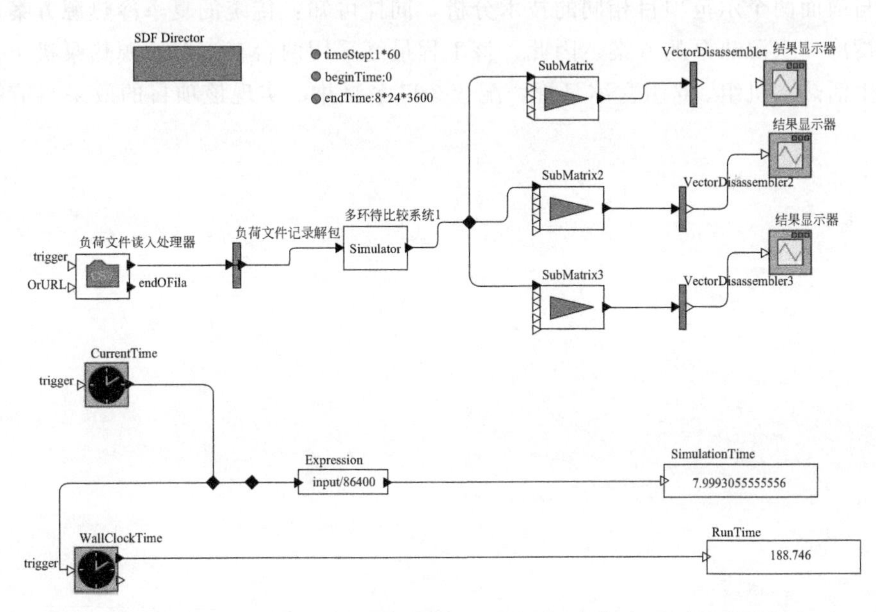

通过负荷文件，运行省图书馆新馆系统方案，获得冷却塔、冷却泵、冷冻泵、制冷机在夏季100%、75%、50%、25%设计负荷下，负荷时间比例分别为2.3%、41.5%、46.1%、10.1%的耗电曲线。制冷机开机时间为0：00～21：00。蓄冰槽的温度也根据时间显示出来

图 6-30 仿真平台界面图（二）

运行结果如下。

a. 方案 1 的仿真结果。通过模拟仿真可以发现，1# 主机总耗电量在 25% 的负荷时等于 219kW，50% 负荷时等于 255kW，75% 负荷时等于 227kW，100% 负荷时等于 227kW。2# 主机总耗电量在 25% 的负荷时等于 119kW，50% 负荷时等于 255kW，75% 负荷时等于 255kW，100% 负荷时等于 227kW。3# 主机总耗电量在 25% 的负荷时等于 0kW，50% 负荷时等于 230kW，75% 负荷时等于 227kW，100% 负荷时等于 227kW。4# 主机总耗电量在 25% 的负荷时等于 0kW，50% 负荷时等于 0kW，75% 负荷时等于 0kW，100% 负荷时等于 227kW。水泵的总耗电量为 323kW。闭式塔的耗电量约 60kW。故整个系统在 25% 的负荷时，耗电量等于 721kW；50% 负荷时，耗电量等于 1123kW；75% 负荷时，耗电量等于 1064kW；100% 负荷时，耗电量等于 1291kW。

b. 方案 2 的仿真结果。通过模拟仿真可以发现，在运行期间，主机并不是全时刻运行的，运行后的 4 台主机峰值累计 1112kW，在蓄冰槽蓄冰 7h 的前提下，有的主机不开机。循环水泵总耗电量只有 249kW。因此，加在一起的总峰值耗电量是 1361kW。

结论：采用冰蓄冷＋水源热泵后，系统峰值负荷与方案 1 相当。但运行时间比方案 1 减少约 30%，考虑峰谷电价带来的节约费用，方案 2 较方案 1 节约。

（3）某医院空调系统工程

某医院空调系统工程由地下室（包括汽车库、设备用房及部分医技用房）及地上两栋建筑组成。主楼为住院大楼，共 20 层，建筑高度为 76.2m。附楼为门诊楼，五层建筑，高度 21m，总建筑面积约 46100m^2。其中，地上建筑面积为 42200m^2，中央空调面积约 43090m^2。

经过与前面两个示范项目相同的技术分析，同样可知：传统的夏季冷热源方案，节能效果不如冰蓄冷＋水源热泵的方案。因此，该工程最终采用两台三工况水源热泵机组、一台高温热回收生活热水机组、6 组蓄冰盘管，配套 3 口水源井，实现该项目的效果与节能双达标目的。

绿色建筑典型案例

7.1 绿色办公建筑

7.1.1 项目背景

湖北省某办公大楼始建于1986年，共6层，平面为L形，位于武汉市武昌区。改造项目的工程总投资约992万元。建筑总面积为5564.02m^2，项目净用地面积2699.42m^2，属于甲类公共建筑。建筑朝向为南偏西24.1°，体形系数0.27，建筑层数6层，无地下室，层高21.0m，其中一层层高4m，二～六层层高3.4m。建筑结构形式为砖混结构＋框架结构。项目改造前见图7-1。

图7-1 项目改造前

由于该办公大楼建成年代久远，存在外观老旧、保温性能差、场地不足、设备老化、舒适性较差、布局落后等问题，急需进行改造。本次改造以改善办公环境、实现建筑节能为主要目标，改善室内办公环境，提高员工办公的舒适度、办公效率，提高办公楼的节能率、经济性；同时，以既有建筑绿色改造三星级、健康建筑三星级为目标打造湖北省示范项目。

该项目于2019年立项。改造范围主要包括外墙节能改造、屋面节能改造、室内功能房间改造、室内公共区域改造、绿化景观改造、节能灯具及节水器具改造、建筑智能化系统改造等。

7.1.2 改造方案中采用的绿色建筑技术

(1) 节能环保

① 光伏空调　光伏空调系统利用太阳能发电，不仅可以给多联机主机提供动力，也可以在多联机主机不工作或发电有盈余时通过主机换流单元向建筑照明供电。光伏直驱利用率

高达99.04%；同时，利用创新的动态负载的最大功率点跟踪（MPPT）技术，实现对太阳能的最大化利用。光伏空调见图7-2。

空调新风系统设有排风热回收，热回收效率达66%以上；同时，系统能净化空气中的颗粒物，$PM_{2.5}$一次过滤率达到99.5%以上，保障室内拥有良好的空气质量。

(a) 光伏空调的光伏板

(b) 光伏空调的室外机

图7-2 光伏空调

② 太阳能热水　太阳能热水系统主要为卫生间及茶水间提供生活热水，系统采用横排真空管集热器，集热器与水箱直接循环；同时，设置立管循环，可实现热水系统配水点出水时间不超过10s。热水管为不锈钢管，设置紫外线消毒器，可提供高效卫生的热水，提高员工用水舒适度。

新增的太阳能热水系统，充分利用屋面空间和武汉丰富的日照资源，可有效节能，减少建筑运行中的碳排放。太阳能热水系统见图7-3 。

③ 环绕式节能光源　走廊灯光采用了环绕式节能光源。作为人员流动较多而非长期工作或停留的场所，设置部分灯常亮；部分灯为人体感应灯，在人员经过时可感应开启；同时，结合节能自熄控制，既满足照度要求，又节能省电。灯光设计通过线与面的结合，利用灯带营造明亮高效的照明环境，构建出富有艺术感和科技感的走道空间。环绕式节能光源见图7-4。

图7-3 太阳能热水系统

图7-4 环绕式节能光源

④ 空气质量监测　空气质量监测系统通过在室内外设置温湿度、PM_{10}、$PM_{2.5}$、CO_2

浓度传感器，实时监测室内外空气质量。

该监测系统由温湿度传感器、多参数检测仪、智能网关、交换机、物联网采集主机及控制器组成，对监测数据进行定时连续测量、记录和传输。在监测的空气质量参数发生偏离时进行预警，系统可以在维持建筑室内健康舒适的同时减少不必要的能源消耗。良好的空气质量可以使人心情愉悦，提升用户使用感受。空气质量监测系统如图 7-5 所示。

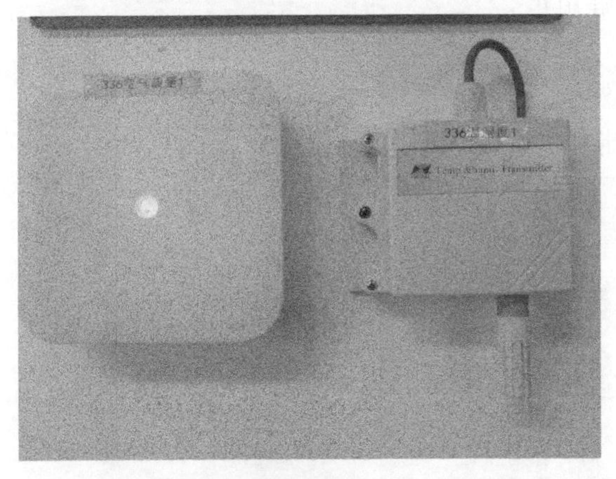

(a) 室内空气质量监测

(b) 室外空气质量监测

图 7-5　空气质量监测系统

⑤ 旧物利用　利用某检测中心实验室废旧钢筋（钢板）、木材、试块等废弃物修筑场地围墙、铺路石、花坛；利用废弃混凝土修建场地景观小品。旧物利用如图 7-6 所示。

旧物利用措施提高了废旧建筑材料的利用率，拓展了建筑改造过程中废旧建筑材料的低碳发展之路。

图 7-6　旧物利用

⑥ 生态屋架　天然实木制作而成的木桁架作为主构件，应用于健身室屋面，形成自然古朴的室内环境。生态屋架如图 7-7 所示。

木桁架取材自环保天然木材，可再利用，施工便利，不用二次装修设置室内吊顶；屋面自身坡度可快速排放雨水，结合铺设防水卷材，排水、防水效果良好；木材热导率低，也具有较好的保温性能。以木材作为建筑材料，同时结合传统建筑的构筑方式，可给人以亲切感、怀旧感，让人身心放松，营造出“运动氧吧”的和谐氛围。

⑦ 垂直绿化　室外垂直绿化采用柔性铺贴式墙体绿化技术，不必在墙面固定骨架，阻根防水，智能浇灌，不仅美化建筑提升立面视觉效果；同时，也增加外墙隔热保温效果，降低建筑能耗。

室内垂直绿化不仅营造出怡人自然的绿色办公环境，起到柔化空间的作用；同时，也可以消解甲醛，调节湿度，减少噪声，改善室内空气环境。

垂直绿化将生态、健康、自然融入室内外空间，其生物固碳的作用也可从根本上减少建筑碳排放。垂直绿化如图 7-8 所示。

图 7-7　生态屋架

(a) 室外垂直绿化

(b) 室内垂直绿化

图 7-8　垂直绿化

（2）安全舒适

① BIM 管线综合　经过 BIM（建筑信息模型）技术优化，对办公楼水暖电管线综合排布，使得管线设备整体布局有序、合理、美观，最大程度上满足和提高建筑使用空间，降本增效。施工过程中运用 BIM 代替传统二维图纸，指导施工现场，保障质量，最终呈现出良好的效果。BIM 管线综合见图 7-9 。

图 7-9　BIM 管线综合

图 7-10　加装电梯

② 加装电梯　建筑外部加装观光电梯，采用了大面积透明夹胶安全玻璃，同时兼顾了安全、减振和美观的要求。外观设计上与门厅立面改造效果协调统一，打破了立面横向线条的单一感，突出了新改造建筑的轻盈及现代特征；功能上做到了引导工作人流，优化交通流线，提升通行效率的作用。加装电梯如图 7-10 所示。

③ 结构加固　办公楼增设一楼大厅，将部分承重墙改为梁，以扩大使用空间。将砖墙局部拆除，洞口竖向采用外包钢形成承重柱，横向采用外包钢形成梁。周边墙体采用源于高延性水泥基复合材料的新材料——高延性混凝土（HDC）加固，有效提高构件和墙体的承载力和抗震性能。通过结构加固后的一楼大厅空间现代大气，功能简洁明了，改善了办公环境，提升了企业整体形象。结构加固见图 7-11。

图 7-11　结构加固

7.1.3　改造成果

项目在改造方案确定和实施过程中，体现了“建筑服务于人”的理念，满足健康建筑要求，提升使用者的舒适度、幸福感。此外，还在现有建筑的基础上增加绿色节能技术，提高建筑绿色性能，打造既有建筑改造高星级示范项目，达到三星级绿色建筑标准。三星级绿色建筑设计标识证书见图 7-12 。

绿色建筑设计标识

三星级绿色建筑设计标识证书

CERTIFICATE OF GREEN BUILDING DESIGN LABEL

公共建筑绿色改造

建筑名称：某建研院某办公区绿建综合改造项目

建筑面积：0.56万 m²

完成单位：某建筑科学研究设计院股份有限公司

评价指标	设计值
[illegible]	100%
采光系数达标面积比例	87.20%
室内热湿环境评价等级	II级
空调冷、热源机组能效	提高98.70%
[illegible]	100%
[illegible]	100%
[illegible]	[illegible]
[illegible]	21.92%
卫生器具用水效率等级	1级
[illegible]	12.00%

说明：

1. 评价依据《既有建筑绿色改造评价标准》（GB/T51141-2015）；

2. 此证只证明建筑的规划和设计达到《既有建筑绿色改造评价标准》（GB/T51141-2015）三星级水平；

3. “评价指标”值为代表性既有建筑绿色改造评价指标值，整体评价意见《既有建筑绿色改造设计标识评价意见》。

有效期限：2020年12月28日-2021年12月27日

签发日期：2020年12月28日

CHINAGBC

WORLD GREEN BUILDING COUNCIL

图 7-12　三星级绿色建筑设计标识证书

7.2 绿色公共建筑——展览馆

7.2.1 项目概况

湖北某规划展览馆集宣传、教育、接待和学术交流等功能于一体，既是展示城市形象、促进城市营销的重要平台，也是推行公众参与规划、科普教育的重要阵地。

该项目用地面积约 3 万平方米，总建筑面积约 2.1 万平方米（地上建筑面积约 1.5 万平方米，地下建筑面积约 0.6 万平方米），建筑主体高度 23.6m，建筑地上主体两层，局部三层，地下局部一层。该项目于 2015 年 11 月投入试运行，随后整体对外免费开放。该项目曾于 2015 年 5 月获得绿色建筑设计标识三星级。项目实景图见图 7-13。

图 7-13 项目实景图

7.2.2 主要技术措施

（1）节地与室外环境

① 场地布置合理 结合当地气候条件，通过室外风环境模拟计算报告，本项目在夏季、过渡季时周边流场分布均匀，无滞风区域形成，大部分区域前后压差在 1.5Pa 以上，适宜采用自然通风；在冬季工况下，周边流场分布均匀，无滞风区域形成，大部分区域前后压差小于 5.0 Pa，风压较小，可有效防止冷风渗透问题。建筑总平面设计有利于冬季日照并避开冬季主导风向，夏季利于自然通风。室外风环境云图见图 7-14。

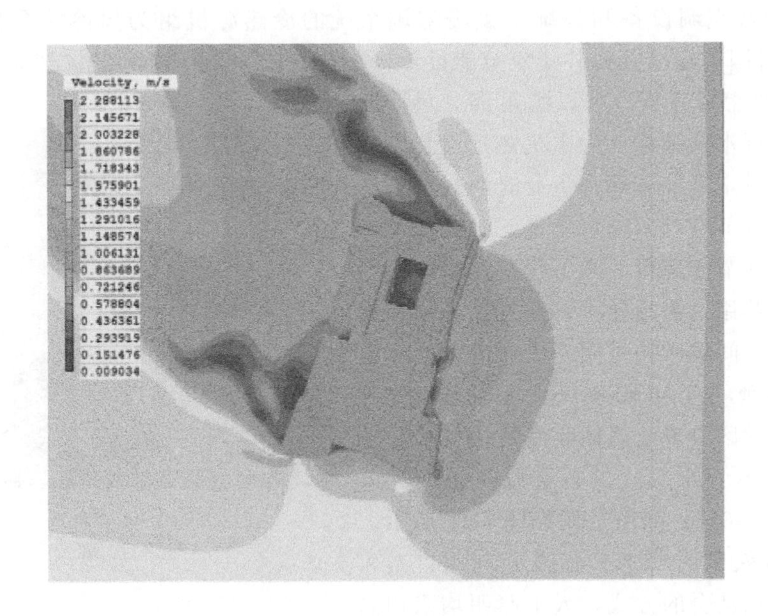

图 7-14　室外风环境云图

② 场地与屋顶绿化　项目设置多重植被绿化，绿地率为 30%，有利于降低建筑外的热岛效应，并改善建筑室外活动空间的热环境和热舒适状况；同时，采用屋顶绿化，屋顶绿化面积占屋顶可绿化面积的 24.93%。屋顶绿化图、植草砖地面分别如图 7-15、图 7-16 所示。

图 7-15　屋顶绿化图

图 7-16　植草砖地面

③ 透水地面　室外透水地面面积为 9480.8m^2，其中集中绿地面积 8240.4m^2，植草砖地面面积 1240.4m^2。室外透水地面面积比例约为 48.6%。

（2）节能与能源利用

① 建筑节能设计　项目地处夏热冬冷地区，建筑围护结构按照《公共建筑节能设计标准》(GB 50189—2015) 进行热工设计，并设置了可调外遮阳。建筑设计总能耗低于国家节能标准规定值的 80%。

② 高效供暖空调设备和系统　供暖空调系统的冷热源机组为风冷热泵机组，COP＞3.5，符合现行国家标准《公共建筑节能设计标准》（GB 50189—2015）。热泵机组可以进行10%～100%的能量调节，可以满足部分负荷时节能运行。空调水系统设计为主机侧定流量、空调末端侧变流量水系统，部分负荷时通过调节压差旁通阀门，调节空调末端水流量，满足部分负荷需要，可保证节能运行。本工程空调水系统为两管制，冬夏共用，采用异程管路方式。项目展厅、门厅等大空间场所均采用一次回风式低速全空气系统，过渡季节可调新风比不低于50%。一层、二层展示区设置全热回收新风换气机，全热回收效率不小于60%。供暖空调系统能耗降低幅度达到24.10%。高效空调如图7-17所示。

图7-17　高效空调

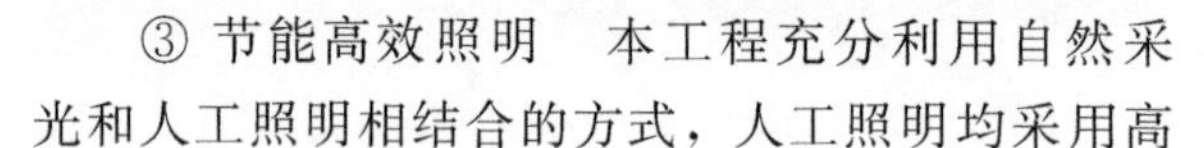

③ 节能高效照明　本工程充分利用自然采光和人工照明相结合的方式，人工照明均采用高效灯具、节能光源。光源以三基色荧光灯（T5系列）和紧凑型荧光灯为主；走廊等公共区域采用筒灯，以节能灯作为光源；应急照明均采用LED灯光源。地下车库和二层局部共设14套光导管照明。室内公共场所照明一般采用智能照明控制系统；应急照明采用智能应急照明疏散控制系统。各办公室、设备机房采用就地控制。

（3）节水与水资源利用

① 太阳能热水系统　本工程采用太阳能+容积式电热水器的联合供热方式，放置于屋顶上，可满足约30.8%的建筑生活热水。太阳能热水系统如图7-18所示。

图7-18　太阳能热水系统

② 非传统水源利用　项目充分利用雨水，雨水年可回用量为5880.15m^3，用于道路浇

洒、绿地浇洒、车库冲洗及景观补水，非传统水源利用率约为 45.07%；并利用回收雨水灌溉，采取喷灌节水措施浇洒绿地。利用回收雨水的喷灌系统见图 7-19。

图 7-19 利用回收雨水的喷灌系统

③ 节水器具 项目采用 1 级节水器具，采用的卫生洁具均符合现行行业标准《节水型生活用水器具》(CJ 164—2014) 有关规定。

(4) 节材与材料资源利用

项目建造构型简约，未大量使用装饰性构件，女儿墙未超过现行标准规定值的 2 倍。现浇混凝土全部采用预拌混凝土，可减少建设施工过程中的噪声、粉尘和废水排放。该项目为全现浇钢筋混凝土框架结构，高强度钢筋作为主筋的比例达 99.72%。

室内采用灵活隔断，部分功能区域采用铝制隔断和秸秆废料进行灵活隔断，其中可变换的室内空间采用灵活隔断的比例为 87.65%。可再循环材料使用质量占所用建筑材料总质量的 10.37%，使用秸秆为原料生产的建材比例为 32.2%，以粉煤灰为原料生产的建材比例为 33.11%。项目所有部位均采用土建与装修一体化设计。灵活隔断见图 7-20。

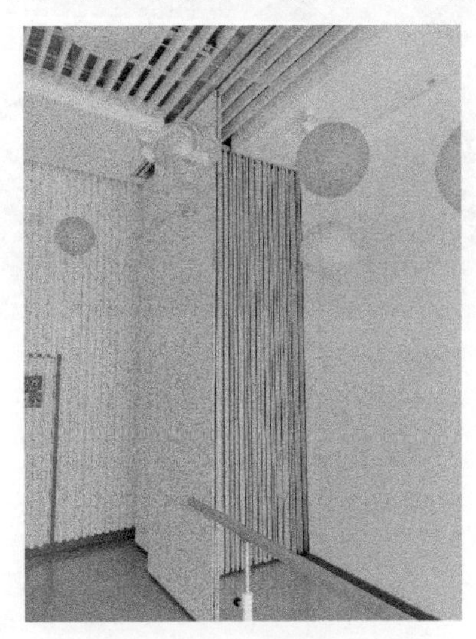

图 7-20 灵活隔断

图 7-21 呼吸式幕墙

(5) 室内环境质量

① 自然通风与自然采光　项目设有玻璃幕墙，经核算玻璃幕墙部分可开启比例达到20.49%，能使建筑获得良好的通风。项目在2楼以上东西南北四个方向均为玻璃幕墙结构，且为呼吸式幕墙。为了保证双层幕墙的通风效果，同时减少夏季太阳辐射，特在西面的幕墙处设置可调外遮阳，根据室外的太阳辐照强度进行可开启角度的调节，不仅改善室内热环境，而且也改善室内光环境。夏季太阳辐射大时，外遮阳关闭一定的角度，减少太阳辐射热；同时，又不影响室内的自然采光。冬季室外气温低，外遮阳打开一定的角度，可增加太阳辐射，减少采暖负荷。建筑一层中庭位置设置矩形采光口，改善地下空间的自然采光效果。呼吸式幕墙如图7-21所示。

② 室内空气品质　项目在装修阶段采用低有害物质含量装修材料，其室内甲醛、苯、氨、氡、TVOC（总挥发性有机物）等有害物质含量符合现行国家标准《室内空气质量标准》(GB/T 18883—2002）的规定。

(6) 运营管理

项目按照《绿色建筑运行维护技术规范》(JGJ/T 391—2016）的相关要求，通过能耗监测平台、智能照明系统对规划展览馆进行绿色运行及管理。

① 物业设置有节能、节水、节材及绿化的管理制度；有用电、用水、用气的应急预案。

② 通过与物业单位进行合作，将项目机电设备及系统委托给专业的物业公司进行管理，确保设施设备得到有效维护。

③ 设置能耗监测平台，定期对水耗、电耗数据进行对比分析，查找运行管理中的不足，及时改进管理手段，降低建筑运行能耗，评估运营效果。

④ 采用高效灯具、节能光源及智能照明，根据运行时间段，合理开启照明灯具数量。

⑤ 设置矩形采光口，充分利用自然采光，改善地下空间的自然采光效果，减少照明能耗。

⑥ 具有绿色建筑展示、体验、交流平台，定期开展使用者满意度调查，以此来提升改进物业管理的服务质量。

(7) 提高创新

采用BIM技术，在设计过程中应用Rhino软件和Revit软件等辅助建筑参数化设计。在施工建造过程中，按照绿色施工的要求及BIM技术组织施工管理工作，确保施工过程中的绿色环保、施工工作的有序开展及施工质量。BIM技术应用见图7-22。

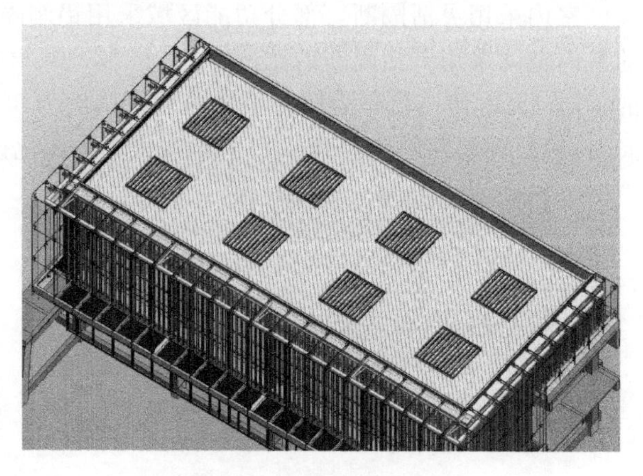

图7-22　BIM技术应用

7.2.3 实施效果

该项目于2015年获得三星级绿色建筑设计标识证书，也是湖北省高星级绿色建筑示范项目。其主要实施效果如下。

① 建筑设计总能耗低于国家节能标准规定值的80%。

② 采用太阳能热水系统提供30.8%的建筑生活热水。

③ 采用节水灌溉、雨水收集系统等节水技术，雨水回用量为5880.15m^3/年。

④ 非传统水源利用率达到45.07%。

⑤ 设置室内空气质量监测系统，采用二氧化碳浓度传感器，保证健康舒适的室内环境。

⑥ 可变换的室内空间采用灵活隔断的比例为87.65%，提升空间利用率。

⑦ 可再循环材料使用质量占所用建筑材料总质量的10.37%。

⑧ 采用BIM技术指导绿色施工。

7.3 绿色居住建筑——金融中心7A、8B号地块

7.3.1 项目概况

金融中心7A、8B号地块建设地点为商务核心区，7A地块用地面积10700m^2，总建筑面积62735m^2；8B地块用地面积9630m^2，总建筑面积92680m^2，项目总投资250000万元。7A地块地上计容建筑面积46134m^2，其中居住建筑面积30000m^2，文化建筑面积16134m^2；地下建筑面积14481m^2，建筑密度40.19%，容积率4.58，绿地率32%，地下机动车停车位160个，非机动车停车位435个。8B地块地上计容建筑面积69800m^2，其中住宅建筑面积68650m^2，配套商业面积1150m^2；地下建筑面积18200m^2，建筑密度25.96%，容积率7.25，绿地率30%，地下机动车停车位382个，非机动车停车位352个。

图7-23 项目效果

项目包括4栋超高层住宅楼。其中，1#楼为40层超高层住宅、2#楼为38层超高层住宅、3#楼为44层超高层住宅、5#楼为52层超高层住宅。1#、2#楼裙房为4层文化建筑，3#楼裙房为2层配套商业，另配有2个门房、2层地下室。1#楼、2#楼位于7A地块，3#楼、5#楼位于8B地块。项目效果见图7-23。

7.3.2 主要技术措施

(1) 节地与室外环境

① 土地利用 土地利用率较高，容积率达到5.84，人均用地12.56m^2/人，场地内合理设置绿化用地，绿地率达到31.05%，并且采用了屋顶绿化。绿化面积达到屋顶可绿化面积

的30.95%。

② 室外环境　项目玻璃幕墙可见光反射比小于0.2，景观灯具根据照射景物和说明书旋转照射角度和调整安装高度。室外景观照明无直射光射入空中，无溢出建筑物范围以外的光线，不会造成光污染。

场地内环境噪声经现场噪声检测，符合现行国家标准《声环境质量标准》（GB 3096—2008）的有关规定，达到2类限值标准。

场地内风环境有利于室外行走、活动舒适和建筑的自然通风。项目场地冬季人行区距地1.5m高处的风速较低，风速放大系数为1.96；在住宅底部设置架空层，利于场地在夏季和过渡季自然通风；项目场地不存在旋涡和无风区，有利于热量和近地污染物的消散。

③ 交通设施与公共服务　项目出入口步行500m内有公交站，还有公交线路多条。场地内人行通道采用无障碍设计。自行车停车设施位于地下，位置合理、方便出入。项目文化购物建筑兼容多种公共服务功能，包括活动中心、物业管理、养老服务等，在日常对周边居民免费开放，供居民休憩运动使用。

④ 场地设计与场地生态　项目进行了海绵城市设计，充分利用下沉绿地和透水铺装，透水铺装面积比例为73.62%，场地年径流总量控制率达到75.85%。

7A地块内有一处市级文物保护单位，对该建筑合理设计方案进行了充分利用，在对该建筑充分保护的条件下将其作为项目文化景观的一部分。该项目实施后将更有利于文化展示和延续；同时，注意新建建筑色彩和造型应与文物建筑相协调，对于旧建筑有一套整体的建设改造方案，建筑改造上采用落架重修的设计方法，维持文保建筑结构不变，对立面以原材料进行部分改造。

（2）节能与能源利用

① 围护结构节能设计　建筑执行的节能标准为《低能耗居住建筑节能设计标准》（DB42/T 559—2013），节能率达到65%以上。

② 建筑优化设计　建筑朝向为南北向，体形为点式，满足国家或地方节能标准。项目能够保证所有房间满足当地日照标准。建筑节能设计体形系数、朝向、楼距、窗墙比均能满足规定性指标要求。

主要功能房间外窗的开启面积比均大于35%，住宅户型各主要功能房间通风面积比例大于8%。主要功能房间采光系数均满足现行国家标准《建筑采光设计标准》（GB 50033—2013）要求，室内采光效果良好。

③ 照明与电气　采用高效、节能及产生眩光较少的灯具，以减小电能的损耗及对周围环境的污染，以及对电网的不良影响。一般工作场所照明光源主要采用T5系列三基色荧光灯或紧凑型节能灯。公共部位照明采用节能自熄开关控制，变配电所、消防泵房、车库、走道、门厅、楼梯间等场所照明采用分区、分组集中或分散控制。

④ 高效能设备和系统　项目居住建筑部分采用的多联式空调机组IPLV（C）最小值为6.7，比《公共建筑节能设计标准》（GB 50189—2015）的规定值提高69.62%。

（3）节水与水资源利用

① 节水系统　项目对各类用水按使用用途及付费单元分别设置计量水表，从市政接入后，按照用途分别设置了景观给水水表、室外消火栓水表、住宅生活给水水表和商业生活给水水表井，在每个商户单元及住户单元按照管理单元分别设置计量水表。

车库和道路冲洗均采用节水高压水枪。采用节水灌溉系统，并且安装雨天感应关闭装置。

② 节水器具和设备　项目采用节水器具，满足一级节水器具要求，公共区域小便器、蹲便器采用延时自闭冲洗阀。水龙头流量≤0.1L/s，两挡坐便器流量为3.5L/次，淋浴器流量为0.08L/s，小便器流量为2.0L/s。

③ 非传统水源利用　设置雨水回收利用系统，收集小区7A地块屋面雨水，主要用于绿化灌溉、道路浇洒、车辆冲洗，透水铺装，绿地雨水以自然下渗为主。雨水年可回用量为3816.05m^3，非传统水源利用率3.99%。

(4) 节材与材料资源利用

① 建筑造型　建筑造型简约，未使用大量装饰性构件。

② 土建装修一体化　项目整体进行了装修一体化设计，全装修交付，减少二次装修的资源浪费。

③ 材料选用　项目现浇混凝土全部采用预拌混凝土和砂浆，高强度钢总用量为6401.63t，钢筋总用量为7240.45t，高强度钢使用比例为87.54%。可再利用材料和可再循环材料用量比例达到6.81%。

(5) 室内环境质量

① 隔声措施　住宅部分采用30mm厚绝热用挤塑聚苯乙烯泡沫塑料板材。其隔声性能较好，楼板撞击声隔声量小于65dB，可满足高限值要求。

② 空气质量监控与处理措施　项目人员密度较高的公共部分AHU空调机组回风口设置CO_2浓度传感器，新风入口设置电动调节阀，根据CO_2浓度调节系统新风量。

地下车库通风系统根据CO浓度对风机采用启停控制及台数控制方式。当一氧化碳(CO)实时平均浓度达到30mg/m^3时，地下车库风机自动开启运行。住宅多联机设置带$PM_{2.5}$净化处理功能的室内机，$PM_{2.5}$一次过滤率为99.5%，可高效净化空气，保障室内空气品质。

7.3.3 实施效果

该项目于2020年获得三星级绿色建筑设计标识证书，在节地、节能、节水、节材、室内环境等方面的量化效果如下。

① 项目容积率达到5.84，人均用地12.56m^2/人，绿地率31.05%，绿化面积达到屋顶可绿化面积的30.95%。透水铺装面积比例为73.62%，场地年径流总量控制率达到75.85%。

② 建筑执行的节能标准为《低能耗居住建筑节能设计标准》(DB42/T 559—2013)，围护结构保温性能优于国家标准《夏热冬冷地区居住建筑节能设计标准》(JGJ 134—2010)20%以上，节能率达到65%以上。采用的多联式空调机组IPLV(C)比《公共建筑节能设计标准》(GB 50189—2015)的规定值提高69.62%。

③ 项目全年雨水回收量为3816.05m^3，非传统水源利用率为3.99%。

④ 高强度钢使用比例为87.54%。可再利用材料和可再循环材料用量比例达到6.81%。

项目通过强化被动式优化设计理念，使得各户均获得良好的采光、通风和日照条件，并融合高效空调设备、节能照明、室内空气质量监测和空气净化等主动技术措施，为住户提供节能、舒适、绿色的高端住宅。

7.4 绿色居住建筑——南岸 C 地块二期 C1 地块

7.4.1 项目概况

南岸 C 地块二期 C1 地块位于武汉市。项目效果见图 7-24。

图 7-24 项目效果

7.4.2 主要技术措施

(1) 节地与室外环境

① 土地利用 项目用地面积 52404.11m^2，总建筑面积 223934.80m^2，其中住宅面积 168307.78m^2，人均居住用地指标 11.72m^2/人。公建部分容积率为 3.41。绿地面积为 14993.1m^2，公共绿地面积为 7257.47m^2，人均公共绿地 1.71m^2/人。

② 室外环境 项目景观灯具根据照射景物和说明书旋转照射角度和调整安装高度。室外景观照明无直射光射入空中，无溢出建筑物范围以外的光线，不会造成光污染。

场地内环境噪声经现场噪声检测，符合现行国家标准《声环境质量标准》(GB 3096—2008) 的有关规定，达到 2 类、4a 限值标准。

项目场地冬季人行区距地 1.5m 高处的风速较低，风速放大系数为 1.92；除迎风第一排建筑外，建筑迎风面与背风面风压差最大为 2.5Pa，不会造成冬季大量冷风侵入的问题；同时，项目在住宅底部设置架空层等，以利于场地在夏季和过渡季的自然通风，项目场地不存在旋涡和无风区，有利于热量和近地污染物的消散。

③ 交通设施与公共服务　项目出入口步行466m可至公交站。机动车地上停车位158个，停车位沿小区道路布置，与隔离绿化带同步设计，不挤占步行及活动场所空间；地下停车位1690个；在架空层设置非机动车停车位。公共服务设施包括教育、文化体育、市政公用、商业服务、社区服务五类。

④ 场地设计与场地生态　项目进行了海绵城市设计，充分利用下沉绿地和透水铺装，透水铺装面积比例为50.11%，调蓄雨水功能的场地下凹式绿地面积达绿地面积的31.30%，场地年径流总量控制率达到85.00%。红线划定范围内乔木遮阴面积11414.01m^2，占户外活动场地面积的27.65%。

（2）节能与能源利用

① 围护结构节能设计　建筑执行的节能标准为《低能耗居住建筑节能设计标准》(DB42/T 559—2013)，节能率达到65%以上。

② 建筑优化设计　由于建筑外墙多样性的发展，以及建筑高度的增加、风压加大，致使外墙渗漏率加大，降低了外墙作为围护结构的使用功能和保温隔热性能，也会导致外墙使用寿命的缩短。项目外墙采用了杜拉纤维砂浆，可有效提高建筑的耐久性，在提升外墙抗渗防水性能、抗冻性能、抗冲击及抗震性能上有着显著的效果。

建筑朝向为南北向，体形为点式，满足国家或地方节能标准。项目能够保证所有房间满足当地日照标准。建筑节能设计体形系数、朝向、楼距、窗墙比均能满足规定性指标要求。

主要功能房间外窗的开启面积比均大于35%，住宅户型各主要功能房间通风面积比例大于8%。主要功能房间采光系数均满足现行国家标准《建筑采光设计标准》(GB 50033—2013）要求，室内采光效果良好。

③ 照明与电气　一般工作场所照明光源主要采用T5系列高显色、高光效、三基色荧光灯或U形管紧凑型节能灯。大开间办公室、商业等功能要求较高的场所采用智能照明控制系统，在有自然采光区域宜采用恒照度控制；靠近外窗的灯具随着自然光线的变化自动点亮或关闭，保证室内照明的均匀和稳定。公共场所照明采用节能自熄声光控制开关。项目电梯控制系统采用群控和变频措施。

④ 高效空调设备　项目采用了1级变频分体空调，能效优于现行国家标准《公共建筑节能设计标准》(GB 50189—2015）的规定。

（3）节水与水资源利用

① 节水系统　小区进水干管设置计量总表，绿化灌溉、商业、消防水箱进水管、生活水箱进水管等处均设置计量水表，住户（含商铺）设置分户式计量水表，形成三级计量体系，有效降低漏损。

项目车库和道路冲洗均采用节水高压水枪，室外绿化灌溉采用自动喷灌系统，根据乔木和灌木的栽植疏密或组合类型等情况设计有旋转型喷头、旋转射线型喷头，针对不同的植物高度设计不同的喷头弹升高度。节水灌溉系统还设有雨天关闭装置，由室外感应装置联动喷灌系统，一旦下雨系统自动关闭。

② 节水器具和设备　项目采用节水器具，满足一级节水器具要求。

③ 非传统水源利用　项目收集屋面雨水、道路雨水、绿地溢流雨水，主要用于绿化灌溉、道路浇洒、车辆冲洗。项目非传统水源利用量占总用水量的比例为4.67%。

④ 太阳能利用　利用太阳能提供生活热水，太阳能热水提供的比例达到21.5%。

(4) 节材与材料资源利用

① 建筑造型　建筑造型简约，较少用到装饰性构件，装饰性构件造价占工程造价的比例为0.14%。建筑形体不规则。

② 土建装修一体化　项目整体进行了装修一体化设计，全装修交付，减少二次装修的资源浪费。

③ 材料选用　项目现浇混凝土全部采用预拌混凝土和预拌砂浆。高强度钢使用比例为96.2%，可再利用材料和可再循环材料使用质量占所有建筑材料总质量的比例为6.6 %。

(5) 室内环境质量

① 隔声措施　住宅部分采用12mm厚复合木地板和6mm聚乙烯泡沫塑料垫，其隔声性能较好，楼板撞击声隔声量小于65dB，可满足高限值要求。

② CO浓度监测　地下车库设置CO浓度传感器，CO智能通风控制单元根据监测值来控制风机启停，且每个防烟分区内设置不少于1个CO浓度传感器。

③ 采光与通风　两幢住宅楼居住空间的水平视线距离最小为30m，经计算采光系数均满足要求。各房间均不会产生眩光影响。通风开口面积与房间地板面积比均大于8%，自然通风效果良好。

7.4.3 实施效果

项目于2018年获得三星级绿色建筑设计标识证书。在节地、节能、节水、节材、室内环境方面的量化效果如下。

① 人均居住用地指标为11.72m^2/人，公建部分容积率为3.41，人均公共绿地为1.71m^2/人，居住建筑部分地下空间与地上建筑面积的比例为23.2%。透水铺装面积比例为50.11%，调蓄雨水功能的场地下凹式绿地面积占绿地面积的比例为31.30%，场地年径流总量控制率达到85.00%。乔木遮阴面积占户外活动场地面积的27.65 %。

② 建筑执行的节能标准为《低能耗居住建筑节能设计标准》(DB42/T 559—2013)，节能率达到65%以上，同时变频分体空调能效等级为1级。

③ 非传统水源利用率为3.99%。太阳能热水提供的比例达到21.5%。

④ 高强度钢使用比例为88.54%。可再利用材料和可再循环材料用量比例达到6.81%。

参考文献

[1] 刘加平，董靓，孙世钧．绿色建筑概论（第二版）[M]．北京：中国建筑工业出版社，2020.

[2] 黄海静，宋扬帆．绿色建筑评价体系比较研究综述 [J]．建筑师，2019，03：100-106.

[3] 中华人民共和国住房和城乡建设部，国家市场监督管理总局．绿色建筑评价标准：GB/T 50378—2019 [S]．北京：中国建筑工业出版社，2019.

[4] 中华人民共和国住房和城乡建设部，中华人民共和国国家质量监督检验检疫总局．绿色建筑评价标准：GB/T 50378—2006 [S]．北京：中国建筑工业出版社，2006.

[5] 中华人民共和国住房和城乡建设部，中华人民共和国国家质量监督检验检疫总局．绿色建筑评价标准：GB/T 50378—2014 [S]．北京：中国建筑工业出版社，2014.

[6] 祝云华，邓甜，陈楠，等．我国绿色建筑发展现状、趋势及效益评价 [J]．建筑技术开发，2020，47 (20)：156-158.

[7] Global B R E. BREEAM International New Construction Technical Manual [Z]．2016.

[8] 朱颖心，林波荣．国内外不同类型绿色建筑评价体系辨析 [J]．暖通空调，2012，42 (10)：9-14，25.

[9] 艾懿君．英国 BREEAM 与我国绿色建筑评价标准比较研究 [D]．南昌：南昌大学，2016.

[10] 李庆红，王亚东，王宇．我国绿色建筑评价标准与美国 LEED 对比及启示 [J]．山西建筑，2019，45 (11)：5-6.

[11] 李涛，刘丛红．LEED 与《绿色建筑评价标准》结构体系对比研究 [J]．建筑学报，2011 (03)：75-78.

[12] 胡芳芳．中英美绿色（可持续）建筑评价标准的比较 [D]．北京：北京交通大学，2010.

[13] 王清勤，叶凌．美国绿色建筑评估体系 LEED 修订新版简介与分析 [J]．暖通空调，2012，42 (10)：54-59.

[14] 张正磊，刘萍，周伟伟．国内外绿色建筑评价体系发展现状及展望 [J]．科技风，2018 (36)：143.

[15] 李诚，周晓兵．中国《绿色建筑评价标准》和英国 BREEAM 对比 [J]．暖通空调，2012，42 (10)：60-65.

[16] 安康，叶凌．英国建筑研究院环境评估法 2018 版简介与分析 [J]．生态城市与绿色建筑，2018 (01)：28-31.

[17] 周同．美国 LEED-NC 绿色建筑评价体系指标与权重研究 [D]．天津：天津大学，2014.

[18] 郭夏清．中美英绿色建筑评价标准比较与应用研究 [D]．广州：华南理工大学，2017.

[19] Prior J. Building Research Establishment Environmental Assessment Method (BREEAM) Version [J]．New Offices，Building Research Establishment Report，1993.

[20] Turner C，Frankel M. Energy Performance of LEED for New Construction Buildings [J]．New Buildings Institute，2008 (4)：1-42.

[21] IEA. Global energy-related emissions of carbon dioxide stalled in 2014 [DB//OL]．(2015-3-13) [2015-12]．http：//www.iea.org/newsroomandevents/news/2015/march/global-energy-related-emissions-of-carbon-dioxide-stalled-in-2014.html

[22] 介鹏飞．集中供暖系统热负荷预测及运行优化 [D]．天津：天津大学，2013.

[23] 金星．喷水室两相流热湿交换研究 [D]．天津：天津工业大学，2008.

[24] 曾阳．蒸发冷却换热器的数值模拟与实验研究 [D]．长沙：湖南大学，2011.

[25] 曹阳，王智超，伍品．空调技术应用新进展 [J]．建筑科学，2013，29 (10)：71-78.

[26] 马最良，杨自强，姚杨，等．空气源热泵冷热水机组在寒冷地区应用的分析 [J]．暖通空调，2001，31 (3)：28-31.

[27] 余明威．能源塔的研究 [D]．武汉：武汉科技大学，2011.

[28] 连之伟．热质交换原理与设备（第四版）[M]．北京：中国建筑工业出版社，2018.

[29] Baker D R，Shryoek H A. A Comprehensive Approach to the Analysis of Cooling Tower Performance [J]．Journal of Heat Transfer，1961，83：339-350.

[30] ASHRAE. Handbook and Product Directory Equipment [M]．Atlanta，Georgia，USA：American Society of Heating Refrigeration and Air Conditioning Engineers，1975.

[31] Neil W. Kelly's Handbook of Cross flow Cooling Tower Performance [M]．Kansas City：Missouri，1976.

[32] Sutherland J W. Analysis of Mechanical-Draught Counterflow Air/Water Cooling Towers [J]，ASME Journal of Heat Transfer，1983，105：576-583.

[33] Webb R L. A unified theoretical treatment for thermal analysis of cooling towers，evaporative condensers and fluid coolers [J]．Ashrae Transfer，1984，90 (Part2B)：398-458.

[34] Erens P J. Comparison of some design choices for evaporative cooler cores [J] . Heat transfer engineering, 1988 (9): 29-35.
[35] Webb R L. A Critical Evaluation of Cooling Tower Design Methodology, in Heat Transfer Equipment Design [J] . Washington: Hemisphere Publishing Co. , 1988: 547-558.
[36] Jaber H, Webb R L. Design of Cooling Towers by the Effectiveness-NTU method [J] . ASME Journal of Heat Transfer, 1989, 111: 837-843.
[37] Boris H. A General Mathematical Model of Evaporative Cooling Devices [J] . Revue Generale de Thermique. 1998, 37 (4): 245-255.
[38] Goshayshi H R, Missenden J E. The investigation of cooling tower packing in various arrangements [J] . Applied Thermal Engineering, 2000, 20 (1): 45-49.
[39] Gan G, Riffat S B, Shao L, et al. Application of CFD to closed wet cooling towers [J] . Applied Thermal Engineering, 2001, 21 (1): 79-92
[40] Hasan A, Sirén K. Theoretical and computational analysis of closed wet cooling towers and its applications in cooling of buildings [J] . Energy and Buildings, 2002, 34 (5): 477-486.
[41] Hasan A, Sirén K. Performance investigation of plain and firmed tube evaporatively cooled heat exchangers [J] . Applied Thermal Engineering, 2003, 23 (3): 325-340.
[42] Hasan A, Sirén K. Performance investigation of plain circular and oval tube Evaporatively cooled heat exchangers [J] . Applied Thermal Engineering, 2004, 24 (3): 777-790.
[43] Hosoz M, Kilicarslan A. Performance evaluations of refrigeration systems with air-cooled, water-cooled and evaporative condensers [J] . Intemational Journal of Energy Researeh, 2004, 28 (8): 683-696.
[44] Papaeflhimiou V D, Zannis T C, Rogdakis E D. Thermodynamic study of wet cooling tower performance [J] . International Joumal of Energy Research, 2006, 30 (6): 65-73.
[45] Ataci A, Panjeshahi M H, Gharaie M. Performance Evaluation of Analysis [J] Transactions of the Canadian Society for Mechanical Engineering, 2008, [26] 32 (3/4): 142-149.
[46] Lemouari M, Bournaza M, Kaabi A. Experimental analysis of heat and mass transfer phenomena in a direct contact evaporative cooling tower [J] . Energy conversion& management, 2009, 50 (6): 36-48.
[47] Cortinovis F G. A systemic approach for optimal cooling tower operation. Energy conversion & management. 2009, 50 (9): p Hichem Marmouch; Jamel; Sassi Ben Nasrallah. Experimental study of the performance of a cooling tower used in a solar distiller [J] . Desalination, 2010, 250 (1): 53-61.
[48] 陶颖 . 工业氯化钙防冻液的防腐蚀性能研究 [J] . 腐蚀与防护, 2003 (3): 113-114.
[49] 刘晶 . 密闭式冷却塔冷却过程的计算机仿真及参数优化研究 [D] . 鞍山: 辽宁科技大学, 2006.
[50] 张晨, 等 . 三种典型结构热源塔的比较 [J] . 制冷与空调, 2009, 9 (6): 81-83.
[51] 刘东兴, 周亚素, 等 . 逆流密闭式冷却塔中淋水填料热工性能模拟 [J] . 建筑热能通风空调, 2009 (4): 14-17.
[52] 宋应乾, 等 . 能源塔热泵技术在空调工程中的应用与分析 [J] . 暖通空调, 2011, 41 (4): 20-23.
[53] 孟庆山, 等 . 能源塔热泵系统及其热性能分析 [J] . 暖通空调, 2011, 41 (5): 89-93.
[54] 夏更生, 等 . 地埋管地源热泵与闭式热源塔热泵的应用技术研究 [J] . 城市建设理论研究, 2014 (32): 1353-1354.
[55] 黄从健 . 闭式热源塔冬季干/湿工况下传热性能的分析与研究 [D] . 长沙: 湖南大学, 2013.
[56] 樊晓佳 . 闭式热源塔热泵系统运行性能的模拟分析 [D] . 长沙: 湖南大学, 2013.
[57] 吴丹萍 . 不同溶质对闭式热源塔热泵系统性能的影响研究 [D] . 长沙: 湖南大学, 2013.
[58] 朱彤, 等 . 传热学 (第七版) [M] . 北京: 中国建筑工业出版社, 2020.
[59] 梁云龙 . 氯化钙水溶液作载冷剂时浓度的选择 [J] . 氯碱工业, 2003 (3): 23-24.
[60] 俞丽华, 马国远, 徐荣保 . 低温空气源热泵的现状与发展 [J] . 建筑节能, 2007, 35 (3): 54-57.
[61] Kenisarin M, Mahkamov K. Solar energy storage using phase change materials [J] . Renewable & Sustainable Energy Reviews, 2007, 11 (9): 1913-1965.
[62] Kapsalis V, Karamanis D. Solar thermal energy storage and heat pumps with phase change materials [J] . Applied Thermal Engineering, 2016, 99: 1212-1224.

[63] Chaturvedi S K, Gagrani V D, Abdel-Salam T M . Solar-assisted heat pump-A sustainable system for low-temperature water heating applications [J] . Energy Conversion and Management, 2014, 77: 550-557.

[64] Amin Z M, Hawlader M N A . Analysis of solar desalination system using heat pump [J] . Renewable Energy, 2015, 74 (74): 116-123.

[65] Tagliafico L A, Scarpa F, Valsuani F . Direct expansion solar assisted heat pumps: A clean steady state approach for overall performance analysis [J] . Applied Thermal Engineering, 2014, 66 (1-2): 216-226.

[66] 旷玉辉，王如竹，许煜雄．直膨式太阳能热泵供热水系统的性能研究［J］．工程热物理学报，2004，25（5）：737-740.

[67] Lerch W, Heinz A, Heimrath R. Direct use of solar energy as heat source for a heat pump in comparison to a conventional parallel solar air heat pump system [J] . Energy & Buildings, 2015, 100: 34-42.

[68] Ruschenburg J, Herkel S, Henning H M. A statistical analysis on market-available solar thermal heat pump systems [J] . Solar Energy, 2013, 95 (5): 79-89.

[69] Starke A R, Cardemil J M, Escobar R, et al. Thermal analysis of solar-assisted heat pumps for swimming pool heating [J] . Journal of the Brazilian Society of Mechanical Sciences & Engineering, 2017, 39 (6): 1-18.

[70] 李新锐，陈剑波，王成武．太阳能光伏光热组件与双源热泵一体化系统节能性分析［J］．建筑节能，2018（2）：30-33.

[71] 崔海亭，袁修干，侯欣宾．蓄热技术的研究进展与应用［J］．化工进展，2002，21（1）：23-25.

[72] 徐治国，赵长颖，纪育楠，等．中低温相变蓄热的研究进展［J］．储能科学与技术，2014，3（3）：179-190.

[73] 王晓霖，翟晓强，王聪，等．空调相变蓄冷技术的研究进展［J］．建筑科学，2013，29（6）：98-106.

[74] 董建锴，姜益强，姚杨，等．空气源热泵相变蓄能除霜特性实验研究［J］．湖南大学学报（自科版），2011，38（1）：18-22.

[75] Moreno P, Castell A, Solé C, et al. PCM thermal energy storage tanks in heat pump system for space cooling [J] . Energy and Buildings, 2014, 82: 399-405.

[76] Mettawee E B S, Eid E I, Amin S A M . Experimental study on space cooling with PCM thermal storage [J] . Journal of Applied Sciences Research, 2012, 8 (7): 3424- 3432.

[77] 白剑．相变蓄热在太阳能热泵供热系统中的应用研究［D］．太原：太原理工大学，2012.

[78] 薛英霞，徐晨辉．太阳能采暖水箱温度分层的仿真分析［J］．建筑热能通风空调，2014（2）：58-60.

[79] 杜彦．空气源热泵直接地板辐射供暖系统运行方式及经济性研究［D］．太原：太原理工大学，2015.

[80] Sara S C, Marco M. Heat recovery from urban waste water: analysis of the variability of flow rate and temperature in the sewer of Bologna, Italy [J] . Energy Procedia, 2014, (45): 288-297.

[81] Arif H, Emrah B, Orhan E. A key review of wastewater source heat pump (WWSHP) systems [J] . Energy Conversion & Management, 2014, 88: 700-722.

[82] Oguzhan C, Huseyin G, Emrah B, et al. Heat exchanger applications in wastewater source heat pumps for buildings: A key review [J] . Energy and Buildings, 2015 (104): 215-232.

[83] Nam Y, Ooka R, Shiba Y. Development of dual-source hubrid heat pump system using groundwater and air [J] . Energy and Buildings, 2010, 42 (6): 909-916.

[84] Chen Z F. Application prospect of plastic heat exchanger in sewage source heat pump systems [J] . Renewable Energy, 2012, 22 (2): 164-169.

[85] Li H P, Sun Z W, Li H. Research on Estrogenicity Distribution and Cleanup during Sewage Treatment Process [J] . Environmental Science & Technology, 2016, 51 (6): 142 145.

[86] 杨卓．污水源热泵系统的热力分析及性能评价［D］．大连：大连理工大学，2013.

[87] 周双．重庆市城市生活污水热能利用的研究［D］．重庆：重庆大学，2008.

[88] 孙杰．成都地区污水源热泵系统的实验与数值模拟研究［D］．成都：西南交通大学，2015.

[89] 李鑫，孙德兴，张承虎．污水换热器内污垢生长特性实验研究［J］．暖通空调，2008（2）：10-13.

[90] Ataei A, Panjeshahi M H, Gharaie M. PERFORMANCE EVALUATION OF ANALYSIS [J] . Transactions of the Canadian Society for Mechanical Engineering, 2008, 32 (3/4) : 142-149.

[91] Lemouari M, Boumaza M, Kaabi A. Experimental analysis of heat and mass transfer phenomena in a direct contact

evaporative cooling tower [J] . Energy conversion & management, 2009, 50 (6) : 36-48.

[92] Hichem M, Jamel O, Sassi B N. Experimental study of the performance of a cooling tower used in a solar distiller [J] . Desalination, 2010, 250 (1) : 53-61.

[93] 刘小文，黄翔，等．直接蒸发冷却器填料性能的研究 [J] ．流体机械，2010，38 (4) : 57-61.

[94] 周兰欣，蒋波，陈素敏．自然通风湿式冷却塔热力特性数值模拟 [J] ．水利学报，2009，40 (2)：56-61.

[95] 贺智民．"逆流塔进风口填料切角均风"技术在冷却塔上的应用 [J] ．山西能源与节能，2010，(2)：34-39.

[96] Ghosh K, oldstein R J. Effect of Upstream Shear on Flow and Heat (Mass) Transfer Over a Flat Plate - Part II: Mass Transfer Measurements [J] . Journal of heat transfer, 2010, 132 (10): 105-110.

[97] Fabrice G, Georges G. Impact of Retention on Trans-Column Velocity Biases in Packed Columns [J] . AIChE Journal, 2010, 56 (6): 95-101.

[98] Zhou H Y, Chen X J, et al. Thermal Comfort Control for Fan Coil Unit Based on Least Enthalpy Estimate and Fuzzy Logic [J] . 2011 International Conference on Energy and Environment, 2011: 355-340.

[99] 于雷．浅析中央空调系统附属设备的节能控制 [J] ．中国新技术新产品，2013 (11)：123.

[100] Yao Y, Lian Z W, Hou Z J, et al. Optimal opermion of a largecoolingsystem based on an empirical model [J] . Applied Thermal Engineering, 2004, 24 (16): 2303-2321.

[101] Chang Y C. A novel energy conservation method—optimal chiller load [J] . Electric Power System Research, 2004, 69 (3): 221-226.

[102] 赵波峰．基于负荷预测的中央空调系统自适应优化节能控制 [D] ．武汉：武汉科技大学，2012.

[103] Ma L D, et al. A novel fan-coil unit control method and its experimental application [C] . //International Conference on Mechanice Automation and Control Engineering, 2010, 1166-1169.

[104] Zhao T Y, et al. Experimental analysis on duty ratiofuzzy control for fan-coil unit [J] . Journal of Civil, Architectural and Environmental Engineering, 2010, 32 (6): 92-99.

[105] Huang Y H, et al. Indoor thermal comfort research based on adaptive fuzzy strategy [C] . //IMACS Multiconference on Computational Engineering in System Applications, 2006, 1969-1972.

[106] 胡玮．基于 Trnsys 的中央空调系统模糊控制仿真 [J] ．低温建筑技术，2012，34 (5)：122-124.

[107] 李峰．一级泵系统与二级泵系统的应用研究 [D] ．武汉：武汉科技大学，2014.

[108] Beier R A, Spitler J D. Weighted average of inlet and outlet temperatures in borehole heat exchangers [J] . Applied Energy, 2016, 174: 118-129.

[109] Gall J, Fisher D E. Minimization of unitary air-conditioning system power with real-time extremum seeking control [J] . Science and Technology for the Built Environment, 2015, 22 (1): 75-86.

[110] Southard L E, Liu X, Spitler J D. Performance of HVAC Systems at ASHRAE HQ-Part 2 [J] . ASHRAE Journal, 2014, 56 (12): 12-23.

[111] Bach C K, Groll E A, Braun J E, et al. Development of a virtual EXV flow sensor for applications with two-phase flow inlet conditions [J] . International Journal of Refrigeration, 2014, 45: 243-250.

[112] Cremaschi L, Spitler J D, Lim E, et al. Waterside fouling performance in brazed-plate type condensers for cooling tower applications [J] . HVAC&R Research, 2011, 17: 2.

[113] Moallem E, Cremaschi L, Fisher D E. Experimental Investigation of Frost Growth on Microchannel Heat Exchangers [J] . 13th International Refrigeration and Air Conditioning Conference at Purdue, 2010: 12-15.

[114] Xing L, Spitler J D, Cullin J R. Modeling of foundation heat exchangers [J] . Proceedings of System Simulation in Buildings, 2010: 13-15.

[115] Iverson B, Cremaschi L, Garimella S. Effects of discrete-electrode configuration on traveling-wave electrohydrodynamic pumping [J] . Microfluidics and Nanofluidics, 2009, 6 (2): 221-230.

[116] Cremaschi L, Lee E. Design and heat transfer analys is of a new psychrometric environmental chamber for heat pump and refrigeration systems testing [J] . ASHRAE Transactions, 2008, 114 (2): 619-631.

[117] Duane A, Todd S, Jack A. Integrated Design" Build Delivery Team Achieves Aggressive Building Energy Performance Goals [J] . ASHRAE Transactions, 2012: 98-105.